失谐叶盘振动分析与优化方法

Vibration Analysis and Optimization Methods of Mistuned Bladed Disk

袁惠群　赵天宇　张宏远　张 亮　著

国防工业出版社

·北京·

图书在版编目(CIP)数据

失谐叶盘振动分析与优化方法 / 袁惠群等著. —北京:国防工业出版社, 2023.1
ISBN 978-7-118-12760-7

Ⅰ. ①失… Ⅱ. ①袁… Ⅲ. ①航空发动机-零部件-结构振动-研究 Ⅳ. ①V231.92

中国国家版本馆 CIP 数据核字(2023)第 005735 号

※

国防工业出版社 出版发行
(北京市海淀区紫竹院南路 23 号 邮政编码 100048)
北京虎彩文化传播有限公司印刷
新华书店经售

*

开本 710×1000 1/16 **插页** 8 **印张** 16¾ **字数** 296 千字
2023 年 1 月第 1 版第 1 次印刷 **印数** 1—1000 册 **定价** 168.00 元

国防书店:(010)88540777 书店传真:(010)88540776
发行业务:(010)88540717 发行传真:(010)88540762

致 读 者

本书由中央军委装备发展部**国防科技图书出版基金**资助出版。

为了促进国防科技和武器装备发展,加强社会主义物质文明和精神文明建设,培养优秀科技人才,确保国防科技优秀图书的出版,原国防科工委于 1988 年初决定每年拨出专款,设立国防科技图书出版基金,成立评审委员会,扶持、审定出版国防科技优秀图书。这是一项具有深远意义的创举。

国防科技图书出版基金资助的对象是:

1. 在国防科学技术领域中,学术水平高,内容有创见,在学科上居领先地位的基础科学理论图书;在工程技术理论方面有突破的应用科学专著。

2. 学术思想新颖,内容具体、实用,对国防科技和武器装备发展具有较大推动作用的专著;密切结合国防现代化和武器装备现代化需要的高新技术内容的专著。

3. 有重要发展前景和有重大开拓使用价值,密切结合国防现代化和武器装备现代化需要的新工艺、新材料内容的专著。

4. 填补目前我国科技领域空白并具有军事应用前景的薄弱学科和边缘学科的科技图书。

国防科技图书出版基金评审委员会在中央军委装备发展部的领导下开展工作,负责掌握出版基金的使用方向,评审受理的图书选题,决定资助的图书选题和资助金额,以及决定中断或取消资助等。经评审给予资助的图书,由国防工业出版社出版发行。

国防科技和武器装备发展已经取得了举世瞩目的成就,国防科技图书承担着记载和弘扬这些成就,积累和传播科技知识的使命。开展好评审工作,使有限的基金发挥出巨大的效能,需要不断摸索、认真总结和及时改进,更需要国防科技和武器装备建设战线广大科技工作者、专家、教授,以及社会各界朋友的热情支持。

让我们携起手来,为祖国昌盛、科技腾飞、出版繁荣而共同奋斗!

国防科技图书出版基金

评审委员会

国防科技图书出版基金
2020 年度评审委员会组成人员

前言

随着我国经济和国防建设的快速发展，对于航空发动机等叶轮旋转机械更大功率更高效率的需求日益提高。作为航空发动机最核心的部件之一，叶盘系统长期工作在高温高压和高转速的恶劣环境下，失谐振动问题日益凸显。叶盘系统理论上是圆周对称结构的谐调叶盘，但是材料、加工误差、磨损及抑制颤振等因素通常会导致各叶片叶盘结构失去其周期对称性，也就是失谐。失谐会引发严重的叶盘系统振动局部化现象，导致疲劳破坏，进而降低使用寿命。目前失谐叶盘振动问题已经成为制约航空发动机等叶轮机械技术性能提升的关键问题之一。

本书针对航空发动机压气机叶盘动力学问题，从基础理论出发，结合工程实际算例，深入浅出，循序渐进，系统地阐述了叶盘系统振动分析的理论、计算方法和优化方法，对于揭示失谐振动局部化机理和解决失谐叶盘振动问题具有重要参考作用。为了更好地揭示失谐振动规律和阐释失谐振动分析方法，本书构建了通用叶盘转子模型，不涉及特定的旋转机械的叶盘转子，所有数据均采用无量纲化，因而所得结果具有普适性，对工程实际问题也更具有参考价值。

本书由东北大学袁惠群、东北大学赵天宇、沈阳理工大学张宏远和辽宁工业大学张亮等撰写。其中，第1、2、4、5章由袁惠群教授撰写，第9、10章由赵天宇撰写，第7、8章和第11章部分内容由张宏远撰写，第3、6章由张亮撰写，第2章部分内容由吴震宇参与撰写，第4章部分内容由宋琳撰写，第11章部分内容由李岩撰写。

中国科学院闻邦椿院士对本书的出版给予了亲切的鼓励与支持，在此谨向闻院士致以衷心的感谢！

本书中阐释的若干方法来自作者近年来的最新科学研究成果，在研究与编著过程中得到了中国航发集团副总经理李宏新研究员，中国航发沈阳发动机设计研究所张连祥副总设计师、丛佩红研究员等的热情帮助和悉心指导，他们的大力支持使本书顺利完成，谨向他们致以衷心的感谢！

本书的研究工作得到了国家自然科学基金项目（编号：51775093、51275081和51805076）的资助，本书的出版得到了国防科技图书出版基金的资助和国防工业出版社的大力支持，在此表示诚挚感谢！

限于作者水平，书中不当之处敬请读者指正。

袁惠群

2021年10月

目录

Contents

第1章

绪　　论

1.1 背景及意义

航空发动机设计与制造是构成国家实力基础和军事战略的核心技术，被誉为“机械工业的皇冠”[1]。航空发动机是一个国家科技、工业、国防实力和综合国力的集中表现。航空发动机是通过叶盘转子系统将燃料的热能或其他形式的能量转变为机械能，为飞机或其他航空器提供飞行所需动力的装置。作为飞机的心脏，航空发动机性能的好坏与飞行的可靠性和稳定性有着直接的关系。西方发达国家在策略上优先发展航空发动机，而对外在关键技术上实行严密封锁[2]。与国外发达国家相比，我国航空发动机研制尚存在不小差距，已成为严重制约整个航空工业发展的瓶颈之一，因此大力发展我国航空发动机研制任重而道远[2]。

航空发动机的研发过程是十分精密和复杂的，其大量零部件工作在极其恶劣的环境下，承受着高温、高压和高转速等工作负荷。在设计过程中，不但需要满足高性能的要求，而且还需确保其安全可靠地运行。航空发动机的发展伴随着故障的频繁发生，而叶盘系统故障是航空发动机最常见的故障之一。叶盘系统作为航空发动机的关键零部件，保证其安全可靠地工作是至关重要的。一旦航空发动机的叶盘系统发生故障，所引起的事故是严重的，甚至是灾难性的。另外，叶盘系统设计不合理还会导致一些其他的故障问题，如共振引起的叶片裂纹、振动噪声、部件脱落和疲劳失效等。

航空发动机叶盘结构理论上具有圆周循环对称性，即谐调叶盘。但加工误差、磨损及抑制颤振等原因，导致叶片间不可避免地存在质量和刚度的微小差异，即失谐。失谐破坏了结构的循环对称性，导致其振动能量集中在一个或几个叶片上，使这些叶片的振幅达到其他叶片振幅的几倍，也就是振动局部化现象，进而造成局部叶片的高周疲劳失效[4]，对整个叶盘结构的正常运行构成严重威胁，影响压气机叶盘系统的使用寿命。因此，针对航空发动机压气机失谐叶盘系统振动问题，开展失谐振动关键因素影响及减振优化研究，对于提高我国航空发动机可靠性和使用寿命具有重要意义。

为提高航空发动机可靠性、延长使用寿命、降低故障率，本书针对航空发动机核心部件——复杂叶盘转子系统，结合工程实际中的失谐问题，突破失谐条件下复杂叶盘系统动力学建模、响应预测、减振优化技术等关键难题，开展了多级航空发动机失谐非线性叶盘复杂系统动力学特性及基于智能优化算法的失谐叶片排序优化等方面内容的研究，获得多项国家自然科学基金项目及国防科研项目支持。考虑不同工程实际应用需要，具体存在的主要问题和对应解决的动力学分析方法如下：

(1) 对于工程中不考虑榫头榫槽等非线性因素影响情况下的模态分析，可以采用失谐叶盘系统动力学分析的集中参数法，该方法可以快速对叶盘系统固有特性进行分析，获得谐调和失谐叶盘系统固有特性和受迫振动响应特性。

(2) 工程中考虑叶根阻尼和干摩擦力情况下的非线性响应分析，大多采用宏观滑移模型，宏观滑移模型无法正确反映摩擦界面摩擦力，而微动滑移模型描述的接触面为多点接触，叶片的振动可能只会导致部分接触点发生滑移，而其他接触点仍保持黏滞状态，比宏观滑移模型更准确地描述摩擦力与位移之间的关系，可以考虑部分触点滑移所产生的摩擦阻尼对系统振动响应的影响。对于上面所述情况，可以考虑采用基于微动滑移摩擦阻尼模型的失谐叶盘系统非线性动力学分析方法。

(3) 对于不考虑失谐或失谐量较小情况下的动力学分析，可以采用循环对称分析方法进行叶盘系统动力学分析，采用群论算法与 Benfield-Hruda 的约束加载模态综合技术相结合的模群法来分析叶盘系统耦合振动。

(4) 对于失谐叶盘系统来说，对叶片失谐参数的准确识别是叶盘系统振动及动力学特性分析的重要前提之一，极大影响着系统振动及动力学特性分析的准确性。失谐导致的几何、材料等结构参数与谐调时的小量偏差都精确获知并非必须，也是困难的。

对于失谐叶片参数的识别可以采用叶片静频试验与二分法及有限元分析相结合方法，该方法的思路是：首先，对某压气机叶盘系统各叶片进行静频试验，通过测试信息采集分析系统获得各叶片一阶弯曲静频；其次，通过对叶盘系统各叶片的弹性模量引入不同的扰动参数模拟叶片频率的改变，假设轮盘谐调只考虑叶片材料参数变化，以叶片弹性模量扰动参数为失谐参数，应用二分法与有限元分析相结合的方法识别出叶片静频试验一阶弯曲固有频率所对应的失谐扰动参数和失谐弹性模量；最后，通过拟合计算获得叶盘系统振动及动力学特性分析所必需的各叶片失谐弹性模量。该方法不仅能从实验获得的叶片静频出发来模拟实际叶片失谐量，而且可以通过线性拟合得到失谐弹性模量随叶片一阶弯曲固有频率变化的线性表达式,达到精准快速识别叶片失谐参数的目的。

(5) 由于失谐破坏了叶盘系统结构循环对称性并导致振动局部化,要想精确模拟工程实际失谐叶盘系统动力学特性,必须建立叶盘系统有限元模型,但建立的工程实际整体叶盘系统有限元模型单元节点数量巨大,如果再考虑榫头榫槽接触状态等非线性因素,存在计算难度大、耗费机时和效率低等问题。

针对该问题可以采用失谐叶盘系统有限元模型的缩减建模方法,该方法基于子结构模态综合理论建立有限元缩减模型,在保证计算精度的前提下,极大地缩减了叶盘系统节点的自由度数量,降低了计算规模,提高了计算速度。

(6) 失谐叶盘系统的减振优化研究对于降低失谐叶盘系统振动局部化程度具有重要意义,求得全局最优解、避免陷入局部最优解是目前优化设计的最重要的问题,并且航空发动机叶片排布优化问题属于离散领域问题,原始粒子群等优化算法不能满足离散变量的更新。

基于改进离散粒子群算法(discrete particle swarm optimization,DPSO)的叶盘系统减振优化方法可以解决此类问题,该算法在基本粒子群算法的基础上引入,具有规则简单、容易实现、收敛速度快、有很多措施可以避免陷入局部最优、可调参数少等优点,在连续求解空间中表现不俗。

(7) 为了避免叶片在大的共振应力下发生疲劳断裂故障,通常采用增加叶片阻尼的方法。当叶盘系统考虑附加缘板阻尼减振器时的叶片的排列组合是典型的组合优化问题中的二次分配问题,属于NP难问题,解的空间大、计算量大,要求寻优算法兼顾时间复杂度、收敛速度、优化精度及跳出局部最优能力。采用常用的遗传算法、模拟退火算法等解决此类问题效率不佳,而对非线性阻尼失谐叶盘系统的优化存在局部最优解,这时采用DPSO算法寻优时为避免局部最优解会反复计算适应度函数从而消耗大量时间,计算效率不高。

基于CUDA并行退火进化算法的失谐叶盘系统减振优化方法可以解决该问题,该方法提出了一种应用退火进化算法附加禁忌记忆表的方法对含非线性摩擦阻尼的叶盘失谐系统进行优化,取得较好的优化效果。

1.2 国内外研究进展现状

1.2.1 失谐叶盘系统振动分析方法

1. 失谐叶盘系统振动特性

近年来国内外学者广泛地开展了对失谐叶盘系统振动特性及动力学特性的理

论、数值仿真以及试验研究。英国学者 E. P. Petrov 和 D. J. Ewins 对于失谐叶盘系统的振动特性理论及试验研究做了大量的工作[5-6]。M. P. Castanier 和 C. Pierre[7]总结了基于有限元方法的各种模型的建模原理以及在叶盘失谐参数识别、灵敏度分析和受迫响应预测等方面的方法。Bladh 等[8]利用缩减的有限元模型对失谐叶盘受迫响应特性进行了研究,发现振动模态局部化的叶盘系统,其相应的受迫响应不一定会有较大增加,可能还会出现减小的情况;对于随机失谐叶盘系统从统计的平均值来看,受迫响应是会增加的,并且受迫响应随随机失谐程度的增大会出现峰值现象。可见失谐不一定会导致受迫响应的增加,若合理设计失谐方式也可能起到减振效果。

在国内,王建军等[9]进行了失谐叶盘系统振动局部化特性的理论与实验研究;王红建等[10]开展了基于集中参数模型的失谐叶盘系统的受迫振动响应研究。袁惠群、赵天宇等[11]在失谐叶盘系统的动力学特性及考虑工程实际约束情况下失谐叶片减振优化排布等方面进行了研究。

根据叶片简化程度的不同,叶片摩擦模型可分为单自由度模型、多自由度模型、有限元模型及接触面摩擦模型等。单自由度模型概念清晰,求解方便,能获得精确的解析解,但该模型仅适用于正压力较小的情况,不能描述弯扭耦合振动行为,只能得到一些定性的指导。J. H. Griffin 等[12]将叶片、阻尼结构简化为集中参数多自由度模型,研究两自由度和四自由度模型。有限元模型可以很好地模拟叶片复杂的几何形状和复杂的振动模态,从计算精度来说是一种较为理想的模型,目前阻尼叶片的振动问题多用有限元模型[13]。关于两固体接触面间的干摩擦力国内外学者已经提出了许多模型,但摩擦过程的复杂性使人们很难找到一个通用的摩擦模型来解释所有的摩擦现象,只能根据不同的需要采用不同的摩擦模型。常用的摩擦力模型主要有两个类型,应用库仑摩擦定律的宏观滑移模型[14]和微动滑移模型[15]。微动滑移模型又称为局部滑移模型,在摩擦面之间出现整体滑移前,就存在接触面部分滑移现象。为了模拟这种现象,一种办法是把接触部分用若干小的宏观滑移模型来近似,即在接触面内部分接触面处于滑移状态而其余部分接触面处于黏滞状态。上述微动滑移模型的接触面行为可用多点接触来描述。

Ottarsson 和 Pierre[16]采用传递矩阵法和蒙特卡罗仿真方法对失谐叶盘自由振动局部化进行了研究。秦飞等[17]采用汽轮机失谐叶盘的有限元模型,分析了离心力对失谐叶盘振动特性的影响,并采用概率分析方法对弹性模量失谐误差在5%以内的失谐叶盘振动特性进行研究。王艾伦等[18]采用集中参数模型和蒙特卡罗分析方法,研究了成组叶盘系统的随机失谐特性,分析了失谐敏感性和失谐强度的关系。李琳[19]针对带冠叶盘系统,采用子结构模型和概率统计方法分析了考虑非谐调和干摩擦对系统响应特性影响,结果表明,非谐程度的增加会增大响应幅值的均值和标准差,同时会导致最大响应幅值分布的分散性。付娜等[20]采用循环对称结构方法分析了叶盘耦合系统固有特性,分别分析了非旋转态和旋转态固有频率和模态。谈芦益等[21]基于模态综合法建立了失谐叶盘模型并给出了模态计算方法,并利用某43个叶片压气机实际叶片进行方法验证。研究表明该方法具有较高的计算精度,同时失谐会导致叶片过早出现高周疲劳。

孙卫东[22]基于集中参数模型,采用循环对称结构和蒙特卡罗方法研究随机失谐敏感性,研究发现失谐会使循环对称结构模态发生局部化现象。错频是抑制颤振的有效手段,但是错频可能会导致叶盘结构振动局部化。徐可宁等[23]利用气弹分析软件对错频叶盘结构进行了振动响应分析,发现叶盘局部化程度与错频量并不是简单的线性关系。

姚宗健、于桂兰[24]和胡超[25]等对周期对称结构叶盘失谐振动模态局部化问题进行了研究。王艾伦、李琳和毕红霞等[26-27]研究了带冠叶盘系统振动响应的局部化问题。戴静君等[28]以悬臂梁模型来模拟固定在轮盘上的叶片,利用Hamilton原理和Galerkin法推导了系统的运动方程表达式。研究发现失谐会造成叶盘的振动模态出现局部化现象。

2. 频率转向与失谐叶盘系统振动特性研究

航空发动机压气机谐调叶盘具有频率转向现象[29],而失谐会造成严重的局部化。王红建[30]研究了频率转向特征对失谐系统模态局部化的作用规律。赵志彬、贺尔铭等[31]研究了叶盘频率转向与失谐之间的关系。赵志彬等[32]针对叶盘结构受迫振动响应特性采用主动失谐技术实验和叶盘结构频率转向特征及失谐敏感性实验研究了频率转向和失谐敏感性之间的关系。王建军、崔韦等[33]对叶片频率转向与振型转换特性进行了研究。王培屹等[34]在参数化建模、求解的基础上重点研究了叶盘结构盘片耦合振动频率转向特性、由结构参数随机失谐引起的振动局部化特性对结构设计参数变化的敏感性。张俊红等[35]针对叶片裂纹对航空发动机振动特性影响,基于叶片有限元模型,通过对裂纹长度和裂纹位置变化对叶片频率转向特性影响,讨论了频率转向区附近固有特性和受迫振动特性变化规律。

3. 振动局部化影响参数研究

广大学者对失谐叶盘振动局部化的影响参数开展了研究,Castanier、Pierre[36]研究了激励阶次对失谐叶盘系统幅值的影响。胡伟等[37]采用非接触叶尖定时技术分析航空发动机转子叶片非整阶次振动。兰海强等[38]利用极值原理改进蒙特卡罗模拟技术和叶盘有限元模型,讨论了安装角失谐对叶盘响应特性的影响规律。毕红霞等[39]针对12个叶片的自带叶冠叶盘系统,建立了含预紧力的连续参数动力学模型,分析了刚度失谐和预紧力失谐时叶盘系统的振动局部化情况,研究表明预紧力失谐能够导致叶盘系统振动局部化,但是没有刚度失谐导致的局部化程度严重。张欢等[40]基于失谐裂纹谐叶盘和性能试验,通过对排气机匣数据分析,研究了裂纹长度对叶盘失谐动力学特性的影响。姚建尧等[41]针对叶盘结构采用离散傅里叶变换定义了节径谱的概念,讨论了随机失谐作用、人为失谐作用及随机失谐和人为失谐共同作用下的模态局部化特性。Kan 等[42]采用有限元法计算考虑科里奥利力对故意失谐叶盘强迫响应影响,对比了科里奥利力在不同转速下故意失谐叶盘强迫响应的放大系数。马辉等[43]针对压气机叶片采用 ANSYS 软件,讨论了离心刚化、科里奥利力和旋转软化对叶片振动特性的影响。太兴宇等[44]针对旋转叶片系统,采用能量法和哈密顿原理,建立了旋转叶片弯扭耦合运动方程,在分析中考虑了离心刚化、旋转软化、科里奥利力效应和叶片截面特性,并搭建了实验测试系统,通过对比仿真结果和实验结果验证了模型。徐建等[45]基于哈密顿原理和 Timoshenko 梁,推导了中心刚体-柔性梁结构的动力学方程,该方程考虑了科里奥利力的影响,并对比是否考虑科里奥利力对计算结果的影响。徐自力等[46]采用解析法,推导了高速旋转叶片科里奥利力的计算模型,考虑了科里奥利加速度对叶片固有频率的影响。韩新月等[47]基于叶片的科里奥利加速度理论计算模型;采用有限元法,分析了科里奥利力对风力机叶片频率影响。李永强等[48]利用瑞利-李兹法和虚位移原理,导出了同时考虑弯扭变形和科里奥利惯性力的平衡方程,通过迭代求解科里奥利惯性力影响下的初始变形和初始应力。戴韧等[49]针对 NRELS825 风力机模型,研究了风力机叶片旋转所造成的失速延迟。在叶片边界层内的分布计算中考虑了科里奥利加速度的影响,研究表明科里奥利力的大小与失速程度有关,并从数量上解释三维翼型形成展向流的原因和失速延迟的机理。李宏新和袁惠群等[50]基于压气机叶片盘扇区,采用自由界面子结构-固定界面预应力模态综合超单元法,探究了失谐关键因素对于失谐叶盘振动的影响规律。

4. 失谐参数的识别方法

对于失谐参数的正确识别是叶盘系统模拟的关键,由于公称模态子集(SNM)法和基本失谐模型(FMM)法不进行子结构分解,所以选用这类方法进行失谐参数的识别的关键是选取合理的模态基,对应的识别方法有 SNM 识别方法和 FMM 识别方法。傅强等[51]基于 FMM 缩减方法建立分析模型,识别出失谐响应参数,基于该方法进行了瞬态响应分析。王帅等[52]针对整体叶盘失谐识别问题,提出了基于经典模态法并通过将谐调叶盘系统解析模态与失谐结构测量模态相结合的识别方法,并对输入参数的识别方法进行了鲁棒性分析。张亮、李欣、袁惠群[53]提出了模态测试和有限元分析相结合的识别叶片失谐参数的方法,采用近似子结构模态综合(CMS)超单元法对失谐叶盘动力学特性进行了分析,通过对比循环对称分析方法和近似 CMS 超单元法的计算结果,验证了该方法的准确性。

1.2.2 失谐叶盘系统减振优化方法

近年来广大学者对于失谐叶盘系统的减振优化算法展开了大量研究。林诒勋[54]针对汽轮机转子叶片最优排序问题,采用二次分配模型导出最优排列必要条件,并建立了两种启发式排序优化算法。傅国耀[55]针对透平机械的转子叶片,提出一种叶片排序的算法。采用该算法,通过将一些叶片的左右位置和上下位置互换,即可获得较小的合力矩。戴义平等[56]针对叶盘质量失谐带来的不平衡问题,采用遗传算法对质量失谐叶片的排序优化问题进行研究并与穷举法进行对比分析,结果表明遗传算法与模拟退火方法比较具有求解时间短和收敛速度快等优点。贺尔铭和耿炎等[57]采用遗传算法对由于质量和惯性造成的叶片之间不平衡问题进行了排序优化。唐绍军[58]将24个叶片分成6个象限,针对相邻象限间的叶片总质量差值最小和相邻叶片间频率差值最大为优化目标的组合优化问题,采用遗传算法进行了优化分析。贾金鑫等[59]采用遗传算法,考虑了初始不平衡量及叶片质量矩,并通过对某实际压气机叶片安装情况进行分析来验证该排序方法的正确性。

Choi 等[60]针对叶片重量平衡问题,使用故意失谐叶盘去降低随机失谐的敏感性,限制不同叶片的数量并采用启发式算法对叶片排序进行了研究。Thompson 和 Becus[61]研究了失谐叶片的最优排序问题,将叶片限制在小范围的扭转刚度的失谐,使用模拟退火算法求解叶片的位置的排序。Bisegna 等[62]研究了创新型被动减振系统的优化问题,该叶片转子系统由安装在等间距柔性环上的叶片组成。叶片装有压电装置,将振动能量转换为电能,而电能再通过包含电阻元件的电分流器所耗散。Hohl[63]提出了一种降低失谐叶盘局部化程度的方法,该方法能找到对能量局部化不敏感的叶片排布模式,采用降阶模型进行蒙特卡罗仿真,讨论了失谐叶片方差的影响规律,该规律能够抑制能量的局部化。袁惠群等[64]针对叶盘系统振动局部化问题采用智能优化算法对叶片安装顺序进行了排布优化。李琳等[65]基于压电网络和循环周期的集中参数模型来抑制失谐叶盘结构的振动局部化,研究了机械和电气系统的失谐对失谐叶盘的强迫响应的影响,使用修正的模态置信因子(the modified modal assurance criterion,MMAC)评估压电网络的影响。

综上所述,目前针对失谐叶盘振动问题,考虑不同工程实际应用需要,缺乏系统完整的分析体系为高年级本科生、研究生及相关工程技术人员提供支持。

1.3 本书结构与内容安排

本书的出版有助于完善失谐非线性叶盘系统动力学特性分析方法,揭示失谐叶盘系统的振动局部化机理,发展智能算法的创新与融合、优化分析的理论与方法,同时降低叶盘系统的振动水平,改善振动局部化,减少叶盘系统的故障,提高我国航空发动机研制、设计水平,增强我国航空工业的国际竞争力。

全书共分为 11 章,各章内容的关系如图 1.1 所示。

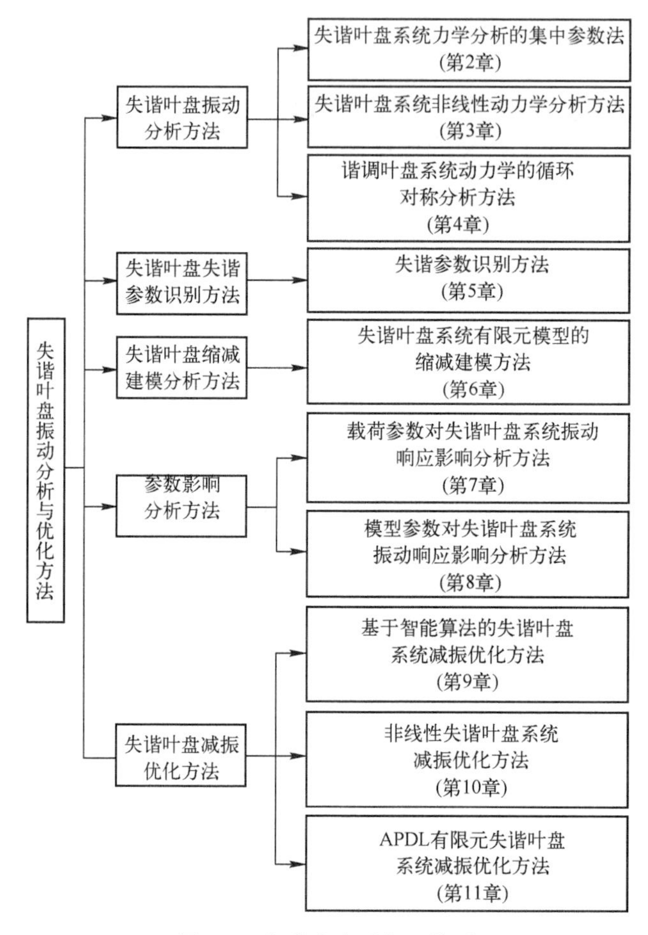

图 1.1　各章内容及相互关系

第 2 章建立失谐叶盘系统动力学分析的集中参数法。首先,利用集中参数模型建立由 16 个叶片组成的叶片-轮盘结构系统的质量-弹簧模型。然后,从耦合强度的强弱方面分析失谐叶盘系统的模态振型特性。最后,利用模态局部化参数,分析不同耦合强度与失谐强度对系统模态局部化程度的影响规律。

第 3 章针对利用缘板阻尼块增加叶片阻尼来避免叶片疲劳断裂故障而导致的系统非线性问题,基于微滑移非线性干摩擦力模型,对含有叶根非线性干摩擦阻尼块的失谐叶盘系统的动力学特性进行分析,将缘板摩擦阻尼力简化为等效刚度和等效阻尼作用于叶片轮盘系统集中参数动力学模型,结果表明:增加叶根摩擦阻尼块可以有效减轻失谐叶盘系统的振动局部化程度。

第4章针对叶盘系统的振动分析采用有限元法时,对于整个叶盘系统采用较准确的有限元离散将导致系统模型的自由度数庞大,从而使得数值运算困难。采用循环对称分析方法将有限元模化的区域局限于一个基本重复扇区内,使得特征问题的求解规模大大降低。

第5章针对叶盘系统叶片失谐参数的识别问题,阐述了SNM法、FMM法和叶片静频试验与二分法及有限元分析相结合方法。

第6章针对失谐叶盘系统采用整体叶盘有限元模型,节点单元数量巨大、计算困难等问题,阐述了基于子结构模态综合理论的有限元缩减建模方法。主要内容包括:①模态缩减建模的基本方法;②固定界面预应力-自由界面子结构模态综合超单元法;③移动界面模态综合超单元法。

第7章针对失谐导致的叶盘系统局部化问题,分析了转速、激励阶次和频率转向等载荷参数综合作用在失谐叶盘系统时的振动局部化现象。主要内容包括:①激励阶次对失谐叶盘系统振动响应的影响分析;②叶片轮盘刚度比失谐叶盘系统振动响应的影响分析。

第8章针对采用榫头榫槽安装方式的失谐叶盘系统,分析了榫头榫槽接触、频率转向和叶片平均频率等模型参数对失谐叶盘系统振动响应的影响。主要内容包括:①榫头榫槽接触对失谐叶盘系统振动响应的影响分析;②频率转向对失谐叶盘系统振动响应的影响分析;③叶片平均频率对失谐叶盘振动响应的影响分析。

第9章针对从预防颤振的角度对叶片进行错频排序优化问题,同时考虑错频和振动局部化对叶片排布的影响,引入罚函数法兼顾错频和减振,并将离散粒子群算法与标准遗传算法相结合,解决了标准遗传算法收敛速度慢、计算效率低、编码复杂等缺点,取得较好的优化结果。主要内容包括:①叶片排布次序对失谐叶盘系统振动响应的影响;②基于改进离散粒子群算法的叶盘系统减振优化方法;③基于禁忌遗传猫群算法的失谐叶盘系统减振优化方法。

第10章针对失谐叶片轮盘系统附加缘板阻尼减振器时的叶片排布优化问题,基于叶盘微动滑移摩擦阻尼模型,提出了一种应用退火进化算法附加禁忌记忆表的方法来对含非线性摩擦阻尼的叶盘失谐系统进行优化,取得较好的优化效果。主要内容包括:①基于TAEA算法的失谐叶盘系统减振优化方法;②基于CUDA并行退火进化算法的失谐叶盘系统减振优化方法。

第11章针对采用工程实际叶盘系统有限元缩减模型进行排序优化计算时的准确性和计算速度兼容问题,提出APDL有限元失谐叶盘系统减振优化方法。主要内容包括:①基于APDL壳梁有限元模型的失谐叶盘系统减振优化方法;②基于

APDL 有限元缩减模型的叶片刚度失谐减振优化方法;③基于 APDL 有限元缩减模型的叶片质量失谐减振优化方法;④基于 APDL 有限元缩减模型的叶片质量和刚度失谐减振优化方法。

参考文献

[1] 张伟. 航空发动机[M]. 北京:航空工业出版社,2008.

[2] 刘大响. 对加快发展我国航空动力的思考[J]. 航空史研究,2001,16(1):1-7.

[3] 刘大响,金捷. 21 世纪世界航空动力技术发展趋势与展望[J]. 中国工程科学,2004,6(9):1-8.

[4] SLATER J C,MINKIEWICZ G R,BLAIR A J. Forced response of bladed disk assemblies:a survey [J]. Shock and Vibration Digest,1999,31(1):17-24.

[5] PETROV E P,EWINS D J. Analysis of the Worst Mistuning Patterns in Bladed Disk Assemblies[J]. Journal of Turbomachinery,OCTOBER,2003,125:623-631.

[6] PETROV E P. A Method for Forced Response Analysis of Mistuned Bladed Disks With Aerodynamic Effects Included[J]. Journal of Engineering for Gas Turbines and Power,2010,132:062502-1-10.

[7] CASTANIER M P,PIERRE C. Modeling and analysis of mistuned bladed disk vibration:status and emerging directions[J]. Journal of Propulsion and Power,2006,22(2):384-396.

[8] BLADH R,PIERRE C,CASTANIER M P,et al. Dynamic response predictions for a mistuned industrial turbomachinery rotor using reduced-order modeling[J]. Journal of Engineering for Gas Turbines and Power,2002,124(2):311-324.

[9] 姚建尧,辛健强,王建军. 周期对称性在失谐叶盘瞬态响应求解中的应用[J]. 航空动力学报,2016,31(9):2188-2194.

[10] 张辉有,王红建. 一种基于叶盘结构几何失谐的降阶分析方法[J]. 航空工程进展,2014(4):481-486.

[11] 赵天宇,袁惠群,杨文军,等. 非线性摩擦失谐叶片排序并行退火算法[J]. 航空动力学报,2016,31(5):1053-1064.

[12] GRIFFIN J H. A Review of Friction Damping of Turbine Blade Vibration[J]. International Journal of Turbo & Jet Engines,1989,7(3-4):297-308.

[13] 汤凤,孟光. 带冠涡轮叶片的接触分析[J]. 噪声与振动控制,2005,(4):5-7,17.

[14] 丁千,孙艳红. 干摩擦阻尼叶片多谐波激振的共振响应[J]. 非线性动力学报,2004,11(2):12-18.

[15] GABOR CSABA. Modelling Microslip Friction Damping and its Influence on Turbine Blade Vibrations [D]. Sweden:Department of Mechanical Engineering,Link ping University,1998.

[16] OTTARSSON G,PIERRE C. A Transfer Matrix Approach to Free Vibration Localization in Mistuned Bladed Assemblies[J]. Journal of Sound and Vibration,1996,197(5):589-618.

[17] 秦飞,陈立明. 失谐叶盘系统耦合振动分析[J]. 北京工业大学学报,2007,33(2):

126-128.
[18] 王艾伦,孙勃海．随机失谐的成组叶片—轮盘固有振动局部化研究[J]．中国机械工程,2011(7):771-775.
[19] 李琳．非谐带冠叶盘系统动特性的统计特征[J]．航空学报,2000,21(05):405-408.
[20] 付娜,王三民,郭伟超．某燃气轮机叶片-轮盘耦合振动特性研究[J]．汽轮机技术,2005,47(5):362-364.
[21] 谈芦益,刘天源,谢永慧．透平机械整圈自由叶片的随机失谐振动特性研究[J]．热力透平,2017,46(01):13-18.
[22] 孙卫东．循环对称结构模态对失谐的敏感性研究[J]．机械科学与技术,2009,28(09):1171-1174.
[23] 徐可宁,王延荣,刘金龙．压气机转子错频叶盘结构振动响应分析[J]．燃气涡轮试验与研究,2013(3):6-11.
[24] 姚宗健,于桂兰．失谐循环周期结构振动模态局部化问题的研究[J]．科学技术与工程,2005,5(21):1616-1622.
[25] 胡超,李凤明,邹经湘,等．失谐叶盘结构振动模态局部化问题的研究[J]．中国电机工程学报,2003,23(11):189-194.
[26] 李琳．带冠叶盘的二维子结构循环非线性力学模型及其响应特性[J]．航空学报,1999,20(1):58-61.
[27] 毕红霞,王艾伦,曹旭辉．基于应变模态的自带冠叶盘结构振动局部化问题[J]．华东理工大学学报:自然科学版,2012,38(4):134-138.
[28] 戴静君,李凤明,时文刚．失谐对叶盘结构振动特性的影响[J]．中国机械工程,2005,16(13):1158-1161.
[29] RIVAS-GUERRA A J,MIGNOLET M P. Maximum Amplification of Blade Response due to Mistuning:Localization and Mode Shape Aspects of the Worst Disks[J],Journal of Turbomachinery,2003,125:442-454.
[30] 李益萱,贺尔铭,王红建,等．叶盘结构频率转向特征的量化分析研究[J]．西北工业大学学报,2010,28(5):764-768.
[31] 赵志彬,贺尔铭,王红建．叶盘振动失谐敏感性与频率转向特性内在关系研究[J]．机械科学与技术,2010(12):1606-1611.
[32] 赵志彬,贺尔铭,王红建,等．叶盘结构频率转向特征及失谐敏感性实验研究[J]．中国机械工程,2013,24(1):73-77.
[33] 崔韦,王建军．裂纹叶片频率转向和振型转换特性研究[J]．推进技术,2015,36(4):614-621.
[34] 王培屹,李琳．叶盘结构盘片耦合振动特性的参数敏感性[J]．航空动力学报,2014,29(01):81-90.
[35] 张俊红,杨硕,刘海,等．裂纹参数对航空发动机叶片频率转向特性影响研究[J]．振动与冲击,2014,33(20):7-11.
[36] CASTANIER M P, PIERRE C. Modeling and Analysis of Mistuned Bladed Disk Vibration:

Status and Emerging Directions[J]. JOURNAL OF PROPULSION AND POWER, 2006, 22(2):354-396.

[37] 胡伟,王磊,米江. 基于叶尖定时技术分析叶片非整阶次振动[J]. 航空科学技术,2011(06):55-59.

[38] 兰海强,臧朝平. 叶片安装角对叶盘结构受迫响应特性的影响[J]. 航空动力学报,2012,27(11):2547-2552.

[39] 毕红霞. 含预紧力失谐的叶盘结构振动局部化问题研究[J]. 机械设计,2013,30(04):74-78.

[40] 张欢,朱靖,梁恩波,等. 含裂纹叶片的失谐叶盘对航空发动机振动特性的影响[J]. 航空动力学报,2013,28(09):2076-2082.

[41] 姚建尧,王建军,李其汉. 基于振型节径谱的失谐叶盘结构动态特性评价[J]. 推进技术,2011,32(5):645-653.

[42] KAN X,XU Z,ZHAO B,et al. Effect of coriolis force on forced response magnification of intentionally mistuned bladed disk[J]. Journal of Sound and Vibration,2017,399:124-126.

[43] 马辉,孙祺,太兴宇,等. 旋转叶片-机匣碰摩振动响应分析[J]. 振动与冲击,2017,36(14):26-32.

[44] 太兴宇,杨树华,马辉,等. 转子-叶片系统固有特性分析及试验研究[J]. 风机技术,2017,59(2):29-35.

[45] 徐建,胡超,倪博. 考虑科氏力影响的旋转 Timoshenko 梁的变结构控制分析[J]. 西部交通科技,2010(04):66-73.

[46] 徐自力,李辛毅,PARK Jong-Po,等. 科氏力对高速旋转汽轮机叶片动态特性的影响[J]. 西安交通大学学报,2003,37(09):894-897.

[47] 韩新月,申新贺,陈严,等. 科氏力对水平轴风力机叶片的影响[J]. 能源工程,2008(3):8-11.

[48] 李永强,郭星辉,李健. 科氏力对旋转叶片动频的影响[J]. 振动与冲击,2006,25(1):79-81.

[49] 戴韧,王海刚. 水平轴风力机失速延迟特性及其力学机理的研究[J]. 太阳能学报,2008,29(3):337-342.

[50] 李宏新,袁惠群,张连祥. 某级压气机叶盘系统失谐振动关键因素研究[J]. 航空动力学报,2017,32(05):1082-1090.

[51] 傅强. 基于 FMM 方法的发动机失谐叶盘瞬态响应分析[J]. 装备制造技术,2011(04):1-2.

[52] 王帅,王建军,李其汉. 基于模态信息的叶盘结构失谐识别方法鲁棒性研究[J]. 航空动力学报,2010,25(05):1068-1076

[53] 张亮,李欣,袁惠群. 基于模态测试及有限元法的叶片失谐参数识别[J]. 中国测试,2015(11):16-19.

[54] 林诒勋. 关于汽轮机叶片动平衡的一个最优排序问题[J]. 运筹学学报,1987(02):46,53-56.

[55] 傅国耀. 透平机械叶片排序的一个实用算法[J]. 应用科学学报,1988(04):57-61.

[56] 戴义平,江才俊,卢世明. 基于遗传算法的叶片安装排序优化系统的开发及应用[J]. 汽轮机技术,2003,45(05):270-272.

[57] 贺尔铭,耿炎,贺利,等. 遗传算法在发动机转子叶片平衡排序中的应用[J]. 机械科学与技术,2003,22(4):553-555.

[58] 唐绍军,王旭,朱斌. 遗传算法对压气机叶片排序的应用[J]. 航空动力学报,2005,20(3):518-522.

[59] 贾金鑫,李全通,高星伟,等. 叶片质量矩优化排序中遗传算法的应用[J]. 航空动力学报,2011,26(01):204-209.

[60] CHOI B K,LEE H S,KIM H E,et al. Optimization of Intentional Mistuning for Bladed Disk [J]. Transactions of the Korean Society for Noise & Vibration Engineering,2005,15(4):429-436.

[61] THOMPSON E,BECUS G. Optimization of blade arrangement in a randomly mistuned cascade using simulated annealing[J]. AIAA J,1993,2254:1-7.

[62] BISEGNA P,CARUSO G. Optimization of a passive vibration control scheme acting on a bladed rotor using an homogenized model[J]. Structural & Multidisciplinary Optimization,2009,39(39):625-636.

[63] HOHL A D,WALLASCHEK J. A Method to Reduce the Energy Localization in Mistuned Bladed Disks by Application-Specific Blade Pattern Arrangement[R]. ASME Turbo Expo 2015:Turbine Technical Conference and Exposition,2015.

[64] 张宏远,袁惠群,孙红运. 叶片平均频率对失谐叶盘振动局部化影响研究[J]. 航空发动机,2019,45(6):41-45.

[65] 李琳,刘久周,李超. 双周期分布式压电分支阻尼对失谐叶盘振动抑制作用分析[J]. 航空动力学报,2017,32(03):666-676.

第2章

失谐叶盘系统动力学分析的集中参数法

2.1 叶盘系统模态分析

2.1.1 叶盘系统集中参数模型的建立

本研究利用集中参数模型建立由16个叶片组成的叶片-轮盘(简称叶盘)结构系统的质量-弹簧模型。通过将每一叶盘扇段用由与基础相连的单自由度的弹簧-质量集中参数振子表示,各振子间用无质量的弹簧相连接,以模拟叶片间的相互耦合,如图2.1所示。

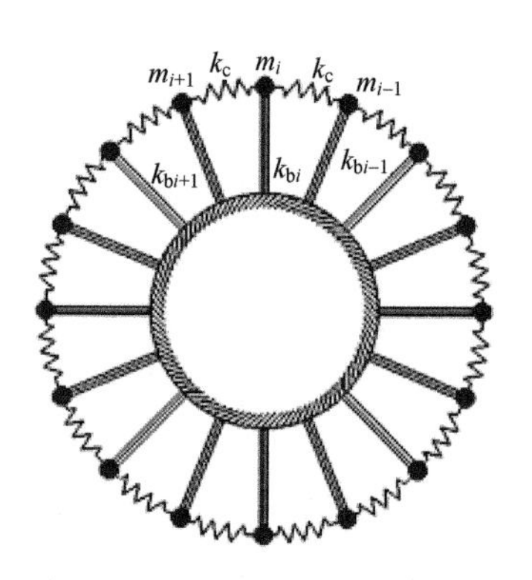

图2.1 叶盘系统集中参数模型

图2.1中将叶片视为单自由度的叶盘系统,假设系统结构参数为:m_i 为第 i 叶片质量并具有相同值 $m=10\text{kg}$。k_{bi} 为第 i 叶片刚度;k_c 为耦合刚度。在谐调情况下,假定叶片的刚度为 $k_b=7.5\times10^5\text{N/m}$。因此,叶片的固有频率 $\omega_b=\sqrt{\frac{k_b}{m}}=273.86\text{rad/s}$,并记耦合强度为

$$R^2=k_c/k_b \tag{2.1}$$

2.1.2　谐调叶盘系统固有特性分析

1. 谐调叶盘系统的振动方程

对图2.1所示的质量-弹簧模型,列其无阻尼自由振动方程

$$\boldsymbol{M}_0\ddot{\boldsymbol{X}}+\boldsymbol{K}_0\boldsymbol{X}=\boldsymbol{0} \tag{2.2}$$

式中:$\boldsymbol{M}_0$ 和 $\boldsymbol{K}_0$ 分别为谐调系统的质量矩阵和刚度矩阵。假设该谐调系统以频率 ω 做谐振动,则式(2.2)可化为

$$(\boldsymbol{K}_0-\omega^2\boldsymbol{M}_0)\boldsymbol{X}=\boldsymbol{0} \tag{2.3}$$

该方程可化为典型的特征值问题

$$(\boldsymbol{A}-\lambda\boldsymbol{I})\boldsymbol{X}=\boldsymbol{0} \tag{2.4}$$

式中:$\boldsymbol{I}$ 为16阶单位矩阵;$\boldsymbol{A}=\boldsymbol{M}_0^{-1}\boldsymbol{K}_0$;$\lambda=\omega^2$。具体的质量矩阵和刚度矩阵为

$$\boldsymbol{M}_0=m\boldsymbol{I} \tag{2.5}$$

$$\boldsymbol{K}_0=\begin{bmatrix} k_b+2k_c & -k_c & 0 & \cdots & -k_c \\ -k_c & k_b+2k_c & -k_c & 0 & \cdots \\ \cdots & \cdots & \cdots & \cdots & \cdots \\ \cdots & \cdots & \cdots & \cdots & \cdots \\ -k_c & 0 & \cdots & -k_c & k_b+2k_c \end{bmatrix}_{16\times16} \tag{2.6}$$

2. 谐调叶盘系统模态分析算例

本研究选取图2.1中的叶片数为16,谐调系统的固有频率和振型可通过对谐调系统的特征方程进行求解来获得,振型归一化取集中质量1处振型为1。我们选取耦合强度 $R=0.1$(弱耦合)来对谐调系统模态进行分析。图2.2为弱耦合条件下($R=0.1$)的谐调叶盘系统的前六阶模态振型。从图中可以看到,谐调系统的模态振型是谐和变化的,即叶片的振幅呈现正弦或余弦波的变化形式。这种模态振型是谐调周期结构性质所决定的。系统模态的振动能量在叶盘上的分布呈现规律性的均匀分布形式,没有模态局部化现象发生。

2.1.3　失谐叶盘系统固有特性分析

1. 模态局部化参数

为了研究失谐对叶盘系统模态局部化程度的影响规律,本研究拟引入一个能够较为准确描述系统模态局部化程度的量化参数,通过该参数,不同的系统模态局部化现象可以在量的基础上相互进行比较。从而可以对各种系统参数对失谐叶盘系统模态局部化的影响程度进行比较分析,研究系统参数对于系统模态局部化的影响规律。

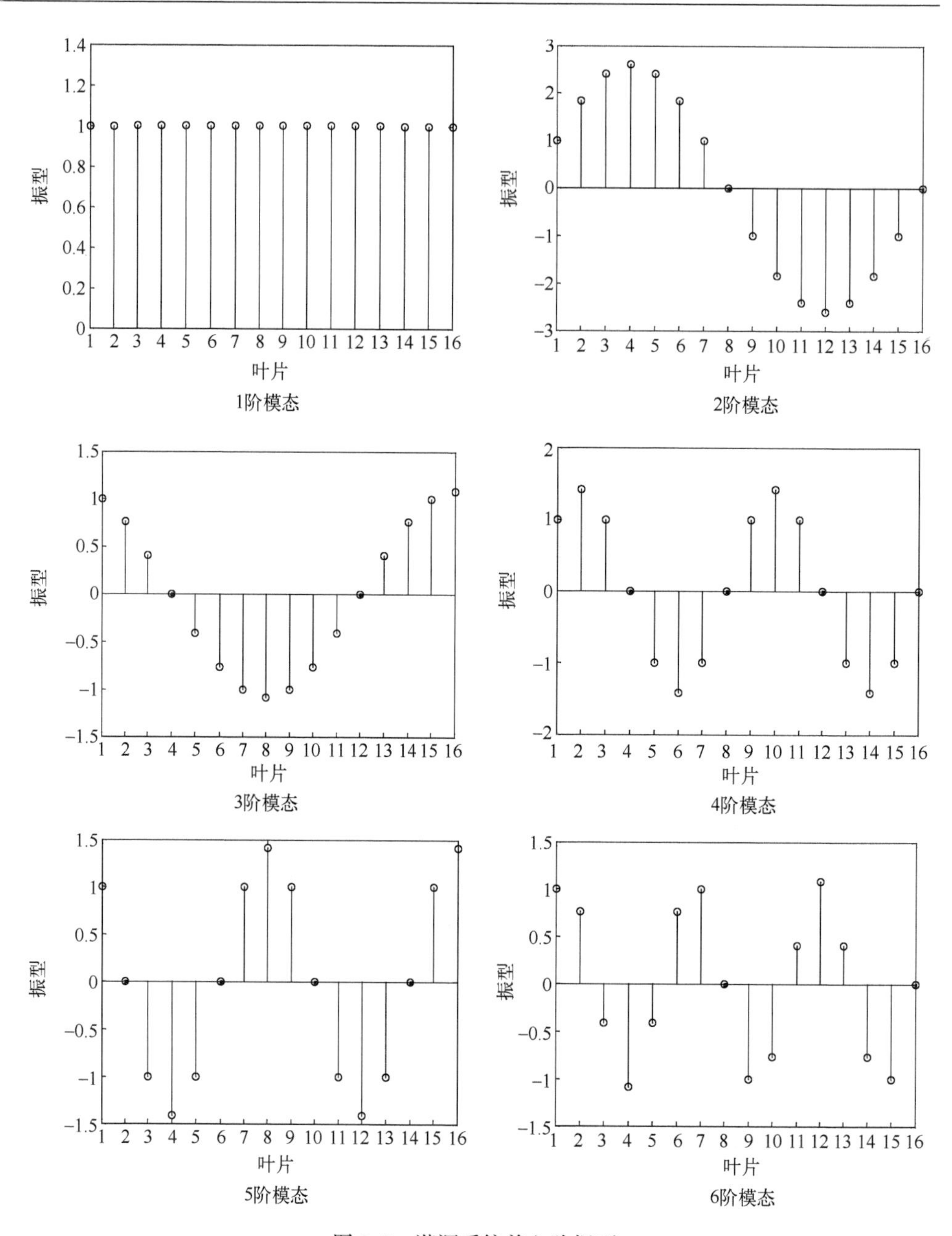

图 2.2　谐调系统前六阶振型

系统模态局部化现象的主要特征是：在系统模态中，只有一两个叶片的振动位移较大，而其他叶片的振动位移均相对较小，从而使系统模态振型中的振动能量大部分被集中在这一两个叶片上，即能量集中现象。正是这种能量集中现象对叶盘系统的安全和可靠性造成了严重威胁。因此,模态局部化参数要能正确反映这种能量集中的现象。为了准确捕捉叶盘系统能量集中的程度,需要对系统中的叶片振动能量进行计算,并研究叶片振动能量的分布形式,分析叶片最大振动能量与其他叶片的较小振动能量的比例关系,从而实现对叶盘系统振动能量集中程度的量化描述。模态振型局部化的特征是只有一两个叶片的振动位移较大,其他叶片的振动位移都较小。而我们主要关心最大叶片振动能量大于其他叶片振动能量的程度,因此将模态局部化参数用叶片的最大振动能量与其他叶片的平均振动能量的比值来描述。

叶盘系统中叶片振动能量的计算,对于不同的叶盘系统模型其计算方法也不同。对于本研究中的集中参数模型,根据叶片自由度的位移进行计算,在一般情况下,叶片的振动能量与叶片位移的平方成正比。对于多自由度叶片,叶片的振动能量可以采用欧几里得范数的形式来进行近似表示。因此,图2.1的模型系统的局部化参数可以采用如下的形式[1]:

$$L=\sqrt{\frac{|X|_{\max}^{2}-\frac{1}{N}\sum_{i=1,i\neq j}^{N}X_i^2}{\frac{1}{N-1}\sum_{i=1,i\neq j}^{N}X_i^2}} \tag{2.7}$$

式中:N 为叶片数;j 为具有最大振动位移的叶片序号,其最大振幅位移为 $|X|_{\max}$。该局部化参数描述了叶盘结构中最大的叶片振动能量与其他叶片的平均振动能量之间的相对差异。

2. 失谐叶盘系统的自由振动方程

为了研究失谐对于叶盘系统固有特性的影响规律,需要对失谐系统的自由振动方程进行特征向量和特征值分析。这里只考虑叶片刚度失谐的情况。设失谐条件下图2.1所示的无阻尼系统的自由振动方程为

$$\boldsymbol{M}_0\ddot{\boldsymbol{X}}+(\boldsymbol{K}_0+\Delta\boldsymbol{K})\boldsymbol{X}=\boldsymbol{0} \tag{2.8}$$

式中:$\boldsymbol{M}_0$ 和 $\boldsymbol{K}_0$ 分别为谐调系统的质量矩阵和刚度矩阵;$\Delta\boldsymbol{K}$ 为刚度失谐矩阵。假设该失谐系统以频率 ω 做谐振动,则式(2.8)可化为

$$(\boldsymbol{K}_0+\Delta\boldsymbol{K}-\omega^2\boldsymbol{M}_0)\boldsymbol{X}=\boldsymbol{0} \tag{2.9}$$

该方程可化为典型的特征值问题

$$(\boldsymbol{A}-\lambda\boldsymbol{I})\boldsymbol{X}=\boldsymbol{0} \tag{2.10}$$

式中:$\boldsymbol{I}$ 为16阶单位矩阵,$\boldsymbol{A}=\boldsymbol{M}_0^{-1}(\boldsymbol{K}_0+\Delta\boldsymbol{K})$,$\lambda=\omega^2$。具体的质量矩阵和刚度矩阵为

$$\boldsymbol{M}_0=m\boldsymbol{I} \tag{2.11}$$

$$K_0=\begin{bmatrix} k_b+2k_c & -k_c & 0 & \cdots & -k_c \\ -k_c & k_b+2k_c & -k_c & 0 & \cdots \\ \cdots & \cdots & \cdots & \cdots & \cdots \\ \cdots & \cdots & \cdots & \cdots & \cdots \\ -k_c & 0 & \cdots & -k_c & k_b+2k_c \end{bmatrix}_{16\times16} \tag{2.12}$$

$$\Delta K=\begin{bmatrix} k_{b1}-k_b & 0 & \cdots & \cdots \\ 0 & k_{b2}-k_b & \cdots & \cdots \\ \cdots & \cdots & \cdots & \cdots \\ \cdots & \cdots & \cdots & k_{bN}-k_b \end{bmatrix} =\begin{bmatrix} \Delta k_{b1} & 0 & \cdots & \cdots \\ 0 & \Delta k_{b2} & \cdots & \cdots \\ \cdots & \cdots & \cdots & \cdots \\ \cdots & \cdots & \cdots & \Delta k_{bN} \end{bmatrix} \tag{2.13}$$

定义第 i 叶片的刚度失谐强度 $\sigma_i=\dfrac{k_{b1}-k_b}{k_b}=\dfrac{\Delta k_{bi}}{k_b}$,则式(2.10)可化为

$$(\boldsymbol{B}-\Lambda\boldsymbol{I})\boldsymbol{X}=\boldsymbol{0} \tag{2.14}$$

式中

$$B=\begin{bmatrix} 1+2R^2+\sigma_1 & -R^2 & 0 & \cdots & -R^2 \\ -R^2 & 1+2R^2+\sigma_2 & -R^2 & 0 & \cdots \\ \cdots & \cdots & \cdots & \cdots & \cdots \\ \cdots & \cdots & \cdots & \cdots & \cdots \\ -R^2 & 0 & \cdots & -R^2 & 1+2R^2+\sigma_N \end{bmatrix} \tag{2.15}$$

$$\Lambda=\frac{\omega^2}{\omega_b^2} \tag{2.16}$$

从特征方程式(2.14)不难发现,失谐强度与耦合强度决定着失谐叶盘系统的特征值与特征向量,即固有频率和振型。

3. 失谐叶盘系统模态分析算例

1)单个叶片失谐系统分析

首先考虑单个叶片失谐的情况,将模态局部化参数作为模态局部化程度的衡量指标,考察第 i 个叶片刚度失谐对模态局部化的影响,从而寻找对其的影响规律。

假设第 i 个叶片的刚度失谐为

$$\Delta k_{bi}=k_{bi}-k_b \tag{2.17}$$

将其代入式(2.9),求其特征值和特征向量,得到失谐系统的模态振型,然后根据失谐系统的模态振型,求得振动局部化参数 L,再根据失谐叶片与谐调叶片的频率差

$$\Delta\omega_i=\omega_i-\omega_b \tag{2.18}$$

从而得到

$$\omega_i=\omega_b+\Delta\omega_i=\sqrt{\frac{k_b+\Delta k_{bi}}{m}} \tag{2.19}$$

整理得到叶片频率差 $\Delta\omega_i$ 与刚度失谐 Δk_{bi} 的关系

$$2\omega_b\Delta\omega_i+\Delta\omega_i^2=\frac{\Delta k_{bi}}{m} \tag{2.20}$$

假设第 9 个叶片产生失谐,$\Delta\omega_9\in[-40,40]$,$\omega_b$ 假定已知,$\omega_b=\sqrt{\frac{k_b}{m}}=273.86\text{rad/s}$。根据式(2.20)求得 Δk_{b9},将 Δk_{b9} 代入式(2.10),得到各阶固有振型,进而根据式(2.7)求得模态局部化参数 L。第 9 个叶片频率差与模态局部化参数 L 的关系如图 2.3 所示。

从图 2.3 可以看出,当 $\Delta\omega_9=\omega_9-\omega_b<0$ 时,失谐量对各阶固有模态局部化的影响是不同的,例如对于第 2 阶模态影响而言,模态局部化程度随着频率差的增大,是先增大后减小;而对于第 10 阶模态影响而言,是先减小后增大;而对于第 13 阶模态而言,几乎不产生影响。

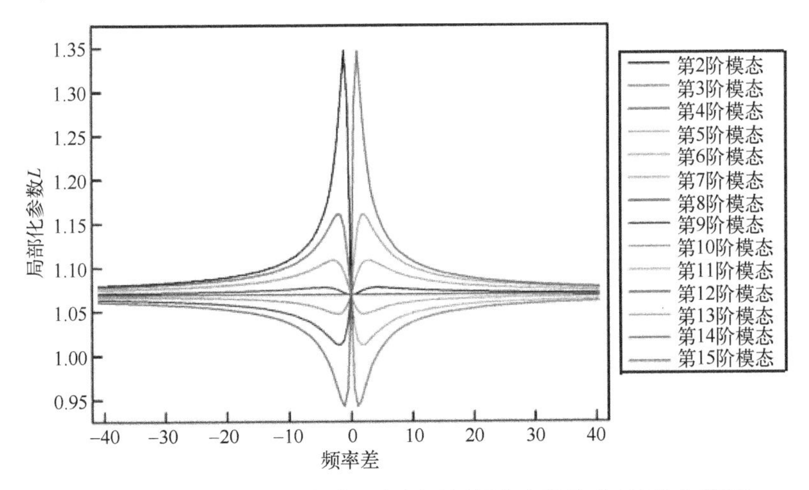

图 2.3 第 9 个叶片失谐频率差与振动局部化参数关系(见书末彩图)

当 $\Delta\omega_9=\omega_9-\omega_b>0$ 时,失谐量对各阶固有模态局部化的影响也是不同的,例如对于第 2 阶模态影响而言,几乎不产生影响。而对于第 15 阶模态影响而言,模态

局部化程度随着频率差的增大而先增大后减小；而对于第 3 阶模态而言，模态局部化程度是先减小后增大。因此可以得出结论：频率差变大或者减小，对各阶模态局部化程度的影响是不同的，也就是说，在实际叶盘系统旋转过程中，失谐叶片刚度变“软”或者变“硬”，对应不同转速，振动局部化现象有可能是加剧，也有可能是减弱或者是不受影响，如发动机转速在第 2 阶临界转速附近，那么振动的局部化就会随着叶片刚度变“软”，而先变强后变弱，这要根据发动机实际工况而定。

2）随机失谐系统分析

考虑到叶片受到加工和安装过程中不确定性因素的影响，叶片的失谐量也存在随机性，本节将重点考察叶片刚度的随机变化对叶盘系统模态振型和固有频率特性的影响规律。

假设叶片刚度失谐量满足随机正态分布，考虑三种失谐强度，其标准差 δ 分别为 1%、2%和 4%，具体取值如表 2.1 所列。

表 2.1　叶片刚度失谐表

叶片序号	失谐模式 1	失谐模式 2	失谐模式 3
1	0. 014635492046705	0. 014752770164645	0. 00725699198071
2	−0. 008719204338157	−0. 01327815050874	−0. 021861500850842
3	0. 00716201037215	0. 005902119275422	−0. 002191112527627
4	0. 000877904566813	−0. 007642449942435	−0. 019370611451501
5	−0. 012491333649628	0. 016100566152579	−0. 023307890908842
6	0. 013005586461436	0. 016457561244879	0. 010588219674844
7	0. 001511413179	0. 001010920997211	0. 025077208663708
8	0. 01453070185328	−0. 036772667715056	0. 081191756761331
9	0. 010799344174005	0. 007876014840746	−0. 059490565013639
10	−0. 009146017613371	0. 037691953727729	−0. 045919387715719
11	−0. 015798943994027	0. 025962048259971	0. 037629138119879
12	−0. 002455712433384	−0. 027096805911287	−0. 020259683489644
13	−0. 005276186317459	0. 003563574403085	−0. 060462433593966
14	−0. 010891778339654	−0. 008747509451655	0. 008341088791212
15	0. 003791102218645	−0. 015748271075775	0. 058528324086741
16	0. 014635492046705	−0. 020031674461319	0. 024250457473354
平均值	0. 0	0. 0	0. 0
标准差	1%	2%	4%

首先分析弱耦合（$R=0.1$）失谐叶盘系统的模态振型特性。然后，利用模态局部化参数，分析不同耦合强度与失谐强度对系统模态局部化程度的影响规律。

图 2.4 显示了失谐强度标准差 $\delta=1\%$时的失谐系统的模态振型。从图中可以看到，在失谐系统的模态振型中，除了第一阶模态出现较强模态局部化外，其他各

阶模态振型的局部化程度均较弱。

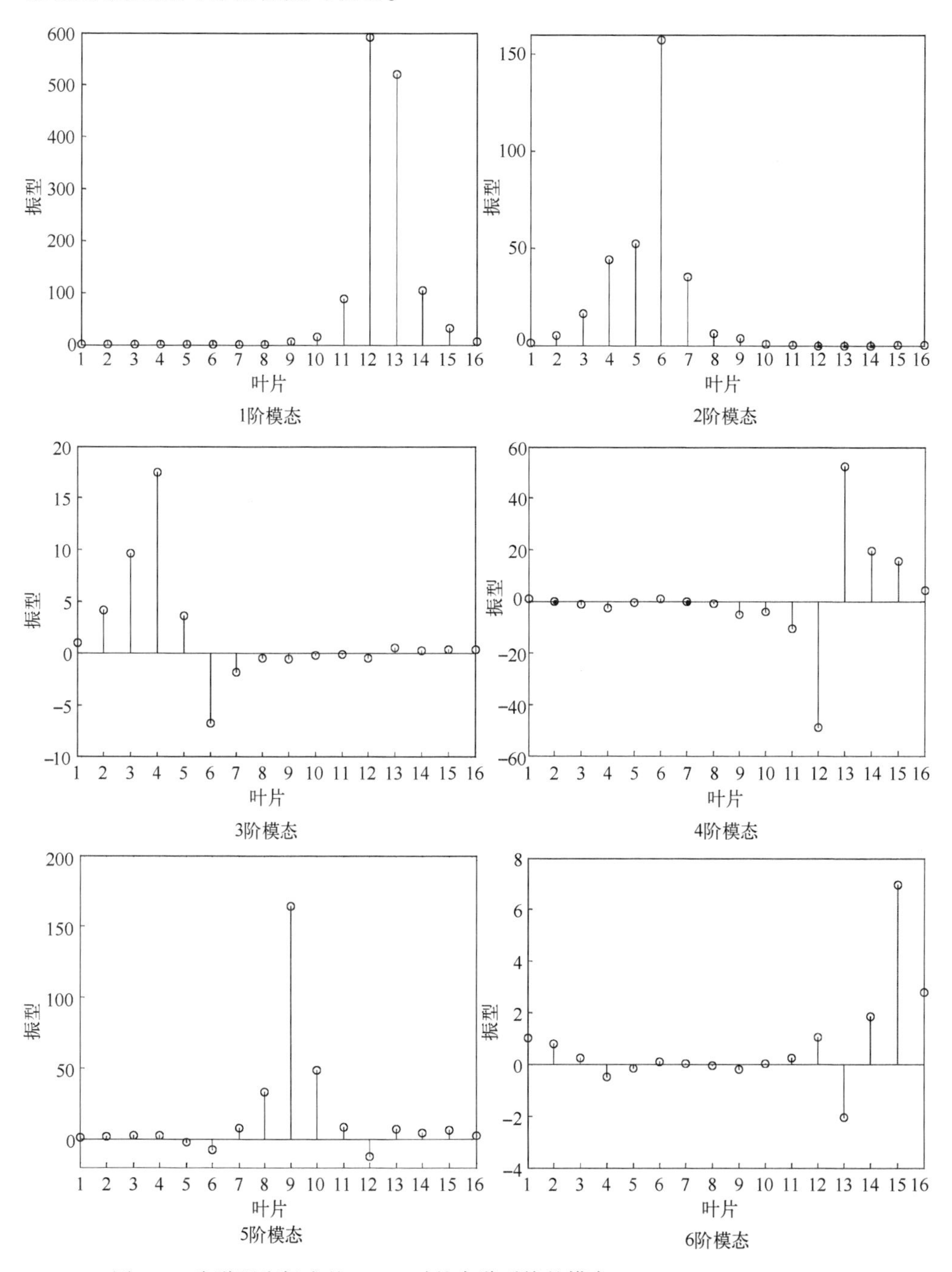

图 2.4　失谐强度标准差 $\delta=1\%$时的失谐系统的模态($N=16,R=0.1,\delta=1\%$)

图2.5为失谐强度标准差$\delta=2\%$时的失谐系统模态振型图。从图中可以看到,刚度失谐量的分散程度加剧了,系统各阶模态局部化程度也进一步增强了。这同时也说明,失谐离散程度的逐渐增大对谐调系统的循环对称性的破坏程度也随之增大,同时也使谐调系统模态振型所具有的谐调特性受到了进一步的破坏。

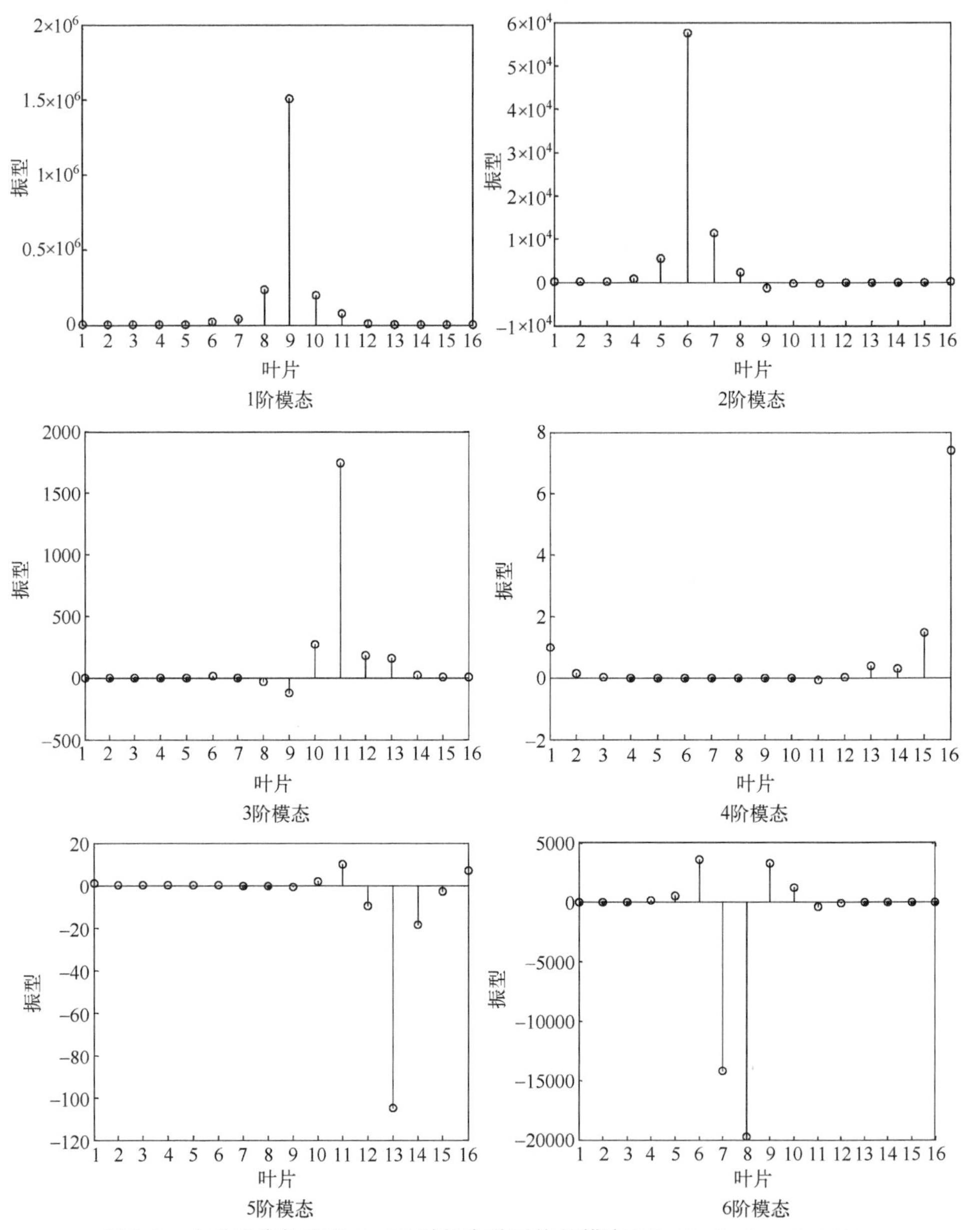

图2.5 失谐强度标准差$\delta=2\%$时的失谐系统的模态($N=16,R=0.1,\delta=2\%$)

图 2.6 显示了失谐强度标准差 $\delta=4\%$时失谐系统的模态振型。我们从图中可以看到,在失谐较强的情况下,失谐系统的各阶模态呈现非常强的局部化现象,模态振型中有一个或几个叶片的振动幅值远远地大于其他叶片的振动幅值。而且,与最大振动幅值的叶片距离较远的叶片,其振动幅值均非常小。如果叶盘系统的

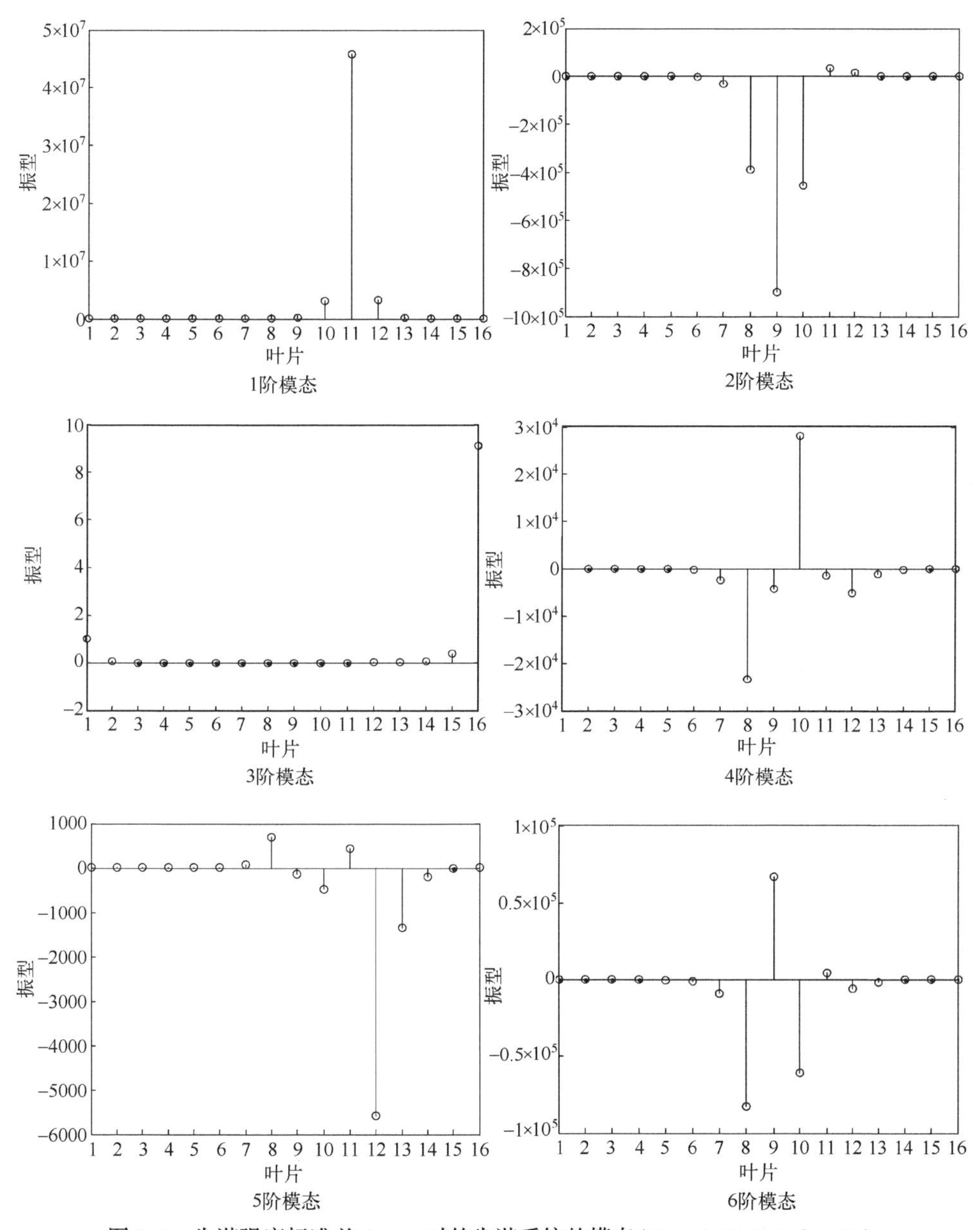

图 2.6　失谐强度标准差 $\delta=4\%$时的失谐系统的模态($N=16,R=0.1,\delta=4\%$)

激振频率与这种局部化模态所对应的频率接近,那么这种模态将会在叶盘系统的振动响应中起较大的作用,从而导致叶盘系统的局部化振动,对叶片的使用寿命构成严重威胁。

3) 模态局部化和特征值特性分析

本节重点分析不同失谐强度与耦合强度对于叶盘系统模态局部化程度以及特征值特性的影响规律。

图 2.7 显示了在不同失谐强度下,失谐系统的模态局部化参数的变化情况。从图中可以看出,谐调模态($\delta=0$)的局部化参数 L 值很小,除模态阶数 $n=1$ 外($L=0$),基本都在 $L=1$ 附近。说明谐调系统模态没有模态局部化现象发生。当系统在失谐条件下时($\delta>0$),对于弱耦合(本例为 $R=0.1$)系统,失谐强度的增加导致系统模态局部化程度增大,不同阶次的系统模态之间,其模态局部化程度也不同(曲线呈现为折线形状)。说明不同阶次的系统模态对于一种特定的失谐形式,其模态振型特性对于失谐的敏感性存在一定的差异。对于不同的失谐程度,系统第1阶模态的局部化程度远远大于其他各阶模态的局部化程度。从图中还可看到,在失谐强度较大的情况下,系统各阶模态的局部化程度之间的差异非常显著,如失谐强度 $\delta=4\%$时,有的相邻模态的局部化参数相差一倍以上(第 4 与第 5 阶模态)。这说明对于失谐强度较大的系统,不同阶次的系统模态所产生的局部化程度存在很大的不同。这种差异与失谐形式有密切的关系。

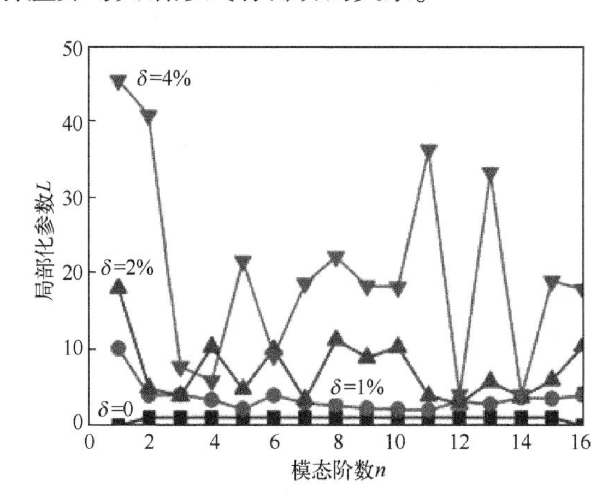

图 2.7 不同失谐强度下模态局部化参数的比较($N=16,R=0.1$)

图 2.8 为失谐系统特征值受失谐强度变化的影响比较图。从图中可看到,谐调系统的特征值除模态阶数 $n=1$ 和 $n=16$ 外,均为重特征值(如模态阶数为 2 和 3 对应同一特征值),且整个特征值的范围相对较小。当引入失谐后,这种重特征值被失谐所分裂,系统的特征值的范围也随之变宽,其变宽的程度随失谐强度的加强

而增大。

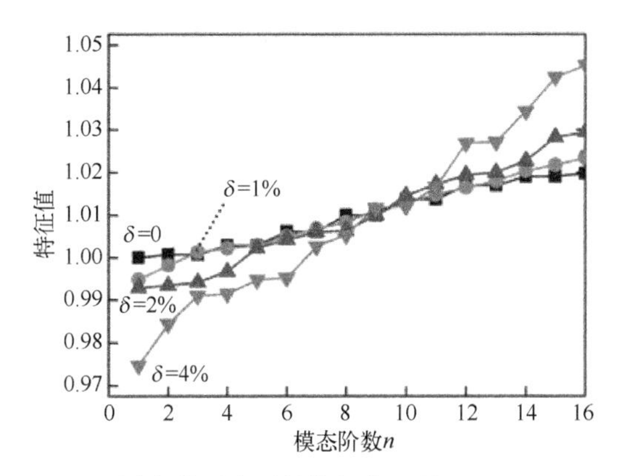

图 2.8 不同失谐强度下的特征值比较($N=16, R=0.1$)

失谐强度较大,则系统的特征值范围就大。特征值对应于系统固有频率的平方,失谐系统特征值范围的变宽直接使失谐系统的固有频率范围变宽。所以,对于失谐强度较大的系统,其共振区域会随着失谐强度的增加而增大。同时还可以看到,随着失谐强度的增大,失谐系统的最小特征值减小了,这样,失谐系统的共振频率就降低了,从而使失谐叶盘系统在低频率范围内产生共振的危险概率增加了。

图 2.9 和图 2.10 分别为失谐系统在耦合强度 $R=0.2$ 时的系统模态局部化程度和特征值变化的比较图。从图 2.9 可以看到,当耦合强度增大时(相较于图 2.7),失谐系统的模态局部化程度明显地降低了。如图 2.7 的弱耦合情况($R=0.1$),对于失谐强度标准差 $\delta=4\%$的情况,L 的最大值大约为 45;而当耦合强度增大到 $R=0.2$ 时,L 的最大值仅为 5 以下;对于较小的失谐情况 $\delta=1\%$时,失谐系统各阶模态的局部化程度已接近于谐调系统的水平。

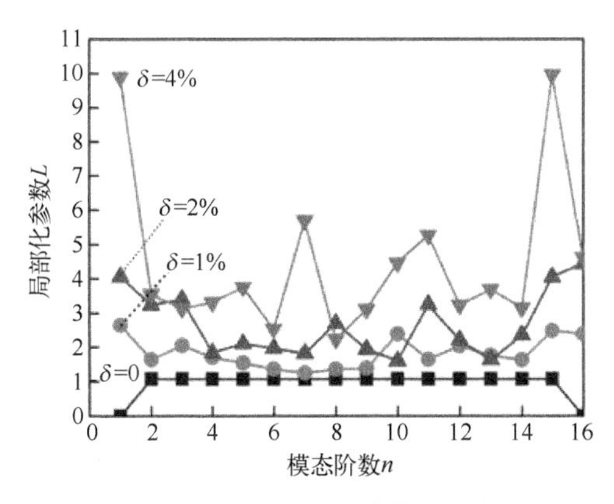

图 2.9 不同失谐强度下模态局部化参数的比较($N=16, R=0.2$)

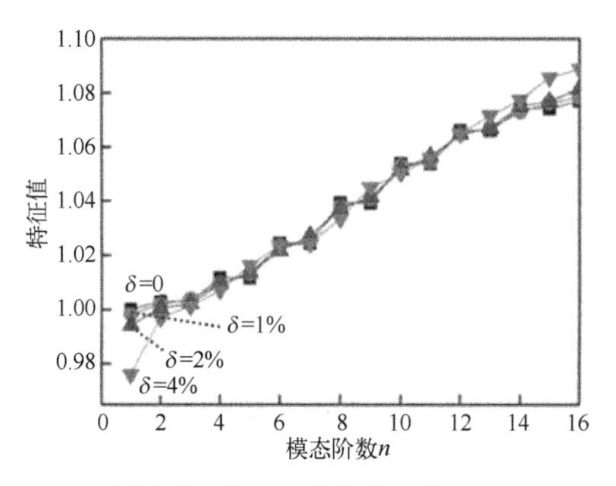

图 2.10　不同失谐强度下的特征值比较($N=16,R=0.2$)

从图 2.10 可以看到,相较于弱耦合系统(图 2.8),耦合强度的增大使谐调系统的特征值在量值上整体增大了。当引入失谐后,特征值的分裂程度也比弱耦合(图 2.8)相对减弱。对于失谐强度标准差较小的情况($\delta=1\%$),其特征值与谐调系统已经非常接近。

图 2.11 和图 2.12 分别为失谐系统在耦合强度 $R=0.3$ 时的模态局部化程度和特征值变化的比较图。从图 2.11 可以看到,随着耦合强度的进一步增大,失谐系统的模态局部化程度也进一步降低,如失谐强度标准差 $\delta=4\%$时的情况,系统一些模态的局部化程度也已经接近谐调时的情况(第 8 和第 10 阶模态),而最大的模态局部化参数才有近似 $L=3$ 的水平。从图 2.12 可看到,耦合强度的增大使系统特征值的整体量值也进一步增大。这时,失谐系统的特征值已经趋于谐调系统的特征值。这说明对于耦合强度较大的失谐系统,其共振频率基本上与谐调系统的共振频率相接近。

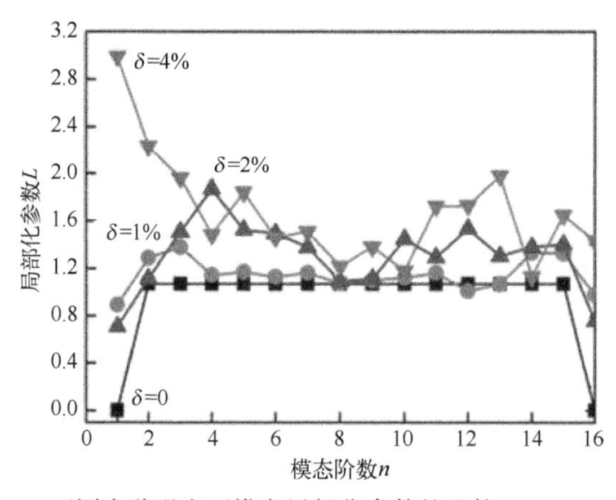

图 2.11　不同失谐强度下模态局部化参数的比较($N=16,R=0.3$)

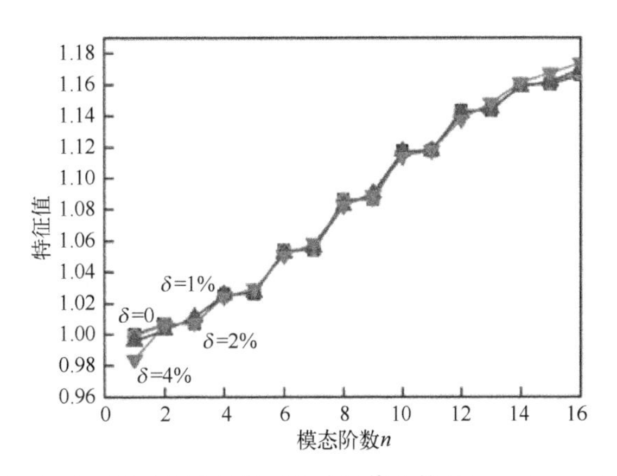

图 2.12　不同失谐强度下的特征值比较($N=16,R=0.3$)

对于强耦合情况($R=0.5$),如图 2.13 所示的系统模态局部化参数比较图,失谐对系统模态局部化程度的影响量级已经显著地降低了。如图 2.13 中失谐强度 $\sigma=4\%$的情况,最大的模态局部化参数 L 值已经降到 1.6 以下,而大部分的系统模态的局部化参数基本接近于谐调系统时的水平。这说明对于强耦合系统,失谐不会造成明显的模态局部化现象。

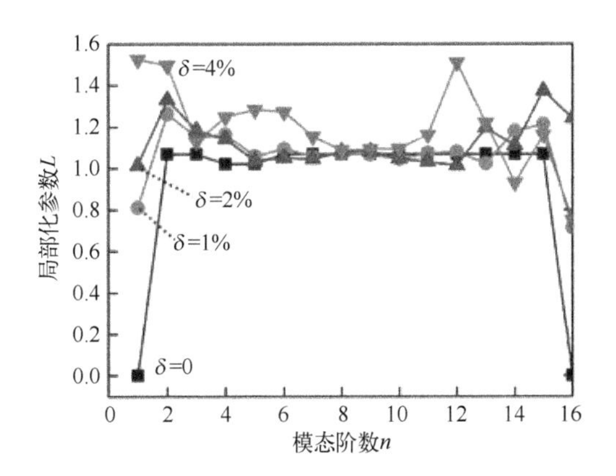

图 2.13　不同失谐强度下模态局部化参数的比较($N=16,R=0.5$)

从图 2.14 的特征值比较图可以看到,失谐系统的特征值基本上与谐调系统的特征值重合,基本没有发生特征值的分裂现象。由此可知,对于强耦合的失谐系统,失谐强度并不能对谐调系统模态振型和特征值特性产生较大的影响。可以预见,失谐系统的受迫响应规律与谐调系统的受迫响应规律将基本一致。

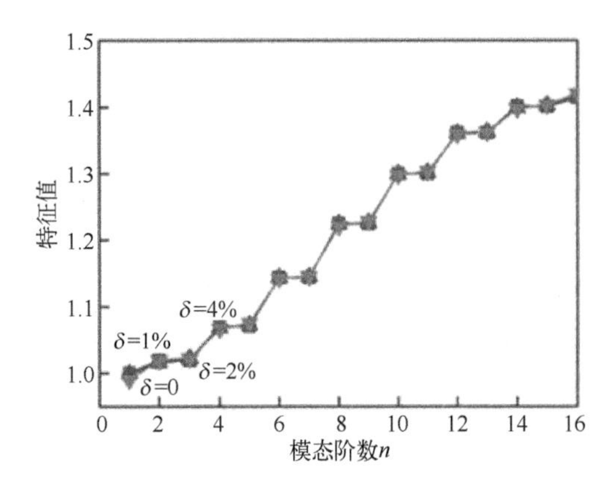

图 2.14　不同失谐强度下的特征值比较($N=16,R=0.5$)

2.2　失谐叶盘系统受迫振动响应特性分析

本节采用几组确定的叶片刚度失谐形式,失谐量是从具有一定标准差(表示失谐强度)且平均值为零的随机正态分布中,随机选取其中的样本作为叶片刚度的失谐量。该研究的主要目的是考察叶盘系统在确定的失谐形式下,其受迫振动响应特性的变化规律。

2.2.1　失谐叶盘系统模型

图 2.15 所示的叶盘系统模型考虑了系统中不同位置的阻尼形式和叶片间的刚度耦合形式。

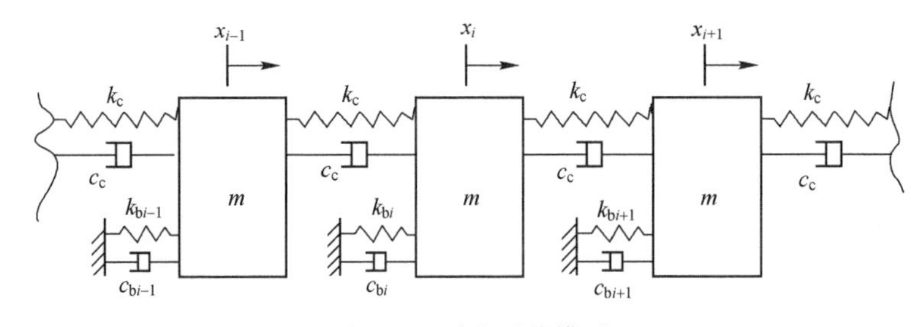

图 2.15　叶盘系统模型

模型的每个质量块模拟一个叶片,利用叶片间弹簧来模拟叶片间的刚度耦合。用质量块与地(轮盘)之间的弹簧表示叶片自身刚度。同时利用不同的阻尼块来分别模拟叶片间和叶片自身的阻尼。该系统模型中的参数量定义如下:N 为叶片数目;m 为叶片质量;k_{bi}为第 i 个叶片的刚度(谐调时 $k_{bi}=k_b$),c_{bi}为叶片阻尼;c_c 为叶片间阻尼；ω 为激振力频率；δ 为失谐项的标准差；ξ 为阻尼比，$\xi=\dfrac{c_i}{2\sqrt{k_i m}}$；$R^2$ 为叶片间耦合强度，$R^2=k_c/k_b$；ω_b 为谐调叶片的固有频率。本研究中不考虑叶片间的阻尼，即 $c_c=0$。在进行实际计算时采用无量纲化进行分析。

2.2.2 失谐叶盘系统受迫振动状态方程

叶盘系统振动响应的运动方程可表示为

$$\boldsymbol{M}\ddot{\boldsymbol{X}}+\boldsymbol{C}\dot{\boldsymbol{X}}+\boldsymbol{K}\boldsymbol{X}=\boldsymbol{f} \tag{2.21}$$

式中：$\boldsymbol{X}$ 为位移向量；$\boldsymbol{M}$、$\boldsymbol{C}$、$\boldsymbol{K}$、$\boldsymbol{f}$ 分别为质量矩阵、阻尼矩阵、刚度矩阵和外力向量，质量矩阵、阻尼矩阵、刚度矩阵是循环对称的。当系统引入失谐时，系统的质量矩阵、阻尼矩阵、刚度矩阵的循环对称性就会被破坏。失谐可分为质量失谐、阻尼失谐、刚度失谐，在下面的分析中，只考虑具有刚度失谐的情况，考虑了失谐叶盘系统在各种失谐强度的作用下，失谐对叶盘系统受迫振动响应特性的影响规律。失谐叶盘系统的运动方程在求解时进行了参数无量纲化处理。叶片刚度失谐采用随机失谐的方式，失谐量的分布符合正态分布规律，并从中随机选取样本进行分析。

2.2.3 失谐强度对叶盘系统受迫振动响应特性的影响分析算例

图2.16~图2.18显示了失谐强度对于失谐叶盘系统受迫振动响应最大振幅的影响规律。由对失谐系统自由模态分析可知，弱耦合系统更容易产生较大的受迫响应，因此在研究失谐对于叶盘系统受迫振动响应的影响规律时，我们选取叶盘系统中叶片间的刚度耦合强度 $R=0.1$，阻尼系数 $\xi=0.001$。失谐强度标准差的变化选取为从 $\delta=0.005$ 到 $\delta=0.04$。图中激振频率比为激振频率 ω 与 ω_b 的比值。

从图2.16中可以看到，当失谐强度较小时 $\delta=0.005$，失谐叶盘系统受迫振动的共振频率非常接近于谐调时的情况，同时也看到失谐系统出现了两个距离相近的共振峰值，而谐调系统只有一个共振峰值。这种现象说明，失谐使谐调系统的共振频率分裂为两个相近的独立的共振频率，这一点可从前面失谐系统固有特性的分析中知道，由于失谐的引入，谐调系统中的重特征值被分裂为两个独立的特征值。同时看到，在该失谐强度下，失谐系统的共振峰值比谐调系统的共振峰值增加了大约30%的幅度。

从图2.17所示失谐强度为 $\delta=0.02$ 的算例中，可以明显地看到失谐系统出现了多个共振峰值的现象，此时的共振频率变宽了，在频率较低的区域中也产生了较大的共振响应。共振频率的下移对叶盘系统的安全、寿命和可靠性都会造成很大程度的伤害。共振频率的变宽在前面的固有特性的分析中同样可以预

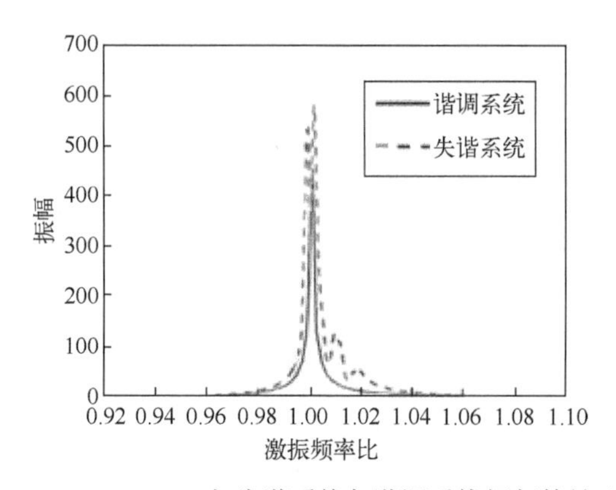

图 2.16　$\delta=0.005$ 时,失谐系统与谐调系统幅频特性比较

见。失谐在分裂系统特征值的同时,使系统特征值的范围变宽,使失谐系统的最小特征值变得更小,这也是失谐系统共振频率变宽和下移的根本原因。我们发现在此失谐强度下,失谐系统的最大共振峰值比谐调系统的最大共振峰值增加了大约 45%的高度,更多的模态参与系统的振动响应是失谐系统共振幅值增大的主要原因之一。

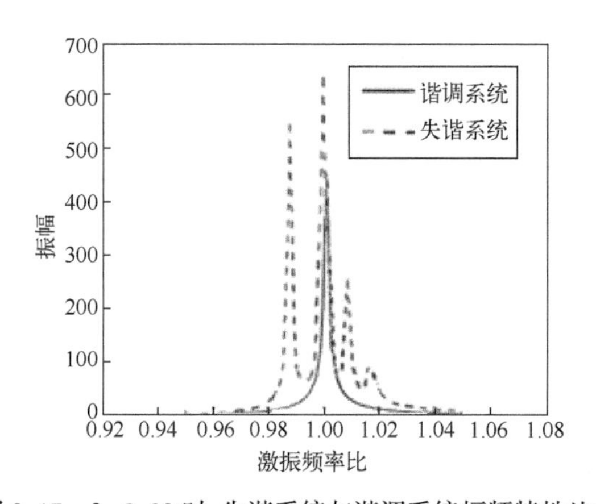

图 2.17　$\delta=0.02$ 时,失谐系统与谐调系统幅频特性比较

当失谐强度较大时 $\delta=0.04$,如图 2.18 所示,随着激振力频率 ω 的增大,失谐系统中出现了更多的共振峰值,共振频率的宽度进一步加大了,很多的共振峰值都比谐调时的共振峰值大。值得注意的是,此时失谐系统的最大共振峰值比谐调系统的最大共振峰值增加了大约 22%。而这样的增加幅度没有当失谐强度为 0.02 时的增加幅度大,这说明,失谐强度的增加并不一定会使失谐系统共振幅值的增加程度进一步加大,而是失谐强度的增加也可能使失谐系统的共振幅值呈现下降的趋势。当然,这种现象与失谐的具体形式有密切的关系。

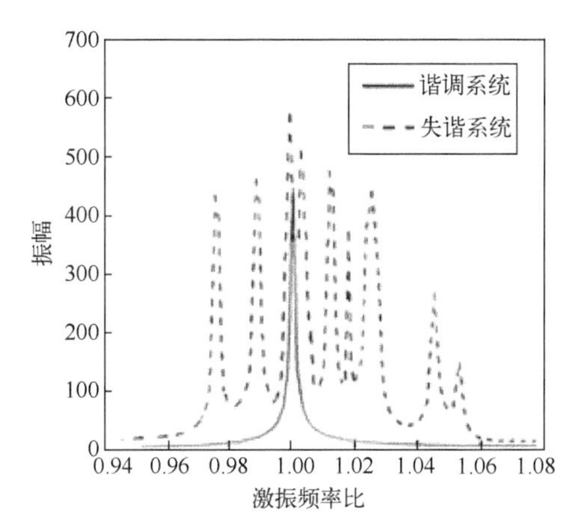

图2.18　$\delta=0.04$时,失谐系统与谐调系统幅频特性比较

上述这种失谐系统共振幅值增加程度的下降趋势同时也说明,在一定的失谐强度条件下,系统的共振响应对于失谐的敏感性降低了。这种特性提供了一种机制,即可以通过设计有效的主动失谐方式,以减小叶盘系统对于随机失谐的敏感性,降低随机失谐对叶盘系统振动响应的危害;另外,我们注意到,当失谐强度较小时($\delta=0.005$),系统的受迫振动响应对于失谐的敏感程度也比较低,这就说明只要将系统的失谐强度控制在较小的范围,就能降低失谐对系统受迫振动响应的影响。这就给我们提出了一个问题,即主动失谐方法与控制失谐强度方法(即通过叶片的精密加工实现绝对失谐程度的降低),哪种方法更经济更有效,该问题是设计人员需要研究的重要课题。

还需指出的是,在本研究中,较大的失谐强度会使失谐系统的共振频率区域变宽,尤其是,使失谐系统在较低频率范围内也产生了较大的共振幅值,该问题同样需要设计人员的重视。

参考文献

[1]　SRINIVASAN A V. Flutter and Resonant Vibration Characteristics of Engine Blades[J]. ASME Journal of Engineering for Gas Turbines and Power,1997,119:742-775.

[2]　BASU P,GRIFFIN J H. The effect of limiting aerodynamic and structural coupling in models of mistuned bladed disk vibration[J]. ASME vib Acous Stress Reliab Des,1986,108:132-139.

[3]　SOGLIER G,SRINIVASAN A V. Fatigue life estimates of mistuned blades via astochastic approch [J]. AIAA,1980,18(1):318-323.

[4]　GRIFFIN J H,HOOSAC T M. Model development and statistical investigation of turbin blade mistuning[J]. ASME vib Acous Stress Reliab Des,1984,106:204-210.

[5]　EWINS D J. Vibration characteristics of bladed disk assemblies[J]. J Mech Eng Sci,1973,15

(3):165-186.

[6] AFOLABI D. The eigenvalue spectrum of a mistuned bladed disk[C]. In:Proc of the Tenth Biennial Conf on Mech Vib and Noise. Cincinnati,Ohio,1985.

[7] EWINS D J,HAN Z S. Resonant vibration levels of a mistuned bladed disk[J]. ASME vib Acous Stress Reliab Des,1984,106:211-217.

[8] GRIFFIN J H,SINHA A. The interaction between mistuning and friction in the forced response of bladed disk assembles. ASME Eng Gas Turbines Power,1985,107(1):205-211.

[9] 沈达宽,陈群,廖明夫,等. 带失谐叶片的盘片耦合系统振动特性[J]. 航空动力学报,1988,3(4):333-337.

[10] 秦飞,陈立明. 失谐叶片-轮盘系统耦合振动分析[J]. 北京工业大学学报,2007,33(2):126-129.

[11] 周传月,邹经湘,闻雪友. 发动机叶片-轮盘耦合振动分析[J]. 航空学报,2000,21(6):545-547.

[12] 周传月. 舰用燃气轮机叶片轮盘系统振动特性及整机隔振研究[D]. 哈尔滨:哈尔滨工业大学,2000.

[13] 闫云聚,顾家柳. 失谐叶片盘的振动机理[J]. 航空动力学报,1993,8(3):234-241.

[14] KIELB R E, KAZA K R V. Effects of structural coupling on mistuned cascade flutter and response[J]. ASME Eng Gas Turbines Power,1984,106:17-24.

[15] RZADKOWSKI R. The general model of free vibrations of mistuned bladed disks,part2:numerical results[J]. J Sound Vib,1994(b),173:395-413.

[16] RZADKOWSKI R. The general model of free vibrations of mistuned bladed disks,part1:theory[J]. J Sound Vib,1994(a),173:377-393.

[17] 章永强,王文亮. 真实盘片系统主模态局部化的分析[J]. 复旦大学学报,1992,31(2):158-165.

[18] 王红建. 复杂耦合失谐叶片-轮盘系统振动局部化问题研究[D]. 西安:西北工业大学,2006.

第3章

失谐叶盘系统非线性动力学分析方法

航空发动机叶片在大的共振应力下常常发生疲劳断裂故障。为了避免故障的发生,常常采用增加叶片阻尼的方法。利用摩擦增加叶片阻尼由于不受温度限制、结构简单、有效而得以广泛应用,如阻尼围带、摩擦凸肩、缘板阻尼块等,本章主要分析缘板阻尼块对航空发动机失谐叶盘系统振动特性的影响。

采用叶根阻尼器等结构形式,人为地增加干摩擦阻尼是抑制叶片振动的一种有效手段。阻尼结构的存在使得叶盘系统成为一个变刚度、变阻尼的非线性时变动力学系统,给系统的动力学特性研究带来许多困难,主要在于如何建立摩擦界面摩擦力的本构关系,以及如何求解系统的非线性振动响应。目前多数采用宏观滑移模型分析含有干摩擦阻尼的失谐叶盘系统的受迫响应,少数采用微动滑移模型讨论了叶根非线性干摩擦对一或几个叶片的影响,而对整周失谐叶盘系统影响的研究还比较少。本章基于微动滑移非线性干摩擦力模型,对含有叶根非线性干摩擦阻尼块的失谐叶盘系统的动力学特性进行分析讨论。

3.1 微动滑移摩擦阻尼模型

缘板摩擦阻尼块安装在叶片缘板下方,工作时靠离心力提供阻尼块与叶片之间的正压力,叶片振动时,阻尼块通过摩擦传递载荷,当接触面之间发生滑移时利用干摩擦消耗叶片的振动能量,降低叶片振动应力,从而提高叶片的寿命。缘板摩擦减振器示意图如图3.1所示。

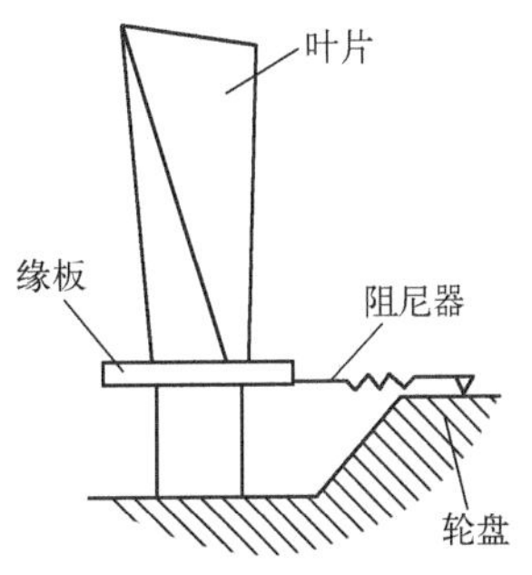

图3.1 缘板摩擦减振器示意图

摩擦模型主要包括应用库仑摩擦定理的宏观滑移模型和微动滑移模型。宏观滑移模型是一种单点接触模型,这种模型假设接触面内所有接触点的正压力都相等,即所有点同时滑动或黏滞。宏观滑移模型简洁、便于计算,因此得到了广泛应用。但是，当正压力较大、接触面较大或相对滑移很小时，宏观滑移模型无法正确反映摩擦界面摩擦力。而微动滑移模型描述的接触面为多点接触，叶片的振动可能只会导致部分接触点发生滑移，而其他接触点仍保持黏滞状态，比宏观滑移模型更准确地描述摩擦力与位移之间的关系，可以考虑部分触点滑移所产生的摩擦阻尼对系统振动响应的影响。

在带阻尼结构叶片中，实际的干摩擦阻尼器形状和受力非常复杂。事实上，引起干摩擦的主要是摩擦界面间的相对运动。当正压力较大或接触面积较大时，相互接触的两个表面在外力作用下，有时并没有出现整体滑移，而仅仅是接触面的局部发生了相对滑动，形成黏滞-滑移状态，这种局部滑移产生的摩擦力同样消耗振动能量。为了简化摩擦模型，将干摩擦界面简化为如图 3.2 所示的模型[1]。即摩擦阻尼器用一个压在刚性面上的矩形板来模拟；同时假设板很薄，即接触面上的正压力和外界作用的正压力相等。矩形板上作用有法向分布载荷 q，右端为阻尼器端部和叶片相互作用力 F 以及阻尼器位移 u，板的弹性模量为 E，横截面积为 A，长度为 l，接触面的摩擦系数为 μ。进一步将正压力简化为对称分布，其形式为

$$q(x)=q_0+\frac{4(xl-x^2)}{l^2}q^2 \tag{3.1}$$

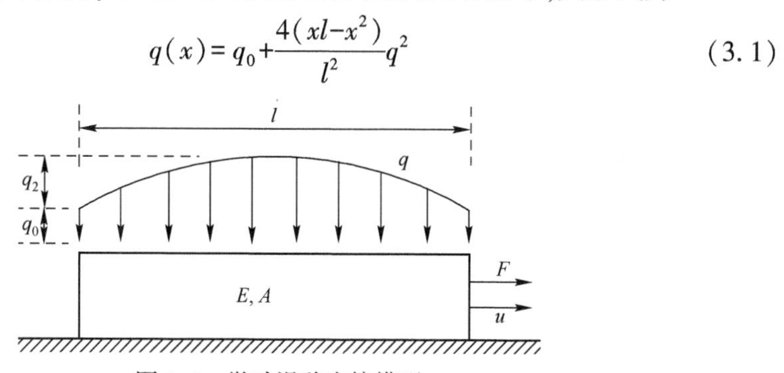

图 3.2　微动滑移摩擦模型

图 3.3 和图 3.4 给出了微动滑移模型的特点以及与宏观滑移模型的最大差别。图 3.3 为当阻尼器端作用力从最大值逐渐减小时摩擦力的示意图。A 区因作用力减小而向 x 方向滑移，摩擦力方向与 x 方向相反；B 区保持前一时刻状态的正应变状态，摩擦力方向和 x 方向一致；C 区处于黏滞、无滑移、零应变状态，无摩擦力存在，图中 δ_a 为作用力最大值作用下滑移区长度，δ_d 为作用力减小时压缩区的长度。

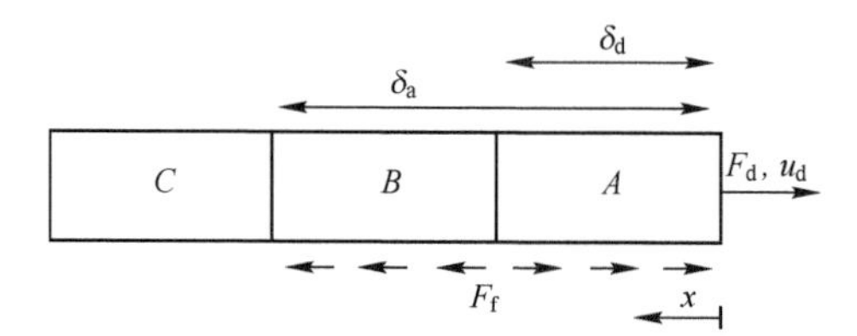

图 3.3　作用力从最大值减小时示意图

图3.4为当阻尼器端作用力从最小值逐渐增大时摩擦力的示意图，A区因作用力增大而被拉伸，摩擦力方向和x方向一致；B区保持上一时刻的负应变状态，摩擦力方向和x方向相反；C区仍处于黏滞、无滑移、零应变状态，无摩擦力存在，图中δ_i为作用力F增大时拉伸区长度。

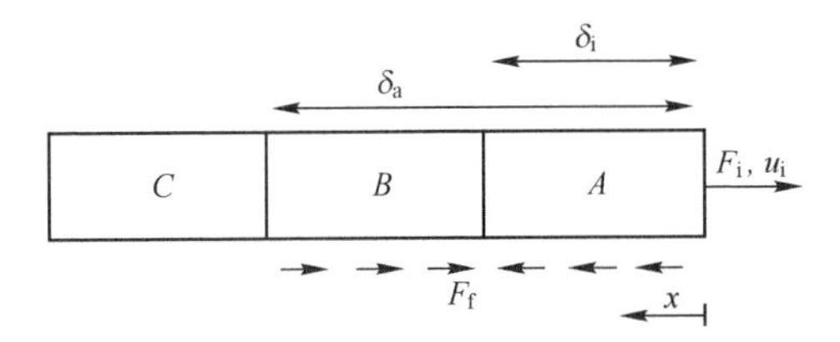

图3.4　作用力从最小值增大时示意图

通过在阻尼器上选取微元体，建立力平衡方程，并利用力和位移的边界条件，可以得到阻尼端外力和位移与滑移长度之间的函数关系。

当阻尼器上的作用力从最大值减小时，即$\frac{\partial F}{\partial t}<0$，阻尼器右端作用力与滑移长度之间的函数关系为

$$F_d = -\mu N = -\mu\int_0^{\delta_d}\left(q_0 + \frac{4(xl - x^2)}{l^2}q_2\right)dx + \mu\int_{\delta_d}^{\delta_a}\left(q_0 + \frac{4(xl - x^2)}{l^2}q_2\right)dx \quad (3.2)$$

即

$$F_d(\delta_a,\delta_d)=\mu q_0(\delta_a-2\delta_d)+\frac{2\mu q_2}{3l^2}(3l\delta_a^2-2\delta_a^3+4\delta_d^3-6l\delta_d^2) \quad (0\leqslant\delta_d\leqslant\delta_a) \quad (3.3)$$

当阻尼器上的作用力从最大值减小时，即$\frac{\partial F}{\partial t}<0$，阻尼器右端位移与滑移长度之间的函数关系为

$$u_d =-\frac{\mu}{EA}\int_0^{\delta_d}\left(q_0 + \frac{4(xl - x^2)}{l^2}q_2\right)x\,dx + \frac{\mu}{EA}\int_{\delta_d}^{\delta_a}\left(q_0 + \frac{4(xl - x^2)}{l^2}q_2\right)x\,dx \quad (3.4)$$

即

$$u_d(\delta_a,\delta_d)=\frac{\mu}{EA}\left\{q_0\frac{\delta_a^2-\delta_d^2}{l^2}+q_2\left[\frac{4(\delta_a^3-2\delta_d^3)}{3l}-\frac{\delta_a^4-2\delta_d^4}{l^2}\right]\right\} \quad (0\leqslant\delta_d\leqslant\delta_a) \quad (3.5)$$

当阻尼器上的作用力从最大值减小时，即$\frac{\partial F}{\partial t}>0$，阻尼器右端作用力与滑移长度之间的函数关系为

$$F_i =-\mu N =\mu\int_0^{\delta_i}\left(q_0 + \frac{4(xl - x^2)}{l^2}q_2\right)dx - \mu\int_{\delta_i}^{\delta_a}\left(q_0 + \frac{4(xl - x^2)}{l^2}q_2\right)dx \quad (3.6)$$

即

$$F_{\mathrm{i}}(\delta_{\mathrm{a}},\delta_{\mathrm{i}})=\mu q_0(2\delta_{\mathrm{i}}-\delta_{\mathrm{a}})+\frac{2\mu q_2}{3l^2}(2\delta_{\mathrm{a}}^3-3l\delta_{\mathrm{a}}^2+6l\delta_{\mathrm{i}}^2-4\delta_{\mathrm{i}}^3)\quad(0\leqslant\delta_{\mathrm{i}}\leqslant\delta_{\mathrm{a}})\tag{3.7}$$

当阻尼器上的作用力从最大值减小时,即$\frac{\partial F}{\partial t}>0$,阻尼器右端位移与滑移长度之间的函数关系为

$$u_{\mathrm{i}}=\frac{\mu}{EA}\int_0^{\delta_{\mathrm{i}}}\left(q_0+\frac{4(xl-x^2)}{l^2}q_2\right)x\mathrm{d}x-\frac{\mu}{EA}\int_{\delta_{\mathrm{i}}}^{\delta_{\mathrm{a}}}\left(q_0+\frac{4(xl-x^2)}{l^2}q_2\right)x\mathrm{d}x\tag{3.8}$$

即

$$u_{\mathrm{i}}(\delta_{\mathrm{a}},\delta_{\mathrm{i}})=\frac{\mu}{EA}\left\{q_0\frac{2\delta_{\mathrm{i}}^2-\delta_{\mathrm{a}}^2}{2}+q_2\left[\frac{4(2\delta_{\mathrm{i}}^3-\delta_{\mathrm{a}}^3)}{3l}-\frac{2\delta_{\mathrm{i}}^4-\delta_{\mathrm{a}}^4}{l^2}\right]\right\}\quad(0\leqslant\delta_{\mathrm{i}}\leqslant\delta_{\mathrm{a}})\tag{3.9}$$

当$\delta_{\mathrm{d}}=\delta_{\mathrm{a}}$或$\delta_{\mathrm{i}}=\delta_{\mathrm{a}}$时,阻尼器右端的作用力和位移达到最大值,设阻尼器右端作用力和位移的最大值为F_{amp}和u_{amp},则

$$F_{\mathrm{amp}}(\delta_{\mathrm{a}})=\mu q_0\delta_{\mathrm{a}}+\frac{2\mu q_2}{3l^2}(3l\delta_{\mathrm{a}}^2-2\delta_{\mathrm{a}}^3)\tag{3.10}$$

$$u_{\mathrm{amp}}(\delta_{\mathrm{a}})=\frac{\mu\delta_{\mathrm{a}}^2}{EA}\left[\frac{q_0}{2}+q_2\left(\frac{4\delta_{\mathrm{a}}}{3l}-\frac{\delta_{\mathrm{a}}^2}{l^2}\right)\right]\tag{3.11}$$

为了计算叶片的幅频响应特性曲线,需要将阻尼器非线性特征线性化,采用文献[2]的简化方法,用等效椭圆代替阻尼力与位移函数关系的迟滞回线。据此得出阻尼器的等效阻尼和等效刚度为

$$\begin{cases}c_{\mathrm{e}}(\delta_{\mathrm{a}})=\dfrac{2EA\left[q_0^2l^4+\left(4\delta_{\mathrm{a}}l^3-\dfrac{14}{5}\delta_{\mathrm{a}}^2l^2\right)q_0q_2+\left(\dfrac{8}{7}\delta_{\mathrm{a}}^4-4\delta_{\mathrm{a}}^3l+\dfrac{16}{5}\delta_{\mathrm{a}}^2l^2\right)q_2^2\right]}{3\pi\omega\delta_{\mathrm{a}}\left[\dfrac{q_0l^2}{2}+q_2\left(\dfrac{4\delta_{\mathrm{a}}l}{3}-\delta_{\mathrm{a}}^2\right)\right]^2}\\k_{\mathrm{e}}(\delta_{\mathrm{a}})=\sqrt{\left(\dfrac{F_{\mathrm{amp}}}{u_{\mathrm{amp}}}\right)-(\omega c_{\mathrm{e}})^2}\end{cases}\tag{3.12}$$

式中:ω为激振频率。

3.2 基于微动滑移摩擦阻尼模型的叶盘系统建模与求解

3.2.1 微动滑移摩擦阻尼影响下的叶盘系统动力学模型

将缘板摩擦阻尼力按3.1节分析简化为等效刚度和等效阻尼作用于叶盘系统集中参数动力学模型,如图3.5所示。$m_{i,1}$、$m_{i,2}$和$m_{i,3}$分别表示第i扇区叶片、叶片根部和轮盘的等效质量,$k_{\mathrm{d}i}$和$k_{\mathrm{bd}i}$分别表示第i扇区轮盘和隼槽的等效刚度,$k_{\mathrm{b}i}$和

c_{bi}为第 i 扇区叶片等效刚度和等效阻尼，k_{ei}和 c_{ei}为第 i 扇区摩擦阻尼器等效刚度和等效阻尼，F_i 为作用在第 i 扇区的激振力，k_t 则表示各扇区间的耦合刚度。

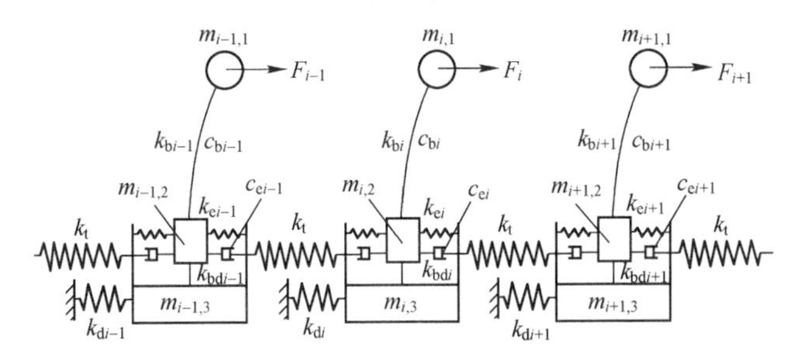

图3.5　考虑摩擦阻尼力的叶盘系统集中参数模型

设质量 $m_{i,1}$、$m_{i,2}$和 $m_{i,3}$的位移分别为 x_i、z_i 和 y_i，则叶盘系统第 i 扇区的动力学微分方程为

$$\begin{cases} m_{i1}\ddot{x}_i+k_{bi}(x_i-z_i)+c_{bi}(\dot{x}_i-\dot{z}_i)=F_i \\ m_{i2}\ddot{z}_i+k_{bi}(z_i-x_i)+c_{bi}(\dot{z}_i-\dot{x}_i)+k_{bdi}(z_i-y_i)+k_{ei}(z_i-y_i)+c_{ei}(\dot{z}_i-\dot{y}_i)=0 \\ m_{i3}\ddot{y}_i+k_{di}y_i+k_{bdi}(y_i-z_i)+k_{ei}(y_i-z_i)+c_{ei}(\dot{y}_i-\dot{z}_i)+k_t(y_i-y_{i-1})+k_t(y_i-y_{i+1})=0 \end{cases} \tag{3.13}$$

整理，得

$$\begin{cases} m_{i1}\ddot{x}_i+k_{bi}x_i-k_{bi}z_i+c_{bi}\dot{x}_i-c_{bi}\dot{z}_i=F_i \\ m_{i2}\ddot{z}_i-k_{bi}x_i+(k_{bi}+k_{bdi}+k_{ei})z_i-(k_{bdi}+k_{ei})y_i-c_{bi}\dot{x}_i+(c_{bi}+c_{ei})\dot{z}_i-c_{ei}\dot{y}_i=0 \\ m_{i3}\ddot{y}_i-(k_{bdi}+k_{ei})z_i+(k_{di}+k_{bdi}+k_{ei}+2k_t)y_i-k_ty_{i-1}-k_ty_{i+1}-c_{ei}\dot{z}_i+c_{ei}\dot{y}_i=0 \end{cases} \tag{3.14}$$

设扇区数 $n=38$，即 $i=1,2,\cdots,38$，则整个叶盘系统的动力学方程为

$$\boldsymbol{M}\ddot{\boldsymbol{X}}+\boldsymbol{C}\dot{\boldsymbol{X}}+\boldsymbol{K}\boldsymbol{X}=\boldsymbol{F} \tag{3.15}$$

式中

$$\boldsymbol{X}=[x_1,z_1,y_1,x_2,z_2,y_2,\cdots,x_{38},z_{38},y_{38}]^{\mathrm{T}}$$

$$\boldsymbol{F}=[F_1,0,0,F_2,0,0,F_3,0,0,\cdots,F_{38},0,0]^{\mathrm{T}}$$

$$\boldsymbol{M}=\begin{bmatrix} m_{1,1} & & & & & & \\ & m_{1,2} & & & & & \\ & & m_{1,3} & & & & \\ & & & \ddots & & & \\ & & & & m_{38,1} & & \\ & & & & & m_{38,2} & \\ & & & & & & m_{38,3} \end{bmatrix}_{114\times 114}$$

$$
\boldsymbol{C}=\begin{bmatrix}
c_{b1} & -c_{b1} & & & & & \\
-c_{b1} & c_{b1}+c_{e1} & -c_{e1} & & & & \\
 & -c_{e1} & c_{e1} & & & & \\
 & & & \ddots & & & \\
 & & & & c_{b38} & -c_{b38} & \\
 & & & & -c_{b38} & c_{b38}+c_{e38} & -c_{e38} \\
 & & & & & -c_{e38} & c_{e38}
\end{bmatrix}_{114\times114}
$$

$$
\boldsymbol{K}=\begin{bmatrix}
k_{b1} & -k_{b1} & 0 & & & & & & \\
-k_{b1} & k_{b1}+k_{e1}+k_{bd1} & -k_{bd1}-k_{e1} & & & & & & \\
0 & -k_{bd1}-k_{e1} & k_{d1}+k_{bd1}+k_{e1}+2k_t & 0 & 0 & -k_t & & \cdots & -k_t \\
 & & & & \ddots & \vdots & & & \vdots \\
 & \vdots & \vdots & \cdots & & k_{b38} & & -k_{b38} & 0 \\
 & & & & \vdots & -k_{b38} & & k_{b38}+k_{e38}+k_{bd38} & -k_{bd38}-k_{e38} \\
0 & 0 & -k_t & \cdots & -k_t & 0 & & -k_{bd38}-k_{e38} & k_{d38}+k_{bd38}+k_{e38}+2k_t
\end{bmatrix}_{114\times114}
$$

3.2.2 系统受迫振动响应求解

设式(3.15)的解为

$$\boldsymbol{X}_r=[X_1e^{i\omega t},Z_1e^{i\omega t},Y_1e^{i\omega t},\cdots,X_{38}e^{i\omega t},Z_{38}e^{i\omega t},Y_{38}e^{i\omega t}]^T \tag{3.16}$$

叶片轮盘系统受迫振动激振力为

$$F_i=P_ie^{j(\omega t+\theta_i)} \tag{3.17}$$

式中:下标 i 表示所施加激振力的叶片位置($i=1,2,\cdots,n$);ω 为激振频率;θ_i 为相角,$\theta_i=\dfrac{2\pi E(i-1)}{n}$;$E$ 为激振力阶次。

同时定义复刚度 $k_{bfi}=k_{bi}+j\omega c_{bi}$,$k_{efi}=k_{ei}+j\omega c_{ei}$,将式(3.16)、式(3.17)代入式(3.15),则

$$(-\omega^2\boldsymbol{M}+\boldsymbol{K}_f)\boldsymbol{X}_a=\boldsymbol{P} \tag{3.18}$$

式中

$$\boldsymbol{K}_f=\boldsymbol{K}+j\omega\boldsymbol{C}$$

$$\boldsymbol{X}_a=[X_1,Z_1,Y_1,\cdots,X_{38},Z_{38},Y_{38}]^T$$

$$\boldsymbol{P}=[P_1e^{j\theta_1},0,0,P_2e^{j\theta_2},0,0,\cdots,P_{38}e^{j\theta_{38}},0,0]^T$$

所以

$$\boldsymbol{X}_a=(-\omega^2\boldsymbol{M}+\boldsymbol{K}_f)^{-1}\boldsymbol{P} \tag{3.19}$$

由于 k_{ei} 和 c_{ei} 是 δ_{ai} 的函数,即 $\boldsymbol{K}_f$ 是 δ_{ai} 的函数,所以 $\boldsymbol{X}_a$ 是激振力频率 ω 和滑移长度 δ_{ai} 的函数。由微动滑移解析模型可知,滑移长度 δ_a 又是阻尼器右端的位移

$u_{\mathrm{amp}}(\delta_a)$的函数[3]。在物理上集中质量 $m_{i,2}$处的振幅 Z_i 和第 i 扇区阻尼器右端的位移 $u_{i\mathrm{amp}}(\delta_{ai})$相等，因此可用迭代法可以求出各阻尼器的最大滑移长度 δ_{ai}，进而可以求出各个自由度处的响应。微动滑移摩擦阻尼影响下的系统受迫振动幅频响应计算流程图如图 3.6 所示。

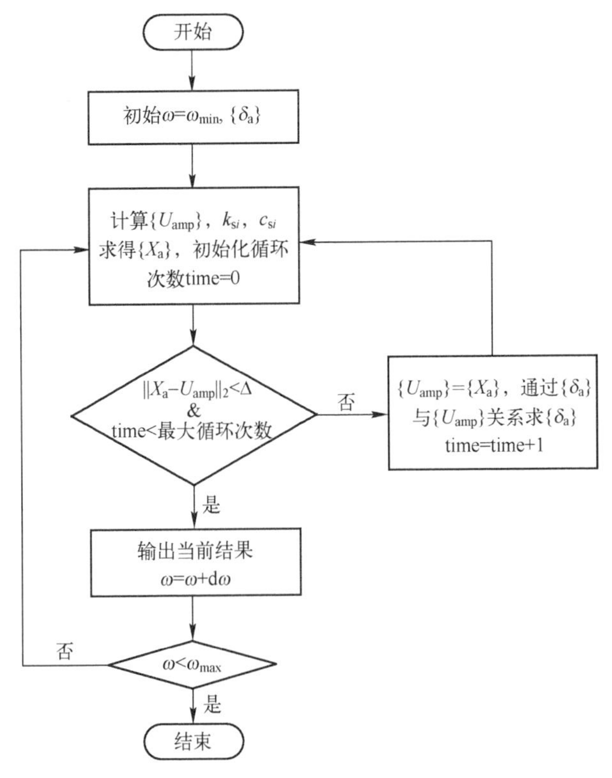

图 3.6　微动滑移摩擦阻尼影响下的系统受迫振动幅频响应计算流程图

3.3　谐调叶盘系统受迫振动响应分析算例

3.3.1　谐调叶盘系统基本参数

取无量纲化系统参数：各叶片等效质量 $m_{i1}=m_1=1$，各叶片根部等效质量 $m_{i2}=m_2=1$，轮盘扇区等效质量 $m_{i3}=m_3=425$，叶片等效刚度 $k_{bi}=k_b=1$，榫槽等效刚度 $k_{bdi}=k_{bd}=9.1$，轮盘等效刚度 $k_{di}=k_d=1.1$。摩擦阻尼器缘板抗拉刚度 $EA=1.344$，摩擦阻尼器缘板长 $l=25$，泊松比 $\mu=0.27$。各叶片激振力幅值 $P_i=P=1$，摩擦阻尼器正压力 $q_0=P$，$q_2=q_0/3$。激振力阶次 E 的取值为 6，无量纲激振频率 ω 的取值范围为 0.90~1.20。

3.3.2 系统受迫振动响应分析

图 3.7 为摩擦阻尼作用下谐调系统各叶片幅频特性曲线，图中横轴为激振频率与线性系统第 1 阶固有频率比值，纵轴为叶片在对应频率下的振幅，可以看出谐调系统有两个明显的共振峰，并且各叶片在相同频率下发生共振，共振峰值相差不大。

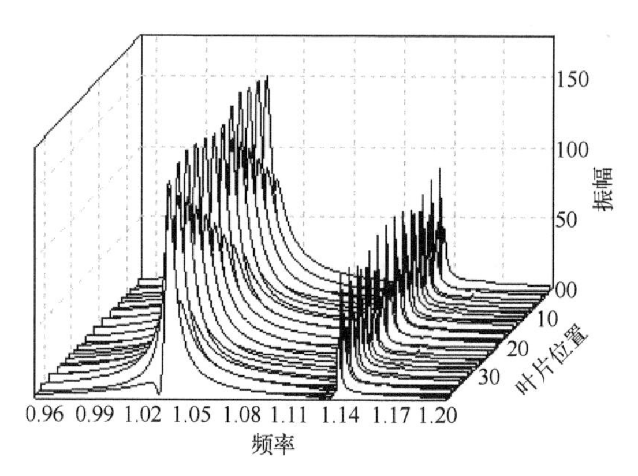

图 3.7　摩擦阻尼作用下系统各叶片幅频特性曲线

如图 3.8 所示摩擦阻尼作用下系统各叶片频率-最大振幅特征曲线，图中横轴为激振频率与线性系统第 1 阶固有频率比值，纵轴为叶片在对应频率下的振幅，由图可知谐调系统频率响应最大共振峰为 163.9，相应的共振频率为 1.031，系统频率响应振幅最小值发生在两共振峰之间。

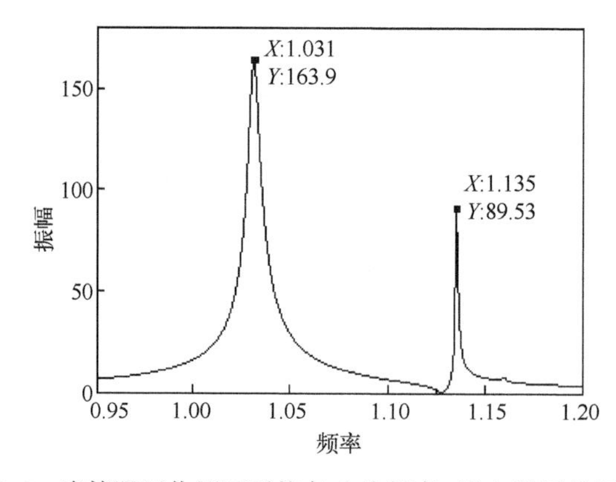

图 3.8　摩擦阻尼作用下系统各叶片频率-最大振幅特征曲线

图 3.9 为有无摩擦阻尼作用下系统各叶片频率-最大振幅特征比较图，图中横轴为激振频率与线性系统第 1 阶固有频率比值，纵轴为叶片在对应频率下的振幅。

从图中可以看出缘板摩擦阻尼器能显著降低系统共振峰值，同时非线性系统较线性系统共振峰在频率上延后，这是因为摩擦阻尼块引入了等效刚度使得系统刚度增大，固有频率较不考虑摩擦阻尼的线性系统增大，同时等效阻尼也有延后共振的作用。

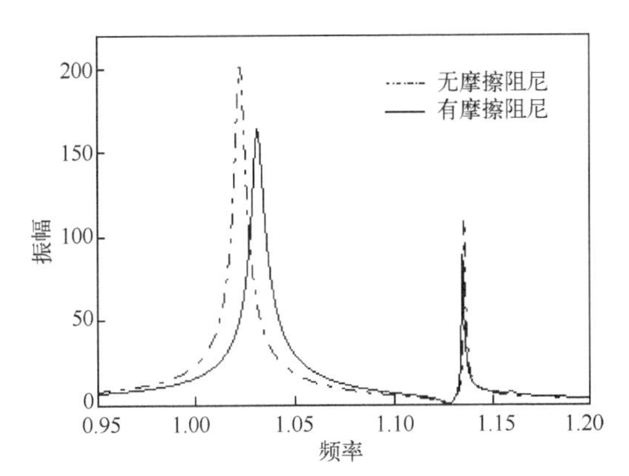

图3.9　有无摩擦阻尼作用下系统各叶片频率-最大振幅特征比较图

3.4　失谐叶盘系统受迫振动响应分析算例

3.4.1　失谐叶盘系统基本参数

设系统只存在叶片刚度失谐，失谐叶片的失谐量通过对叶片刚度的随机正态分布引入，并随机选取正态分布中标准差为1%、2%、5%的各一个样本进行分析。各叶片刚度失谐量见表3.1～表3.3。取无量纲化系统参数：各叶片等效质量 $m_{i1}=m_1=1$，各叶片根部等效质量 $m_{i2}=m_2=1$，轮盘扇区等效质量 $m_{i3}=m_3=425$，谐调叶片等效刚度 $k_b=1$，榫槽等效刚度 $k_{bdi}=k_{bd}=9.1$，轮盘等效刚度 $k_{di}=k_d=1.1$。摩擦阻尼器缘板抗拉刚度 $EA=1.344$，摩擦阻尼器缘板长 $l=25$，泊松比 $\mu=0.27$。各叶片激振力幅值 $P_i=P=1$，摩擦阻尼器正压力取最佳正压力 $q_0=395P$，$q_2=q_0/3$。激振力阶次 E 的取值为6，无量纲激振频率 ω 的取值范围为0.90～1.20。

表3.1　失谐模式1叶片刚度失谐表

叶片编号	刚度失谐量	叶片编号	刚度失谐量	叶片编号	刚度失谐量
1	0.014747368	3	0.018462941	5	0.017609251
2	0.006975465	4	0.005105907	6	-0.002656853

续表

叶片编号	刚度失谐量	叶片编号	刚度失谐量	叶片编号	刚度失谐量
7	−0.010011536	18	0.004715225	29	−0.005459718
8	−0.001473729	19	−0.002483946	30	−0.006007874
9	0.011410068	20	0.011835836	31	−0.008893191
10	−0.009794834	21	−0.005336529	32	−0.001206728
11	0.006307819	22	−0.020910070	33	0.014451061
12	−0.005061935	23	−0.010856045	34	0.000113887
13	0.005534724	24	0.010172624	35	0.011752103
14	−0.009644348	25	−0.000573668	36	−0.005933433
15	0.001257857	26	0.003953761	37	0.000536461
16	−0.017962122	27	0.009147996	38	−0.006730421
17	−0.004066032	28	−0.019027338		

表 3.2　失谐模式 2 叶片刚度失谐表

叶片编号	刚度失谐量	叶片编号	刚度失谐量	叶片编号	刚度失谐量
1	−0.006809052	14	0.029026722	27	−0.028964412
2	0.007900342	15	0.027558307	28	−0.025190763
3	−0.008525943	16	0.022174474	29	0.009061367
4	0.003676119	17	−0.029370237	30	0.000497666
5	0.011540090	18	−0.016269568	31	−0.019030036
6	0.026761424	19	0.016782972	32	−0.002504029
7	0.018478929	20	−0.015963311	33	−0.008224357
8	−0.048891974	21	−0.008701510	34	−0.014414437
9	0.008896630	22	0.016813699	35	0.008170166
10	0.019561428	23	0.003661878	36	−0.026117825
11	0.003106187	24	0.024250316	37	0.009450495
12	0.020199457	25	−0.023186361	38	−0.036679228
13	0.018549427	26	0.012724950		

表 3.3　失谐模式 3 叶片刚度失谐表

叶片编号	刚度失谐量	叶片编号	刚度失谐量	叶片编号	刚度失谐量
1	0.020557841	14	−0.032715524	27	0.000216933
2	−0.009249749	15	0.044852826	28	0.050877566
3	0.029795700	16	0.001560226	29	0.043552688
4	0.036990020	17	0.096701138	30	−0.015593558
5	−0.006392322	18	−0.108707330	31	−0.008144557
6	0.019665844	19	−0.066431753	32	0.007163213
7	−0.022174108	20	−0.049324557	33	−0.051586357
8	−0.021369915	21	0.136939038	34	−0.016058651
9	−0.025166284	22	0.026401441	35	−0.006609768
10	−0.061340122	23	−0.029055535	36	−0.065768005
11	0.013855416	24	0.000958215	37	0.058452897
12	0.077313239	25	−0.020940493	38	−0.072638862
13	−0.037593269	26	0.061006479		

3.4.2　失谐叶盘系统动态响应分析

图 3.10 为失谐模式 1 情况下系统各叶片幅频特性曲线图，图 3.10(a)为有摩擦阻尼力(即非线性系统)影响的各叶片幅频特性曲线图，图 3.10(b)为无摩擦阻尼力(即线性系统)影响的各叶片幅频特性曲线图。图中横轴为无量纲频率，即激振频率与线性系统第 1 阶固有频率比值，纵轴为无量纲振幅。从图中可以看出失谐模式 1 情况下，无论是否考虑摩擦阻尼力影响系统均呈现出两个明显的共振峰，各叶片共振发生的频率也几乎相同；但考虑摩擦阻尼影响时，系统共振幅值要比不考虑摩擦阻尼影响时小得多，且两共振峰的幅值相差较小。

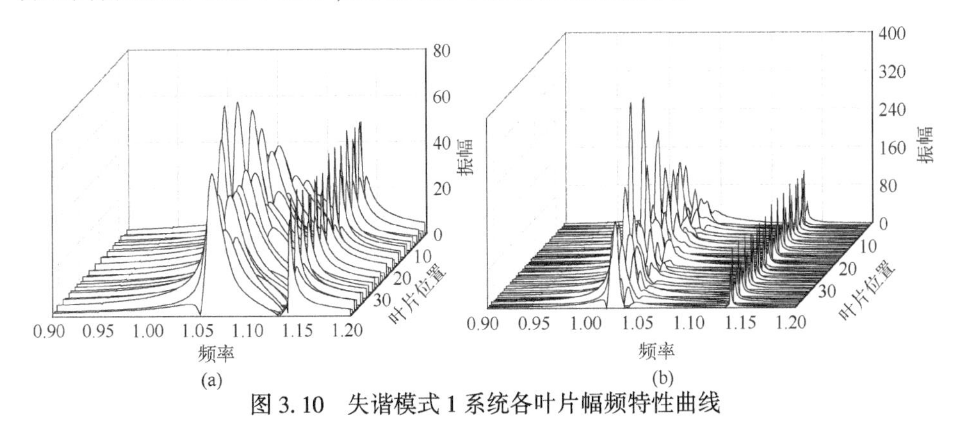

图 3.10　失谐模式 1 系统各叶片幅频特性曲线

图 3.11 为失谐模式 1 情况下是否考虑摩擦阻尼影响时系统各叶片频率-最大振幅特征比较图。从图中可知,考虑摩擦阻尼器影响时系统共振峰值较不考虑摩擦阻尼器时明显降低,由不考虑摩擦阻尼器影响时的 384.5 降低到考虑摩擦阻尼器影响时的 81.85,降低幅度高达 78.7%,说明缘板阻尼器可以有效减轻系统叶片的振动;考虑摩擦阻尼器影响时系统共振区较不考虑摩擦阻尼器时后移,但在共振区的宽度上没有大的影响。

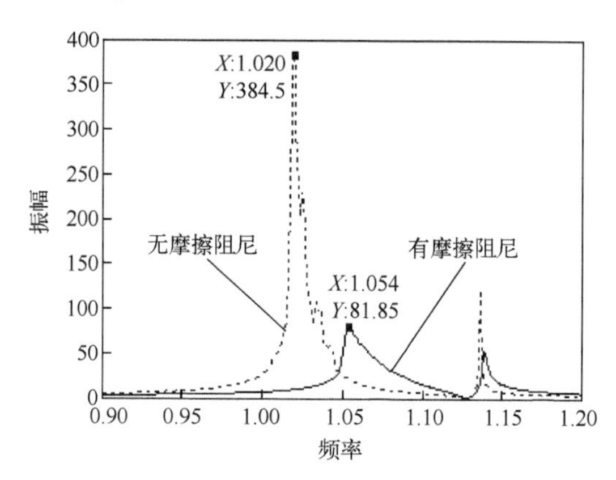

图 3.11　失谐模式 1 有无摩擦阻尼各叶片频率-最大振幅特征比较

图 3.12 为失谐模式 2 情况下系统各叶片幅频特性曲线图,图 3.12(a) 为有摩擦阻尼力(即非线性系统)影响的各叶片幅频特性曲线图,图 3.12(b) 为无摩擦阻尼力(即线性系统)影响的各叶片幅频特性曲线图。从图中可以看出失谐模式 2 情况下,无论是否考虑摩擦阻尼力影响系统均呈现出两个明显的共振峰,各叶片共振幅值较失谐模式 1 时杂乱,且发生的频率也略有差异;但考虑摩擦阻尼影响时,系统共振幅值要比不考虑摩擦阻尼影响时小得多,且两共振峰的幅值相差较小。

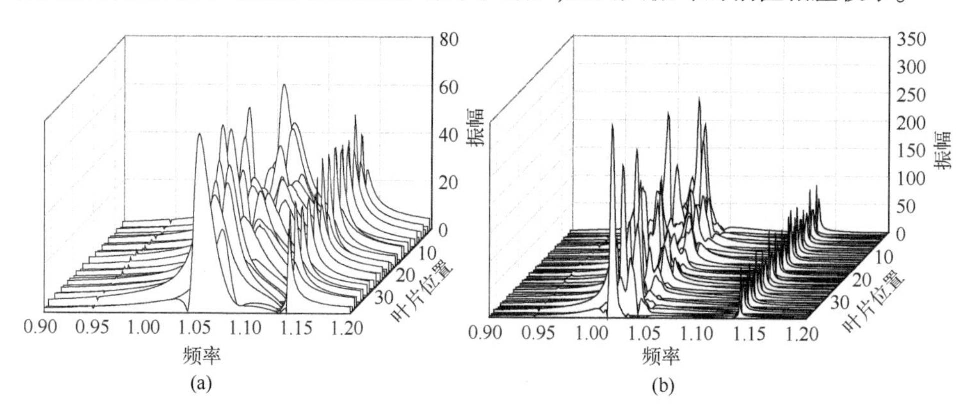

图 3.12　失谐模式 2 系统各叶片幅频特性曲线

图 3. 13 为失谐模式 2 情况下是否考虑摩擦阻尼影响时系统各叶片频率–最大振幅特征比较图。从图中可看出,考虑摩擦阻尼器影响时系统共振峰值较不考虑摩擦阻尼器时明显降低,由不考虑摩擦阻尼器影响时的 344. 4 降低到考虑摩擦阻尼器影响时的 74. 96,降低幅度高达 78. 2%;考虑摩擦阻尼器影响时系统共振区较不考虑摩擦阻尼器时后移,但在共振区的宽度上没有大的影响。

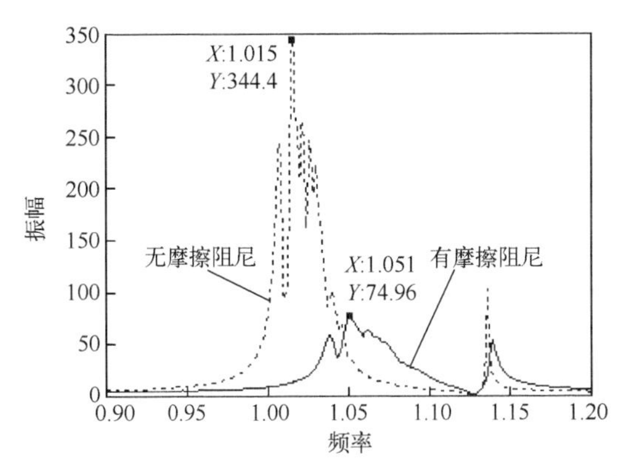

图 3. 13　失谐模式 2 有无摩擦阻尼各叶片频率–最大振幅特征比较

图 3. 14 为失谐模式 3 情况下系统各叶片幅频特性曲线图,图 3. 14(a)为有摩擦阻尼力(即非线性系统)影响的各叶片幅频特性曲线图,图 3. 14(b)为无摩擦阻尼力(即线性系统)影响的各叶片幅频特性曲线图。从图中可以看出失谐模式 3 情况下,系统各叶片共振峰值差异明显,发生共振的频率几乎都各不相同,尤其是考虑摩擦阻尼力影响时系统共振峰在一定区间范围内各叶片共振峰连成片,不考虑摩擦阻尼力影响时系统还可以看作两个分散的共振区;考虑摩擦阻尼影响时,系统共振幅值要比不考虑摩擦阻尼影响时小得多。

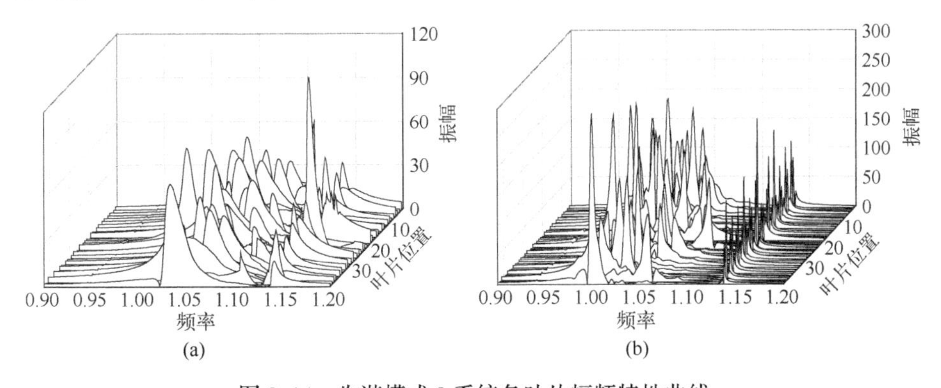

图 3. 14　失谐模式 3 系统各叶片幅频特性曲线

图 3.15 为失谐模式 3 情况下是否考虑摩擦阻尼影响时系统各叶片频率–最大振幅特征比较图。从图中可知,考虑摩擦阻尼器影响时系统共振峰值较不考虑摩擦阻尼器时明显降低,由不考虑摩擦阻尼器影响时的 292.4 降低到考虑摩擦阻尼器影响时的 119.5,降低幅度高达 59%;考虑摩擦阻尼器影响时系统共振区较不考虑摩擦阻尼器时后移,但在共振区的宽度上没有大的影响。

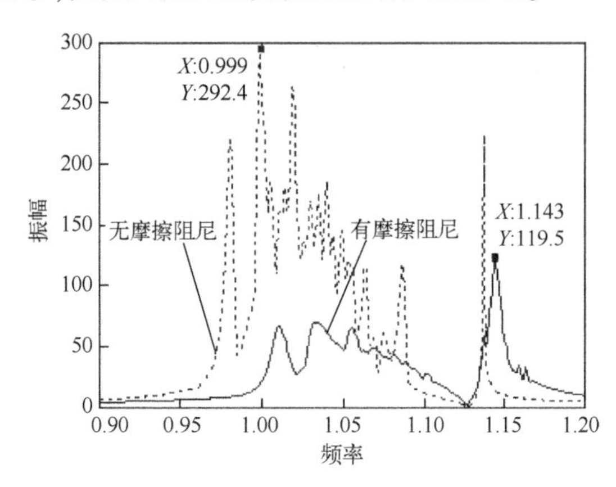

图 3.15　失谐模式 3 有无摩擦阻尼各叶片频率–最大振幅特征比较图

图 3.16 为谐调系统在是否考虑摩擦阻尼及摩擦阻尼作用下的各失谐系统频率–最大叶片振幅比较图。由图知摩擦阻尼使得系统的共振幅值大幅降低,考虑摩擦阻尼的失谐系统的共振幅值都要比不考虑摩擦阻尼的谐调系统小很多;同时失谐系统较谐调系统共振区宽,并且随着失谐强度的增大失谐系统共振峰增多,共振区变宽;还可看出失谐系统共振频率没有脱离谐调系统的共振频率,而是在谐调系统共振频率处前低频和高频延展,也就是说谐调系统的共振区仍然是失谐系统的共振区,是失谐系统共振区的一个子区间。在本章讨论的三组失谐形式情况下,失谐系统较谐调系统共振峰值大,并且随失谐强度的增大系统振动幅值整体增大,但就某一频率而言各叶片最大振幅并不随失谐强度的增大而增大;同时在某一频率下,失谐系统响应幅值并不一定比谐调系统大,如谐调系统共振区中某些频率下失谐系统的各叶片最大振幅反而比谐调系统小;系统频率响应振幅最小值发生在两共振区之间。

图 3.17~图 3.19 为失谐模式 1、失谐模式 2 和失谐模式 3 情况下系统共振点处各叶片摩擦阻尼力迟滞回曲线。从图中可以看出失谐系统各叶片摩擦阻尼力迟滞回曲线各不相同,各叶片摩擦阻尼力最大值在一定区间内分布;三种失谐形式下各叶片摩擦阻尼力迟滞回曲线均经过点(−0.5,0)和(0.5,0)。随失谐强度增大,各叶片摩擦阻尼力最大值分布区间也逐渐增大。

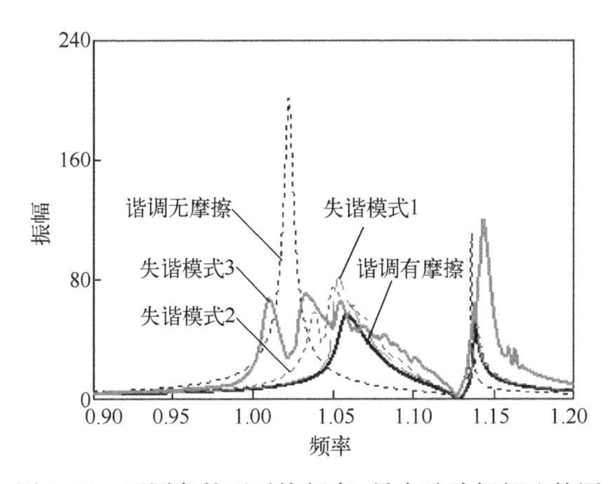

图 3.16　不同条件下系统频率-最大叶片振幅比较图

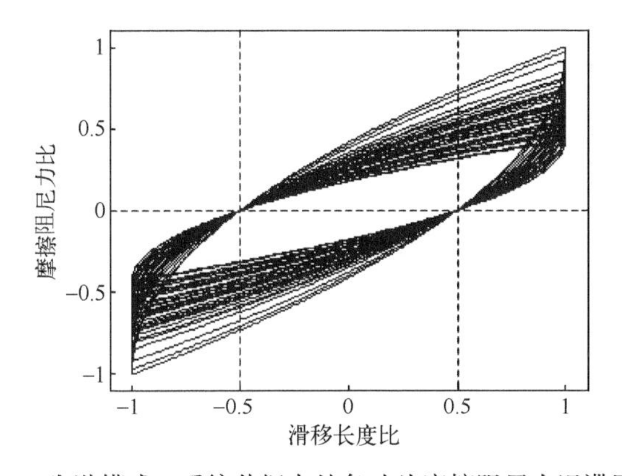

图 3.17　失谐模式 1 系统共振点处各叶片摩擦阻尼力迟滞回曲线

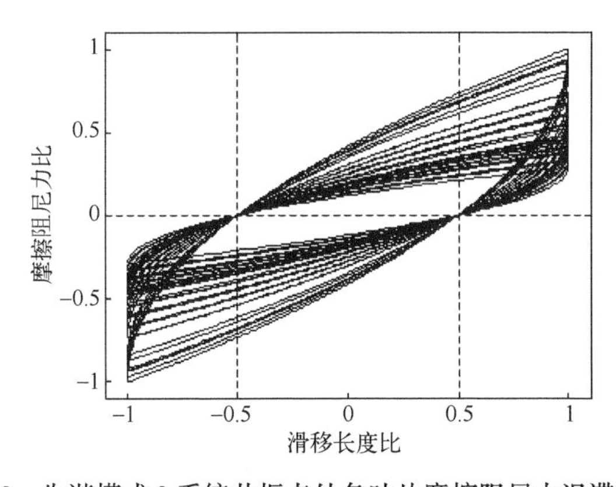

图 3.18　失谐模式 2 系统共振点处各叶片摩擦阻尼力迟滞回曲线

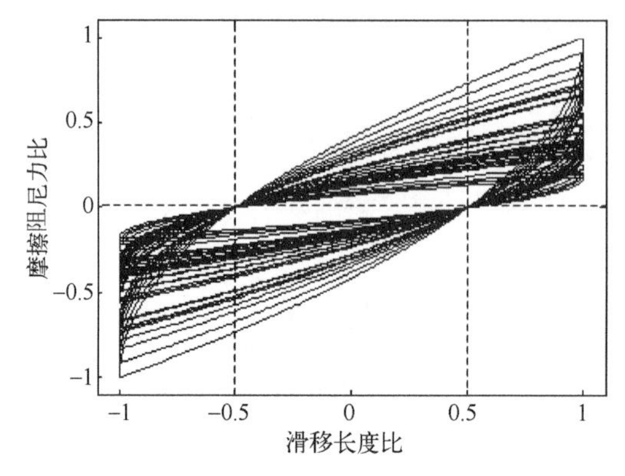

图 3.19　失谐模式 3 系统共振点处各叶片摩擦阻尼力迟滞回曲线

3.4.3　叶根摩擦阻尼块对失谐叶盘系统振动局部化程度的影响

为了分析增加叶根摩擦阻尼块对失谐叶盘系统振动局部化程度的影响，引入如下振动局部化因子[4]：

$$L=\sqrt{\frac{|x|_{\max}^{2}-\frac{1}{n-1}\sum_{i=1,i\neq j}^{n}x_i^2}{\frac{1}{n-1}\sum_{i=1,i\neq j}^{n}x_i^2}} \tag{3.20}$$

式中：n 为叶片数；j 为具有最大幅值的叶片序号，其最大幅值为 $|x|_{\max}$。该振动局部化因子描述了叶盘系统中最大的叶片振动能量与其他叶片的平均振动能量之间的相对差异。

不同失谐形式、叶根有无摩擦块叶盘系统共振时振动局部化因子如表 3.4 所列。

表 3.4　不同失谐形式、叶根有无摩擦块叶盘系统共振时振动局部化因子对比

	失谐模式 1	失谐模式 2	失谐模式 3
无叶根摩擦阻尼块	2.83	5.19	7.91
有叶根摩擦阻尼块	2.30	3.04	5.09

失谐模式 1：无叶根摩擦块失谐叶盘系统共振时振动局部化因子为 $L=2.83$，增加叶根摩擦块失谐叶盘系统共振时振动局部化因子为 $L=2.30$。

失谐模式 2：无叶根摩擦块失谐叶盘系统共振时振动局部化因子为 $L=5.19$，增加叶根摩擦块失谐叶盘系统共振时振动局部化因子为 $L=3.04$。

失谐模式 3：无叶根摩擦块失谐叶盘系统共振时振动局部化因子为 $L=7.91$，

增加叶根摩擦块失谐叶盘系统共振时振动局部化因子为 $L=5.09$。

因此,增加叶根摩擦阻尼块可以有效减轻失谐叶盘系统的振动局部化程度。

参考文献

[1] CSABA G. Modeling micorslip friction damping and its influence on turbine blade vibrations [D]. Linköping:Linköping University,1998.

[2] LAZAN B J. Damping of Materials and Members in Structural Mechanics [M]. London: Pergamon Press Inc, 1968.

[3] 徐自力, 常东锋, 刘雅琳. 基于微滑移解析模型的干摩擦阻尼叶片稳态响应分析[J]. 振动工程学报, 2008,21(5): 505-509.

[4] 王红建. 复杂耦合失谐叶片-轮盘系统振动局部化问题研究[D]. 西安: 西北工业大学, 2006.

[5] 徐自力, 常东锋, 刘雅琳. 基于微滑移解析模型的干摩擦阻尼叶片稳态响应分析[J]. 振动工程学报, 2008, 21(5): 505-509.

[6] 黄义. 弹性力学基础及有限单元法[M]. 北京:冶金工业出版社,1983.

[7] 袁惠群, 张亮, 韩清凯. 航空发动机转子失谐叶片减振安装优化分析[J]. 振动、测试与诊断, 2011, 31(5): 647-651.

[8] 袁惠群, 张亮, 韩清凯, 等. 基于蚁群算法的航空发动机失谐叶片减振排布优化分[J]. 振动与冲击, 2012, 31(11): 169-172.

第 4 章

谐调叶盘系统动力学的循环对称分析方法

叶盘系统的振动分析多采用有限元法,用这种方法做动力学分析最终往往归结为求解大型矩阵的特征值问题,对于整个叶盘系统采用较准确的有限元离散将导致系统模型的自由度数庞大,从而使得特征方程阶次过高,给数值运算带来一系列麻烦。但是将有限元模化的区域局限于一个基本重复扇区内,使得特征方程的求解规模大大降低。

先选取好进行有限元分析的单元类型,然后得到相应的形函数。选取重复扇区,进行单元划分,在局部坐标系下形成各个单元的质量矩阵、刚度矩阵,再进行坐标变换,进行节点的装配,将单元刚度矩阵和单元质量矩阵装配成总体刚度矩阵和质量矩阵。有了总体刚度矩阵和质量矩阵,就得到了叶盘系统运动方程,建立流程如图 4.1 所示。

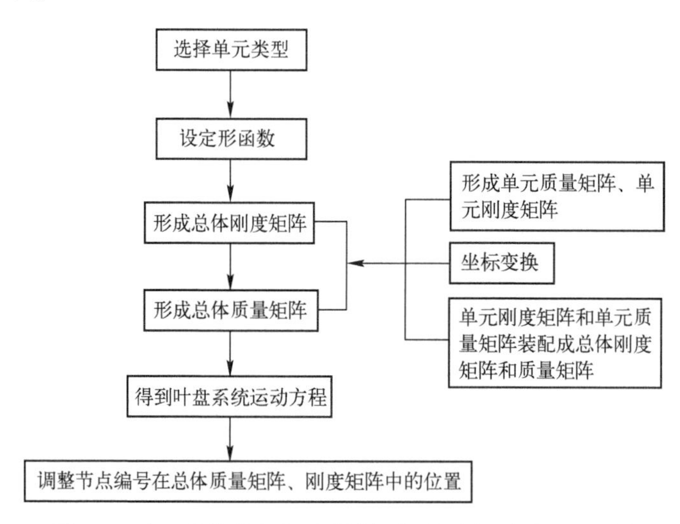

图 4.1　叶盘系统基本扇区质量矩阵、刚度矩阵建立流程图

采用子结构法对叶盘结构进行有限自由度扇区划分。首先要对扇区做同样的

有限元网格划分,并选取各自的局部坐标系,使这些局部坐标系也满足循环对称性要求。

4.1　子结构的建模

记各扇区之间的主传播面为 t_k,基本扇区 S_k 为半开半闭区间,即 S_k 包含界面 t_k,但不包含界面次波传播界面 t_{k+1}。而记$\overline{S}_k$ 为扩充扇区,即同时包含界面 t_k 和 t_{k+1} 的闭区间。为有效减少计算规模,将基本扇区(即包括轮盘扇区和单个叶片的扇区)做如图 4.2 所示的划分,其中轮盘为主体子结构,再划分为 9 个单元,叶片为分枝子结构,再划分为两个子结构。下标为 i 的位移变量位于非界面位置,下标为 j 的位移变量位于叶盘对接位置,另有下标为 t 和 t'的位移变量位于两个传播面。且轮盘扇区的每个径向划分都是等角度的。

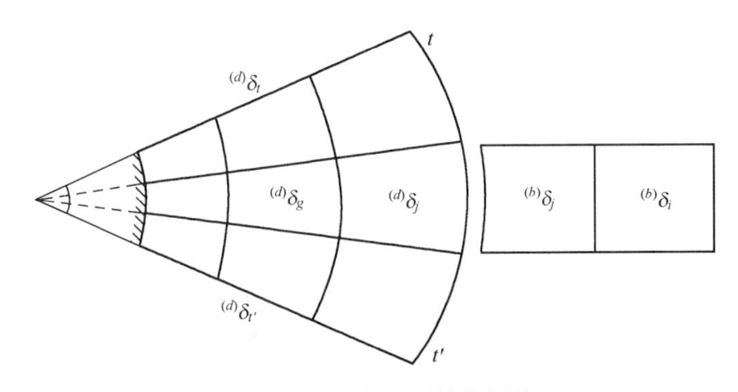

图 4.2　基本扇区子结构划分

首先要对扇区做同样的有限元网格划分,并选取各自的局部坐标系,使这些局部坐标系也满足循环对称性要求。

4.2　求解单元刚度矩阵和质量矩阵

根据单元形状建立合适的单元坐标系。由于轮盘子结构和叶片子结构均被划分单元,且单元类型并不规则,所以本节中采用八节点六面体等参单元(图 4.3),并建立局部坐标系。这样求出的单元刚度矩阵在应用到后面的组装成整体刚度矩阵的过程之前,先要进行坐标变换,成为结构整体坐标系下的单元刚度矩阵。当局部坐标系中单元取为八节点正六面体单元时,单元的形函数如下:

$$N_1=\frac{1}{8}(1-\bar{x})(1-\bar{y})(1-\bar{z}) \tag{4.1}$$

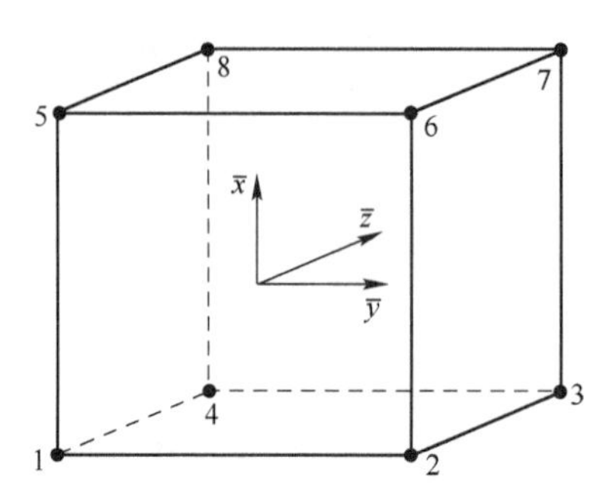

图 4.3　三维八节点六面体等参单元

$$N_2=\frac{1}{8}(1-\bar{x})(1+\bar{y})(1-\bar{z}) \tag{4.2}$$

$$N_3=\frac{1}{8}(1-\bar{x})(1+\bar{y})(1+\bar{z}) \tag{4.3}$$

$$N_4=\frac{1}{8}(1-\bar{x})(1-\bar{y})(1+\bar{z}) \tag{4.4}$$

$$N_5=\frac{1}{8}(1+\bar{x})(1-\bar{y})(1-\bar{z}) \tag{4.5}$$

$$N_6=\frac{1}{8}(1+\bar{x})(1+\bar{y})(1-\bar{z}) \tag{4.6}$$

$$N_7=\frac{1}{8}(1+\bar{x})(1+\bar{y})(1+\bar{z}) \tag{4.7}$$

$$N_8=\frac{1}{8}(1+\bar{x})(1-\bar{y})(1+\bar{z}) \tag{4.8}$$

单元从局部坐标系到整体坐标系映射为

$$x=\sum_{i=1}^{m}N_i(\bar{x},\bar{y},\bar{z})x_i,y=\sum_{i=1}^{m}N_i(\bar{x},\bar{y},\bar{z})y_i,z=\sum_{i=1}^{m}N_i(\bar{x},\bar{y},\bar{z})z_i \tag{4.9}$$

式中:m 为单元形函数的个数,在进行映射变化时,要求单元两个坐标系下的节点编号对应。

单元的节点变量用形函数进行插值,有

$$u=\sum_{i=1}^{m}N_i(\bar{x},\bar{y},\bar{z})u_i$$

对应于局部坐标系,形函数的导数为

$$\frac{\partial N_i(\bar{x},\bar{y},\bar{z})}{\partial \bar{x}}=\frac{\partial N_i(\bar{x},\bar{y},\bar{z})}{\partial x}\times\frac{\partial x}{\partial \bar{x}}+\frac{\partial N_i(\bar{x},\bar{y},\bar{z})}{\partial y}\times\frac{\partial y}{\partial \bar{x}}+\frac{\partial N_i(\bar{x},\bar{y},\bar{z})}{\partial z}\times\frac{\partial z}{\partial \bar{x}} \tag{4.10}$$

$$\frac{\partial N_i(\bar{x},\bar{y},\bar{z})}{\partial \bar{y}}=\frac{\partial N_i(\bar{x},\bar{y},\bar{z})}{\partial x}\times\frac{\partial x}{\partial \bar{y}}+\frac{\partial N_i(\bar{x},\bar{y},\bar{z})}{\partial y}\times\frac{\partial y}{\partial \bar{y}}+\frac{\partial N_i(\bar{x},\bar{y},\bar{z})}{\partial z}\times\frac{\partial z}{\partial \bar{y}} \tag{4.11}$$

$$\frac{\partial N_i(\bar{x},\bar{y},\bar{z})}{\partial \bar{z}}=\frac{\partial N_i(\bar{x},\bar{y},\bar{z})}{\partial x}\times\frac{\partial x}{\partial \bar{z}}+\frac{\partial N_i(\bar{x},\bar{y},\bar{z})}{\partial y}\times\frac{\partial y}{\partial \bar{z}}+\frac{\partial N_i(\bar{x},\bar{y},\bar{z})}{\partial z}\times\frac{\partial z}{\partial \bar{z}} \tag{4.12}$$

写成矩阵形式为

$$\begin{bmatrix}\dfrac{\partial}{\partial \bar{x}}\\ \dfrac{\partial}{\partial \bar{y}}\\ \dfrac{\partial}{\partial \bar{z}}\end{bmatrix}N_i(\bar{x},\bar{y},\bar{z})=\begin{bmatrix}\dfrac{\partial x}{\partial \bar{x}} & \dfrac{\partial y}{\partial \bar{x}} & \dfrac{\partial z}{\partial \bar{x}}\\ \dfrac{\partial x}{\partial \bar{y}} & \dfrac{\partial y}{\partial \bar{y}} & \dfrac{\partial z}{\partial \bar{y}}\\ \dfrac{\partial x}{\partial \bar{z}} & \dfrac{\partial y}{\partial \bar{z}} & \dfrac{\partial z}{\partial \bar{z}}\end{bmatrix}\begin{bmatrix}\dfrac{\partial}{\partial x}\\ \dfrac{\partial}{\partial y}\\ \dfrac{\partial}{\partial z}\end{bmatrix}N_i(\bar{x},\bar{y},\bar{z})=\boldsymbol{J}\begin{bmatrix}\dfrac{\partial}{\partial x}\\ \dfrac{\partial}{\partial y}\\ \dfrac{\partial}{\partial z}\end{bmatrix}N_i(\bar{x},\bar{y},\bar{z}) \tag{4.13}$$

式中：$\boldsymbol{J}$ 为雅可比(Jacobi)矩阵，且有

$$\boldsymbol{J}=\frac{\partial(x,y,z)}{\partial(\bar{x},\bar{y},\bar{z})}=\begin{bmatrix}\sum\limits_{i=1}^{m}\dfrac{\partial N_i(\bar{x},\bar{y},\bar{z})}{\partial \bar{x}}x_i & \sum\limits_{i=1}^{m}\dfrac{\partial N_i(\bar{x},\bar{y},\bar{z})}{\partial \bar{x}}y_i & \sum\limits_{i=1}^{m}\dfrac{\partial N_i(\bar{x},\bar{y},\bar{z})}{\partial \bar{x}}z_i\\ \sum\limits_{i=1}^{m}\dfrac{\partial N_i(\bar{x},\bar{y},\bar{z})}{\partial \bar{y}}x_i & \sum\limits_{i=1}^{m}\dfrac{\partial N_i(\bar{x},\bar{y},\bar{z})}{\partial \bar{y}}y_i & \sum\limits_{i=1}^{m}\dfrac{\partial N_i(\bar{x},\bar{y},\bar{z})}{\partial \bar{y}}z_i\\ \sum\limits_{i=1}^{m}\dfrac{\partial N_i(\bar{x},\bar{y},\bar{z})}{\partial \bar{z}}x_i & \sum\limits_{i=1}^{m}\dfrac{\partial N_i(\bar{x},\bar{y},\bar{z})}{\partial \bar{z}}y_i & \sum\limits_{i=1}^{m}\dfrac{\partial N_i(\bar{x},\bar{y},\bar{z})}{\partial \bar{z}}z_i\end{bmatrix} \tag{4.14}$$

由 $\mathrm{d}\bar{x}$、$\mathrm{d}\bar{y}$、$\mathrm{d}\bar{z}$在整体坐标系中形成的体积微元为

$$\mathrm{d}V=\mathrm{d}\bar{\boldsymbol{x}}\cdot(\mathrm{d}\bar{\boldsymbol{y}}\times\mathrm{d}\bar{\boldsymbol{z}})$$

而

$$\mathrm{d}\bar{\boldsymbol{x}}=\frac{\partial x}{\partial \bar{x}}\mathrm{d}\bar{x}\boldsymbol{i}+\frac{\partial y}{\partial \bar{x}}\mathrm{d}\bar{x}\boldsymbol{j}+\frac{\partial z}{\partial \bar{x}}\mathrm{d}\bar{x}\boldsymbol{k} \tag{4.15}$$

$$\mathrm{d}\bar{\boldsymbol{y}}=\frac{\partial x}{\partial \bar{y}}\mathrm{d}\bar{y}\boldsymbol{i}+\frac{\partial y}{\partial \bar{y}}\mathrm{d}\bar{y}\boldsymbol{j}+\frac{\partial z}{\partial \bar{y}}\mathrm{d}\bar{y}\boldsymbol{k} \tag{4.16}$$

$$\mathrm{d}\bar{\boldsymbol{z}}=\frac{\partial x}{\partial \bar{z}}\mathrm{d}\bar{z}\boldsymbol{i}+\frac{\partial y}{\partial \bar{z}}\mathrm{d}\bar{z}\boldsymbol{j}+\frac{\partial z}{\partial \bar{z}}\mathrm{d}\bar{z}\boldsymbol{k} \tag{4.17}$$

式中：$\boldsymbol{i}$、$\boldsymbol{j}$、$\boldsymbol{k}$ 为整体坐标系的单元坐标向量。将式(4.15)~式(4.17)代入式(4.14)，得

$$\mathrm{d}V=\begin{vmatrix}\dfrac{\partial x}{\partial \bar{x}} & \dfrac{\partial y}{\partial \bar{x}} & \dfrac{\partial z}{\partial \bar{x}}\\ \dfrac{\partial x}{\partial \bar{y}} & \dfrac{\partial y}{\partial \bar{y}} & \dfrac{\partial z}{\partial \bar{y}}\\ \dfrac{\partial x}{\partial \bar{z}} & \dfrac{\partial y}{\partial \bar{z}} & \dfrac{\partial z}{\partial \bar{z}}\end{vmatrix}\mathrm{d}\bar{x}\mathrm{d}\bar{y}\mathrm{d}\bar{z}=|\boldsymbol{J}|\mathrm{d}\bar{x}\mathrm{d}\bar{y}\mathrm{d}\bar{z} \tag{4.18}$$

利用最小势能法导出刚度矩阵。由胡克定律,对等向性、线性、弹性材料、应力与应变有以下关系式[1]:

$$\varepsilon_x=\frac{1}{E}[\sigma_x-\nu(\sigma_y+\sigma_z)],\quad \gamma_{xy}=\frac{2(1+\nu)}{E}\tau_{xy}=\frac{\tau_{xy}}{G} \tag{4.19}$$

$$\varepsilon_y=\frac{1}{E}[\sigma_y-\nu(\sigma_z+\sigma_x)],\quad \gamma_{yz}=\frac{2(1+\nu)}{E}\tau_{yz}=\frac{\tau_{yz}}{G} \tag{4.20}$$

$$\varepsilon_z=\frac{1}{E}[\sigma_z-\nu(\sigma_x+\sigma_y)],\quad \gamma_{zx}=\frac{2(1+\nu)}{E}\tau_{zx}=\frac{\tau_{zx}}{G} \tag{4.21}$$

式中:G 为剪切弹性模量,$G=\frac{E}{2(1+\nu)}$;E 为杨氏模量;ν 为泊松比。

$$\boldsymbol{\varepsilon}=\begin{bmatrix}\varepsilon_x\\ \varepsilon_y\\ \varepsilon_z\\ \gamma_{xy}\\ \gamma_{yz}\\ \gamma_{zx}\end{bmatrix}=\frac{1}{E}\begin{bmatrix}1&-\nu&-\nu&0&0&0\\ -\nu&1&-\nu&0&0&0\\ -\nu&-\nu&1&0&0&0\\ 0&0&0&2(1+\nu)&0&0\\ 0&0&0&0&2(1+\nu)&0\\ 0&0&0&0&0&2(1+\nu)\end{bmatrix}\begin{bmatrix}\sigma_x\\ \sigma_y\\ \sigma_z\\ \tau_{xy}\\ \tau_{yz}\\ \tau_{zx}\end{bmatrix} \tag{4.22}$$

对式(4.22)求逆,得

$$\boldsymbol{\sigma}=\begin{bmatrix}\sigma_x\\ \sigma_y\\ \sigma_z\\ \tau_{xy}\\ \tau_{yz}\\ \tau_{zx}\end{bmatrix}=\frac{E}{(1+\nu)}\begin{bmatrix}\frac{1-\nu}{1-2\nu}&\frac{\nu}{1-2\nu}&\frac{\nu}{1-2\nu}&0&0&0\\ \frac{\nu}{1-2\nu}&\frac{1-\nu}{1-2\nu}&\frac{\nu}{1-2\nu}&0&0&0\\ \frac{\nu}{1-2\nu}&\frac{\nu}{1-2\nu}&\frac{1-\nu}{1-2\nu}&0&0&0\\ 0&0&0&\frac{1}{2}&0&0\\ 0&0&0&0&\frac{1}{2}&0\\ 0&0&0&0&0&\frac{1}{2}\end{bmatrix}\begin{bmatrix}\varepsilon_x\\ \varepsilon_y\\ \varepsilon_z\\ \gamma_{xy}\\ \gamma_{yz}\\ \gamma_{zx}\end{bmatrix} \tag{4.23}$$

可得到

$$\boldsymbol{\sigma}=\boldsymbol{D\varepsilon} \tag{4.24}$$

$$\boldsymbol{D}=\frac{E}{1+\nu}\begin{bmatrix}\frac{1-\nu}{1-2\nu} & \frac{\nu}{1-2\nu} & \frac{\nu}{1-2\nu} & 0 & 0 & 0\\ \frac{\nu}{1-2\nu} & \frac{1-\nu}{1-2\nu} & \frac{\nu}{1-2\nu} & 0 & 0 & 0\\ \frac{\nu}{1-2\nu} & \frac{\nu}{1-2\nu} & \frac{1-\nu}{1-2\nu} & 0 & 0 & 0\\ 0 & 0 & 0 & \frac{1}{2} & 0 & 0\\ 0 & 0 & 0 & 0 & \frac{1}{2} & 0\\ 0 & 0 & 0 & 0 & 0 & \frac{1}{2}\end{bmatrix} \tag{4.25}$$

式中:$\boldsymbol{D}$ 为材料弹性矩阵。

三维实体共 6 个应变分量,其中包含 3 个正向应变 ε_x、ε_y、ε_z,3 个剪应变 γ_{xy}、γ_{yz}、γ_{zx}。用 u、v、w 分别表示实体元素上任一点(x,y,z)的三个方向上的位移,一点的变形有 6 个应变分量:

$$\boldsymbol{\varepsilon}=[\varepsilon_x\varepsilon_y\varepsilon_z\gamma_{xy}\gamma_{yz}\gamma_{zx}]^{\mathrm{T}} \tag{4.26}$$

由几何方程整理成矩阵形式

$$\boldsymbol{\varepsilon}=\begin{bmatrix}\varepsilon_x\\ \varepsilon_y\\ \varepsilon_z\\ \gamma_{xy}\\ \gamma_{yz}\\ \gamma_{zx}\end{bmatrix}=\begin{bmatrix}\frac{\partial u}{\partial x}\\ \frac{\partial v}{\partial y}\\ \frac{\partial w}{\partial z}\\ \frac{\partial u}{\partial y}+\frac{\partial v}{\partial x}\\ \frac{\partial v}{\partial z}+\frac{\partial u}{\partial y}\\ \frac{\partial u}{\partial z}+\frac{\partial w}{\partial x}\end{bmatrix}=\begin{bmatrix}\frac{\partial}{\partial x} & 0 & 0\\ 0 & \frac{\partial}{\partial y} & 0\\ 0 & 0 & \frac{\partial}{\partial z}\\ \frac{\partial}{\partial y} & \frac{\partial}{\partial x} & 0\\ 0 & \frac{\partial}{\partial z} & \frac{\partial}{\partial y}\\ \frac{\partial}{\partial z} & 0 & \frac{\partial}{\partial x}\end{bmatrix}\begin{bmatrix}u\\ v\\ w\end{bmatrix} \tag{4.27}$$

即

$$\boldsymbol{\varepsilon}=\boldsymbol{\partial\phi}$$

式中

$$\boldsymbol{\partial}=\begin{bmatrix}\frac{\partial}{\partial x} & 0 & 0\\ 0 & \frac{\partial}{\partial y} & 0\\ 0 & 0 & \frac{\partial}{\partial z}\\ \frac{\partial}{\partial y} & \frac{\partial}{\partial x} & 0\\ 0 & \frac{\partial}{\partial z} & \frac{\partial}{\partial y}\\ \frac{\partial}{\partial z} & 0 & \frac{\partial}{\partial x}\end{bmatrix} \tag{4.28}$$

$$\boldsymbol{\phi}=[u\quad v\quad w]^{\mathrm{T}} \tag{4.29}$$

$\boldsymbol{\phi}$ 为节点位移向量。

$$\boldsymbol{\varepsilon}=\begin{bmatrix}\frac{\partial}{\partial x} & 0 & 0\\ 0 & \frac{\partial}{\partial y} & 0\\ 0 & 0 & \frac{\partial}{\partial z}\\ \frac{\partial}{\partial y} & \frac{\partial}{\partial x} & 0\\ 0 & \frac{\partial}{\partial z} & \frac{\partial}{\partial y}\\ \frac{\partial}{\partial z} & 0 & \frac{\partial}{\partial x}\end{bmatrix}\begin{bmatrix}\boldsymbol{N} & & \\ & \boldsymbol{N} & \\ & & \boldsymbol{N}\end{bmatrix}\begin{bmatrix}\boldsymbol{\phi}_u\\ \boldsymbol{\phi}_v\\ \boldsymbol{\phi}_w\end{bmatrix} \tag{4.30}$$

式中:$\boldsymbol{N}=[N_1N_2N_3N_4N_5N_6N_7N_8]$;$\boldsymbol{\phi}_u=[u_1u_2u_3u_4u_5u_6u_7u_8]$,所以 ϕ_u 为各节点 x 方向的位移;$\boldsymbol{\phi}_v=[v_1v_2v_3v_4v_5v_6v_7v_8]$为各节点 y 方向的位移;$\boldsymbol{\phi}_w=[w_1w_2w_3w_4w_5w_6w_7w_8]$为各节点 z 方向的位移。

得到

$$\boldsymbol{\varepsilon}=\boldsymbol{B\Phi}$$

式中

$$B=\begin{bmatrix} \frac{\partial}{\partial x} & 0 & 0 \\ 0 & \frac{\partial}{\partial y} & 0 \\ 0 & 0 & \frac{\partial}{\partial z} \\ \frac{\partial}{\partial y} & \frac{\partial}{\partial x} & 0 \\ 0 & \frac{\partial}{\partial z} & \frac{\partial}{\partial y} \\ \frac{\partial}{\partial z} & 0 & \frac{\partial}{\partial x} \end{bmatrix}\begin{bmatrix} \boldsymbol{N} & & \\ & \boldsymbol{N} & \\ & & \boldsymbol{N} \end{bmatrix} \tag{4.31}$$

$$\boldsymbol{\Phi}=[\phi_u \ \phi_v \ \phi_w]^{\mathrm{T}} \tag{4.32}$$

弹性实体应变能为应力与应变乘积的一半,应力向量又可以表示为刚度矩阵 $\boldsymbol{B}$ 与应变向量 $\boldsymbol{\varepsilon}$ 的乘积,并利用式(4.30)取代应变向量,可得

$$U=\int_V \frac{1}{2}\boldsymbol{\sigma}^{\mathrm{T}}\boldsymbol{\varepsilon}\mathrm{d}V=\int_V \frac{1}{2}\boldsymbol{\varepsilon}^{\mathrm{T}}\boldsymbol{D}\boldsymbol{\varepsilon}\mathrm{d}V=\int_V \frac{1}{2}\boldsymbol{\Phi}^{\mathrm{T}}\boldsymbol{B}^{\mathrm{T}}\boldsymbol{D}\boldsymbol{B}\boldsymbol{\Phi}\mathrm{d}V \tag{4.33}$$

由应变能对位移向量微分,可得到等效力的向量。而等效力的向量又可以表示为刚度矩阵

$$\frac{\partial U}{\partial \boldsymbol{\Phi}}=\boldsymbol{K}\boldsymbol{\Phi} \tag{4.34}$$

所以

$$\boldsymbol{K}=\int_V \boldsymbol{B}^{\mathrm{T}}\boldsymbol{D}\boldsymbol{B}\mathrm{d}V \tag{4.35}$$

转化为局部坐标系,得到

$$\overline{\boldsymbol{K}}=\int_{V'} \boldsymbol{B}^{\mathrm{T}}\boldsymbol{D}\boldsymbol{B}\,|\boldsymbol{J}|\,\mathrm{d}\bar{x}\mathrm{d}\bar{y}\mathrm{d}\bar{z} \tag{4.36}$$

对于质量矩阵的求法,动能

$$T=\rho\int_V \frac{1}{2}\boldsymbol{\Phi}^{\mathrm{T}}\boldsymbol{N}^{\mathrm{T}}\boldsymbol{N}\boldsymbol{\Phi}\mathrm{d}V \tag{4.37}$$

同样地

$$\frac{\partial T}{\partial \boldsymbol{\Phi}}=\boldsymbol{M}\boldsymbol{\Phi} \tag{4.38}$$

所以

$$
\begin{aligned}
\boldsymbol{M} &= \rho\int_V \boldsymbol{N}^{\mathrm{T}}\boldsymbol{N}\mathrm{d}V \\
\overline{\boldsymbol{M}} &= \int_{V'} \boldsymbol{N}^{\mathrm{T}}\boldsymbol{N}\,|\boldsymbol{J}|\,\mathrm{d}\bar{x}\mathrm{d}\bar{y}\mathrm{d}\bar{z}
\end{aligned}
\tag{4.39}
$$

式中：V 为整体坐标系中单元体积；V'为局部坐标系中单元体积；$\boldsymbol{K}$ 为整体坐标系中单元刚度；$\overline{\boldsymbol{K}}$为局部坐标系中单元刚度。

在局部坐标系中有

$$
-1\leqslant\bar{x}\leqslant 1,\ -1\leqslant\bar{y}\leqslant 1,\ -1\leqslant\bar{z}\leqslant 1 \tag{4.40}
$$

4.3 求解叶盘系统整体质量矩阵和刚度矩阵

4.3.1 子结构单元编号

轮盘最下面三个单元从左到右依次为单元 1、2、3，轮盘中间三个单元从左到右依次为单元 4、5、6，轮盘上面三个单元从左到右依次为 7、8、9，叶片有两个单元，下面为 10 单元，上面为 11 单元。

之前单元刚度矩阵和质量矩阵是在各自的局部坐标系下进行求解的，现在要整合成叶盘整体的刚度矩阵和质量矩阵，因此要将 11 个单元的各个节点号进行重新编排，使 11 个单元能够顺利组装。

值得注意的是，叶盘扇区对单元（图 4.4）进行排序，对单元各节点进行了编号，因此单元刚度中的元素排列是和节点编号顺序直接相关的。首先，扇区的下弧为约束端，在刚度矩阵和质量矩阵中，相应位置节点的自由度为零，所以直接去掉其所有节点和自由度。

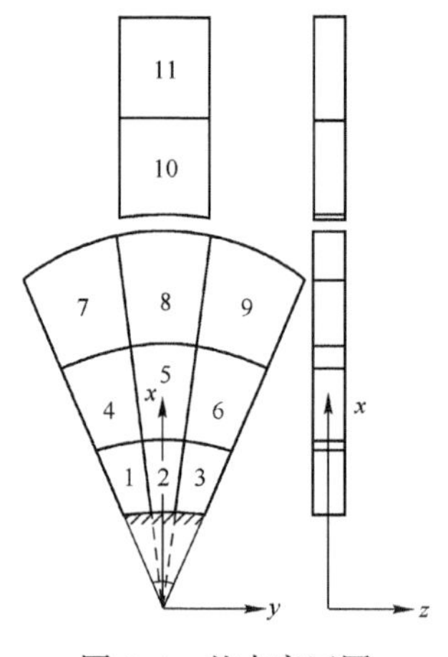

图 4.4 基本扇区图

本书将各单元节点编号从下表面到上表面，从前至后排列节点，同样以单元⑧为例，新的节点排列顺序为 10、13、14、11、25、26、27、28。如此，相邻单元左右和上下都可以顺利组装了。叶片各单元也做同样的处理。最终 11 个单元的节点号如图 4.5 所示。

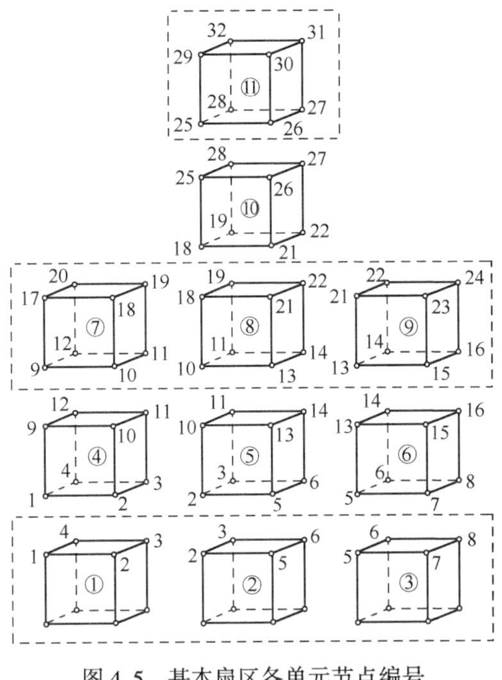

图 4.5　基本扇区各单元节点编号

4.3.2　求解整体质量矩阵和刚度矩阵

得到单元刚度矩阵后，要将单元刚度矩阵从单元局部坐标系转换到整体坐标系下，如图 4.6 所示。设坐标转换矩阵为 $\boldsymbol{\Lambda}$，则有

$$\boldsymbol{K}=\boldsymbol{\Lambda}^{-1}\overline{\boldsymbol{K}}\boldsymbol{\Lambda} \tag{4.41}$$

其中

$$\boldsymbol{\Lambda}=\begin{bmatrix} T_{3\times3} & & & \\ & T_{3\times3} & & \\ & & \ddots & \\ & & & T_{3\times3} \end{bmatrix}_{24\times24},\quad \boldsymbol{T}=\begin{bmatrix} \cos(\bar{x},x) & \cos(\bar{x},y) & \cos(\bar{x},z) \\ \cos(\bar{y},x) & \cos(\bar{y},y) & \cos(\bar{y},z) \\ \cos(\bar{z},x) & \cos(\bar{z},y) & \cos(\bar{z},z) \end{bmatrix} \tag{4.42}$$

$\boldsymbol{T}$ 为两组坐标轴之间 3×3 的方向余弦矩阵，而且坐标转换矩阵总是正交矩阵，

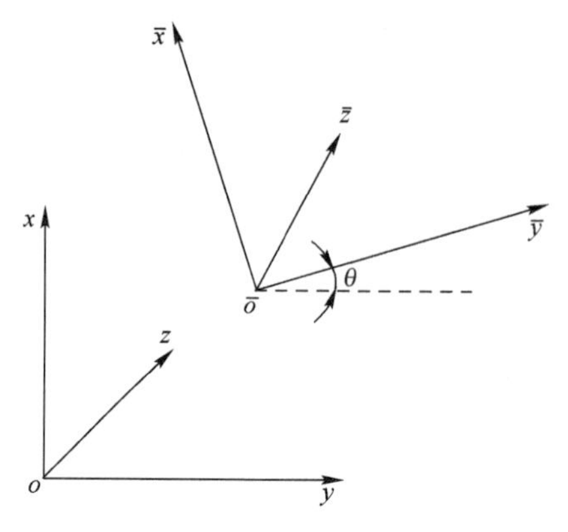

图 4.6　局部和整体坐标系

即有 $\boldsymbol{T}^{-1}=\boldsymbol{T}'$。见图 4.4，得知每个单元所占角度为 1/3 扇区，即(10/3)°，所以有 1、4、7 单元和 2、5、8、10、11 单元及 3、6、9 单元所对应的方向余弦矩阵依次为 $\boldsymbol{T}_1$、$\boldsymbol{T}_2$、$\boldsymbol{T}_3$，进而得到相应的坐标转换矩阵，即

$$\boldsymbol{T}_1=\begin{bmatrix}\sin(p_i/54) & \cos(p_i/54) & 0\\ \cos(p_i/54) & -\sin(p_i/54) & 0\\ 0 & 0 & 1\end{bmatrix},\quad \boldsymbol{\Lambda}_1=\begin{bmatrix}\boldsymbol{T}_1 & & & \\ & \boldsymbol{T}_1 & & \\ & & \ddots & \\ & & & \boldsymbol{T}_1\end{bmatrix}_{24\times 24} \tag{4.43}$$

$$\boldsymbol{T}_2=\begin{bmatrix}1 & 0 & 0\\ 0 & 1 & 0\\ 0 & 0 & 1\end{bmatrix},\quad \boldsymbol{\Lambda}_2=\begin{bmatrix}\boldsymbol{T}_2 & & & \\ & \boldsymbol{T}_2 & & \\ & & \ddots & \\ & & & \boldsymbol{T}_2\end{bmatrix}_{24\times 24} \tag{4.44}$$

$$\boldsymbol{T}_3=\begin{bmatrix}-\sin(p_i/54) & \cos(p_i/54) & 0\\ \cos(p_i/54) & \sin(p_i/54) & 0\\ 0 & 0 & 1\end{bmatrix},\quad \boldsymbol{\Lambda}_3=\begin{bmatrix}\boldsymbol{T}_3 & & & \\ & \boldsymbol{T}_3 & & \\ & & \ddots & \\ & & & \boldsymbol{T}_3\end{bmatrix}_{24\times 24} \tag{4.45}$$

针对本书需要，整体系统与局部系统之间的关系为

$$\begin{bmatrix}\bar{x}\\ \bar{y}\\ \bar{z}\end{bmatrix}=\boldsymbol{T}\begin{bmatrix}x-x_0\\ y-y_0\\ z-z_0\end{bmatrix} \tag{4.46}$$

式中：x_0、y_0、z_0 为整体坐标系的原点到局部坐标系原点的距离。

4.4 模 群 法

本节采用群论算法与Benfield–Hruda的约束加载模态综合技术相结合的模群法来分析叶盘系统耦合振动(图4.7)。

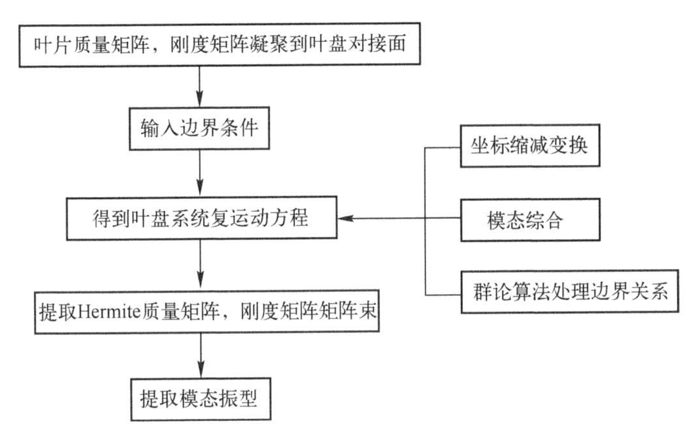

图4.7 叶盘系统耦合振动分析流程图

模群法的基本思想[2]是:由群论转换所确定的计算区域可取为一条叶片及与其响应的轮盘上角度为$2\pi/N$的扇形区域,即重复扇形区域,再将该区域划分成两个子结构,一个主体子结构,一个分枝子结构。对于主体子结构,用自由界面对接加载主模态来描述,即考虑分枝子结构对主体子结构惯性与弹性对接加载的影响;对于分枝子结构,则按固定界面的模态综合法将内部位移视为随同界面的牵连运动和相对于固定界面的相对运动的叠加。然后,利用界面位移谐调条件,将主体子结构与分枝子结构综合成一个整体,从而得到用广义坐标表达的系统缩减方程。

4.4.1 循环对称

叶盘结构是典型的循环对称结构。循环对称结构,就是结构绕其轴每旋转一个角度α,结构(包括材料常数)与旋转前完全相同,符合这一条件的最小旋转角α为循环周期,且该结构具有很好的几何和力学对称性。这里$N=2\pi/\alpha$是一个整数,也是循环对称的阶数。

群论算法是循环对称结构振动分析的三种主要方法之一。带有N条叶片的叶盘系统,若N条叶片完全相同,即几何、材料及固有振动频率均相同,则该叶盘系统就是一个N阶循环对称结构。从群论的角度讲,N阶循环对称结构是关于C_N群的对称，故 N 阶循环对称结构也称为 C_N 结构。

4.4.2 叶盘系统循环对称结构运动方程

本小节要利用块循环矩阵的性质，把整体系统的运动方程约化为较低阶的复特征方程，并转化为实特征方程，从而使复特征方程与变换后的实特征方程等价，进而利用实对称矩阵特征值求解软件进行求解。

由循环对称结构的性质可以推知，循环对称结构相邻扇区的节点位移之间具有相同的传递矩阵 $\boldsymbol{T}$，且满足

$$\boldsymbol{\delta}_{k+1}=\boldsymbol{T}\boldsymbol{\delta}_k \quad (k=1,2,\cdots,N) \tag{4.47}$$

所以，位移 ${}^{(d)}\boldsymbol{\delta}_t$ 和 ${}^{(b)}\boldsymbol{\delta}_{t'}$ 并不独立，若将位移看作复数，则它们之间有关系

$${}^{(b)}\boldsymbol{\delta}_{t'}={}^{(b)}\boldsymbol{\delta}_t\mathrm{e}^{\mathrm{i}ra} \tag{4.48}$$

或

$$\boldsymbol{p}_{t'}=\boldsymbol{p}_t\mathrm{e}^{\mathrm{i}ra} \tag{4.49}$$

式中：$\mathrm{i}=\sqrt{-1}$ 为纯虚量单位；r 为节径数，$r=0,1,\cdots,N/2$；$a=2\pi/N$ 为回转周期，N 为叶片总数，即循环对称的阶数。

由上述可导出总体变换为

$$\boldsymbol{q}=\begin{bmatrix}\xi_m\\ \eta_k\\ P_t\\ P_{t'}\end{bmatrix}=\begin{bmatrix}I_{mm} & 0 & 0\\ 0 & I_{kk} & 0\\ 0 & 0 & I_{tt}\\ 0 & 0 & I_{tt}\mathrm{e}^{\mathrm{i}ra}\end{bmatrix}\begin{bmatrix}\xi_m\\ \eta_k\\ P_t\end{bmatrix}=\boldsymbol{H}_r\boldsymbol{\xi}_r \tag{4.50}$$

由功能不变原理得到叶盘系统在 ξ_r 坐标下的质量矩阵和刚度矩阵

$$\boldsymbol{M}_r=\boldsymbol{H}_r{}^*\boldsymbol{\mu}_r\boldsymbol{H}_r=\begin{bmatrix}I_{mm} & \mu_{mk} & \mu_{mt}+\mathrm{e}^{\mathrm{i}ra}\mu_{mt'}\\ & I_{kk} & \mu_{kt}+\mathrm{e}^{\mathrm{i}ra}\mu_{kt'}\\ \text{对称} & & {}^{(d)}\overline{m}_{tt}+{}^{(d)}\overline{m}_{t't'}+\mathrm{e}^{-\mathrm{i}ra}\,{}^{(d)}\overline{m}_{t't}+\mathrm{e}^{\mathrm{i}ra}\,{}^{(d)}\overline{m}_{tt'}\end{bmatrix} \tag{4.51}$$

$$\boldsymbol{K}_r=\boldsymbol{H}_r{}^*\boldsymbol{k}_r\boldsymbol{H}_r=\begin{bmatrix}{}^{(d)}\Lambda_{mm} & 0 & 0\\ 0 & {}^{(b)}\Lambda_{kk} & 0\\ 0 & 0 & {}^{(d)}\overline{k}_{tt}+{}^{(d)}\overline{k}_{t't'}+\mathrm{e}^{-\mathrm{i}ra}\,{}^{(d)}\overline{k}_{t't}+\mathrm{e}^{\mathrm{i}ra}\,{}^{(d)}\overline{k}_{tt'}\end{bmatrix} \tag{4.52}$$

它们是 Hermite 矩阵。

于是得到叶盘系统复运动方程

$$\boldsymbol{M}_r\ddot{\boldsymbol{\xi}}+\boldsymbol{K}_r\boldsymbol{\xi}=0 \tag{4.53}$$

4.4.3 特征值问题的约化

为了提取 Hermite 矩阵束($\boldsymbol{M}_r$、$\boldsymbol{K}_r$)的特征对,把它们的实部和虚部分开写成 $\boldsymbol{M}_r^{\mathrm{Re}}$、$\boldsymbol{K}_r^{\mathrm{Re}}$和 $\boldsymbol{M}_r^{\mathrm{Im}}$、$\boldsymbol{K}_r^{\mathrm{Im}}$,即

$$\boldsymbol{M}_r^{\mathrm{Re}}=\begin{bmatrix} {}^{(d)}\boldsymbol{I}_{mm} & \boldsymbol{\mu}_{mk} & \boldsymbol{\mu}_{mt}+\boldsymbol{\mu}_{mt'}\cos(r\alpha) \\ & {}^{(b)}\boldsymbol{I}_{kk} & \boldsymbol{\mu}_{kt}+\boldsymbol{\mu}_{kt'}\cos(r\alpha) \\ \text{对称} & & {}^{(d)}\overline{m}_{tt}+{}^{(d)}\overline{m}_{t't'}+({}^{(d)}\overline{m}_{t't}+{}^{(d)}\overline{m}_{tt'})\cos(r\alpha) \end{bmatrix} \tag{4.54}$$

$$\boldsymbol{M}_r^{\mathrm{Im}}=\begin{bmatrix} 0 & 0 & \boldsymbol{\mu}_{mt'} \\ 0 & 0 & \boldsymbol{\mu}_{kt'} \\ -\boldsymbol{\mu}_{t'm} & -\boldsymbol{\mu}_{t'k} & {}^{(d)}\overline{m}_{tt'}-{}^{(d)}\overline{m}_{t't} \end{bmatrix}\sin(r\alpha) \tag{4.55}$$

$$\boldsymbol{M}_r^{\mathrm{Im}}=\begin{bmatrix} {}^{(d)}\boldsymbol{\Lambda}_{mm} & 0 & 0 \\ 0 & {}^{(d)}\boldsymbol{I}_{kk} & 0 \\ 0 & 0 & {}^{(d)}\overline{k}_{tt}+{}^{(d)}\overline{k}_{t't'}+({}^{(d)}\overline{k}_{t't}+{}^{(d)}\overline{k}_{tt'})\cos(r\alpha) \end{bmatrix} \tag{4.56}$$

$$\boldsymbol{K}_r^{\mathrm{Im}}=\begin{bmatrix} 0 & 0 & 0 \\ 0 & 0 & 0 \\ 0 & 0 & {}^{(d)}\overline{k}_{tt'}-{}^{(d)}\overline{k}_{t't} \end{bmatrix}\sin(r\alpha) \tag{4.57}$$

这里取 $m=k=6$,即取前6个特征值及其所对应的特征向量,以减少计算规模。且有 $\boldsymbol{\mu}_{mt'}=\boldsymbol{\mu}_{t'm}^{\mathrm{T}}$,$\boldsymbol{\mu}_{kt'}=\boldsymbol{\mu}_{t'k}^{\mathrm{T}}$,${}^{(d)}\overline{\boldsymbol{m}}_{tt'}={}^{(d)}\overline{\boldsymbol{m}}_{t't}^{\mathrm{T}}$,${}^{(d)}\overline{\boldsymbol{k}}_{t't}={}^{(d)}\overline{\boldsymbol{k}}_{tt'}^{\mathrm{T}}$。

由块循环矩阵性质,令 $\boldsymbol{\xi}_r=\overline{\boldsymbol{\xi}}_r\mathrm{e}^{ir\alpha}$,并代入式(4.53),得到

$$(\boldsymbol{K}_r-\lambda_r\boldsymbol{M}_r)\overline{\boldsymbol{\xi}}_r=0 \tag{4.58}$$

复特征向量也分成实部和虚部

$$\overline{\boldsymbol{\xi}}_r=\overline{\boldsymbol{\xi}}_r^{\mathrm{Re}}+\mathrm{i}\,\overline{\boldsymbol{\xi}}_r^{\mathrm{Im}} \tag{4.59}$$

将式(4.58)展开,得到 $2n$ 阶实特征方程

$$\begin{bmatrix} K_r^{\mathrm{Re}} & -K_r^{\mathrm{Im}} \\ K_r^{\mathrm{Im}} & K_r^{\mathrm{Re}} \end{bmatrix}\begin{bmatrix} \overline{\xi}_r^{\mathrm{Re}} \\ \overline{\xi}_r^{\mathrm{Im}} \end{bmatrix}=\lambda_r\begin{bmatrix} M_r^{\mathrm{Re}} & -M_r^{\mathrm{Im}} \\ M_r^{\mathrm{Im}} & M_r^{\mathrm{Re}} \end{bmatrix}\begin{bmatrix} \overline{\xi}_r^{\mathrm{Re}} \\ \overline{\xi}_r^{\mathrm{Im}} \end{bmatrix} \tag{4.60}$$

$$r=1,2,\cdots,N_{\mathrm{f}};N_{\mathrm{f}}=\begin{cases} N/2-1 & (\text{当 } N \text{ 为偶数时}) \\ (N-1)/2 & (\text{当 } N \text{ 为奇数时}) \end{cases}$$

当 $r=0,N/2$(N 为偶数)时,式(4.58)退化为实特征问题

$$\begin{cases} \boldsymbol{K}_0\overline{\boldsymbol{\xi}}_0=\lambda_0\boldsymbol{M}_0\overline{\boldsymbol{\xi}}_0 \\ \boldsymbol{K}_{N/2}\overline{\boldsymbol{\xi}}_{N/2}=\lambda_{N/2}\boldsymbol{M}_{N/2}\overline{\boldsymbol{\xi}}_{N/2} \end{cases} \tag{4.61}$$

本书涉及的振动基本物理参数主要有振动频率和模态振型。振动频率是振动系统每秒振动的次数,单位为赫兹(Hz)。各类振动均有其相应的各阶振动频率,

振动阶次越高,振动频率值越大。叶轮机转子各组件的固有频率包括旋转态固有频率与非旋转态固有频率。其中后者仅取决于构件的材料特性、集合特性及边界条件,与外界因素无关。也就是组件结构材料确定,其非旋转态下的固有频率也相应确定。由于转子各组件均为连续弹性体,故有多阶固有振动频率。

对于每一个 r,实特征值问题式(4.60)的 $2n$ 个特征值是 n 个二重根,与每一个重根 λ_r 相关联的特征向量分别张成彼此正交的二维特征子空间,即有两个彼此正交的模态。

$$\bar{\boldsymbol{\xi}}_r^{(1)}=\begin{bmatrix}\mathrm{Re}\,\bar{\boldsymbol{\xi}}_{r_j}\\ \mathrm{Im}\,\bar{\boldsymbol{\xi}}_{r_j}\end{bmatrix},\bar{\boldsymbol{\xi}}_r^{(2)}=\begin{bmatrix}0 & I_n\\ -I_n & 0\end{bmatrix}\bar{\boldsymbol{\xi}}_r^{(1)}=\begin{bmatrix}\mathrm{Im}\,\bar{\boldsymbol{\xi}}_{r_j}\\ -\mathrm{Re}\,\bar{\boldsymbol{\xi}}_{r_j}\end{bmatrix} \tag{4.62}$$

且满足

$$\bar{\boldsymbol{\xi}}_r^{(1)\mathrm{T}}\bar{\boldsymbol{\xi}}_r^{(2)}=\bar{\boldsymbol{\xi}}_r^{(2)\mathrm{T}}\bar{\boldsymbol{\xi}}_r^{(1)}=0 \tag{4.63}$$

及

$$\bar{\boldsymbol{\xi}}_r^{(1)\mathrm{T}}\boldsymbol{K}_r\bar{\boldsymbol{\xi}}_r^{(2)}=\bar{\boldsymbol{\xi}}_r^{(2)\mathrm{T}}\boldsymbol{M}_r\bar{\boldsymbol{\xi}}_r^{(1)}=0 \tag{4.64}$$

4.4.4 综合运动方程的求解与回代

求解特征方程式(4.58)并将结果代入式(4.59)中,得到

$$\lambda_{r_j}=\mathrm{i}\omega_{r_j}$$

$$\bar{\boldsymbol{\xi}}_{r_j}^{(1)}=\mathrm{Re}\,\bar{\boldsymbol{\xi}}_{r_j}+\mathrm{iIm}\,\bar{\boldsymbol{\xi}}_{r_j}=\mathrm{Re}\begin{bmatrix}\xi_{m_{r_j}}\\ \eta_{k_{r_j}}\\ p_{t_{r_j}}\end{bmatrix}+\mathrm{iIm}\begin{bmatrix}\xi_{m_{r_j}}\\ \eta_{k_{r_j}}\\ p_{t_{r_j}}\end{bmatrix} \tag{4.65}$$

$$\bar{\boldsymbol{\xi}}_{r_j}^{(2)}=\mathrm{Im}\,\bar{\boldsymbol{\xi}}_{r_j}+\mathrm{iRe}\,\bar{\boldsymbol{\xi}}_{r_j}=\mathrm{Im}\begin{bmatrix}\xi_{m_{r_j}}\\ \eta_{k_{r_j}}\\ p_{t_{r_j}}\end{bmatrix}-\mathrm{iRe}\begin{bmatrix}\xi_{m_{r_j}}\\ \eta_{k_{r_j}}\\ p_{t_{r_j}}\end{bmatrix} \tag{4.66}$$

式中:$j=1,2,\cdots,n$(n 为基本扇区的自由度数)。

记

$$\boldsymbol{X}_r=[\bar{\xi}_{r_1}^{(1)}\bar{\xi}_{r_1}^{(2)}\bar{\xi}_{r_2}^{(1)}\bar{\xi}_{r_2}^{(2)}\cdots\bar{\xi}_{r_n}^{(1)}\bar{\xi}_{r_n}^{(2)}] \tag{4.67}$$

式中:$\bar{\xi}_{r_j}^{(i)}$ 按特征值由小到大的次序排列。

振型是指振动系统以某阶频率振动时,其系统中各点振动位移的相对关系,它与相应的频率同属振动属性。振动过程中系统中各点距平衡位置的最大距离为振幅。

4.5 循环对称分析方法分析算例

某型航空发动机叶盘系统参数如下：

盘厚同叶片厚为0.01m；扇区角度为10°；叶片数为36个；叶片长度为0.12m；轮盘内径为0.1m；轮盘外径为0.4m；轮盘及叶片密度ρ为4500kg/m^3；泊松比μ为0.3；弹性模量E为2.1×10^{11}Pa。轮盘内圈固定，轮盘与叶片固接。

先进行ANSYS建模，因为有36个叶片是相同的，所以只选取一个进行分析，然后再扩展成整体的。

取出11个单元各自的8个节点坐标，如表4.1所列。

表4.1　轮盘扇区单元与叶片单元逆时针节点坐标(x、y、z)

编号	扇区单元1			编号	扇区单元2		
1	0.09961947	−0.0087156	−0.005	1	0.0999577	−0.0029085	−0.005
2	0.0999577	−0.0029085	−0.005	2	0.0999577	0.0029085	−0.005
3	0.0999577	−0.0029085	0.005	3	0.0999577	0.0029085	0.005
4	0.0996195	−0.0087156	0.005	4	0.0999577	−0.0029085	0.005
5	0.1992389	−0.0174311	−0.005	5	0.1999154	−0.0058169	−0.005
6	0.1999154	−0.0058169	−0.005	6	0.1999154	0.0058169	−0.005
7	0.1999154	−0.0058169	0.005	7	0.1999154	0.0058169	0.005
8	0.1992389	−0.0174311	0.005	8	0.1999154	−0.0058169	0.005
编号	扇区单元3			编号	扇区单元4		
1	0.0999577	0.0029085	−0.005	1	0.1992389	−0.0174311	−0.005
2	0.0996195	0.0087156	−0.005	2	0.1999154	−0.0058169	−0.005
3	0.0996195	0.0087156	0.005	3	0.1999154	−0.0058169	0.005
4	0.0999577	0.0029085	0.005	4	0.1992389	−0.0174311	0.005
5	0.1999154	0.0058169	−0.005	5	0.2988584	−0.0261467	−0.005
6	0.1992389	0.0174311	−0.005	6	0.2998731	−0.0087254	−0.005
7	0.1992389	0.0174311	0.005	7	0.2998731	−0.0087254	0.005
8	0.1999154	0.0058169	0.005	8	0.2988584	−0.0261467	0.005
编号	扇区单元5			编号	扇区单元6		
1	0.1999154	−0.0058169	−0.005	1	0.1999154	0.0058169	−0.005
2	0.1999154	0.0058169	−0.005	2	0.1992389	0.0174311	−0.005
3	0.1999154	0.0058169	0.005	3	0.1992389	0.0174311	0.005

续表

编号	扇区单元 5			编号	扇区单元 6		
4	0. 1999154	−0. 0058169	0. 005	4	0. 1999154	0. 0058169	0. 005
5	0. 2998731	−0. 0087254	−0. 005	5	0. 2998731	0. 0087254	−0. 005
6	0. 2998731	0. 0087254	−0. 005	6	0. 2988584	0. 0261467	−0. 005
7	0. 2998731	0. 0087254	0. 005	7	0. 2988584	0. 0261467	0. 005
8	0. 2998731	−0. 0087254	0. 005	8	0. 2998731	0. 0087254	0. 005
编号	扇区单元 7			编号	扇区单元 8		
1	0. 2988584	−0. 0261467	−0. 005	1	0. 2998731	−0. 0087254	−0. 005
2	0. 2998731	−0. 0087254	−0. 005	2	0. 2998731	0. 0087254	−0. 005
3	0. 2998731	−0. 0087254	0. 005	3	0. 2998731	0. 0087254	0. 005
4	0. 2988584	−0. 0261467	0. 005	4	0. 2998731	−0. 0087254	0. 005
5	0. 3984779	−0. 0348623	−0. 005	5	0. 3998308	−0. 0116339	−0. 005
6	0. 3998308	−0. 0116339	−0. 005	6	0. 3998308	0. 0116339	−0. 005
7	0. 3998308	−0. 0116339	0. 005	7	0. 3998308	0. 0116339	0. 005
8	0. 3984779	−0. 0348623	0. 005	8	0. 3998308	−0. 0116339	0. 005
编号	扇区单元 9			编号	扇区单元 9		
1	0. 2998731	0. 0087254	−0. 005	5	0. 3998308	0. 0116339	−0. 005
2	0. 2988584	0. 0261467	−0. 005	6	0. 3984779	0. 0348623	−0. 005
3	0. 2988584	0. 0261467	0. 005	7	0. 3984779	0. 0348623	0. 005
4	0. 2998731	0. 0087254	0. 005	8	0. 3998308	0. 0116339	0. 005
编号	叶片单元 10			编号	叶片单元 11		
1	0. 3998308	−0. 0116339	−0. 005	1	0. 4598308	−0. 0116339	−0. 005
2	0. 3998308	0. 0116339	−0. 005	2	0. 4598308	0. 0116339	−0. 005
3	0. 3998308	0. 0116339	0. 005	3	0. 4598308	0. 0116339	0. 005
4	0. 3998308	−0. 0116339	0. 005	4	0. 4598308	−0. 0116339	0. 005
5	0. 4598308	−0. 0116339	−0. 005	5	0. 5198308	−0. 0116339	−0. 005
6	0. 4598308	0. 0116339	−0. 005	6	0. 5198308	0. 0116339	−0. 005
7	0. 4598308	0. 0116339	0. 005	7	0. 5198308	0. 0116339	0. 005
8	0. 4598308	−0. 0116339	0. 005	8	0. 5198308	−0. 0116339	0. 005

在装配成整体矩阵前还要调整节点在矩阵中的位置，以使节点装配顺序一致，调整见表 4. 2。

表4.2　整体矩阵装配前的各单元节点编号调整

轮盘扇区节点编号								
调整前	1	2	3	4	5	6	7	8
调整后	1	4	2	3	5	6	7	8
调整前	9	10	11	12	13	14	15	16
调整后	9	12	10	11	13	14	15	16
调整前	17	18	19	20	21	22	23	24
调整后	17	20	18	19	21	22	23	24
叶片节点编号								
调整前	18	21	22	19	25	26	27	28
调整后	18	19	21	22	25	28	26	27
调整前	29	30	31	32				
调整后	29	32	30	31				

轮盘扇区整体质量矩阵形同整体刚度矩阵，单个叶片整体刚度矩阵和整体质量矩阵也有相同的非零元素分布，但是不同于轮盘扇区。

轮盘扇区整体刚度矩阵非零元素分布图如图4.8所示。

类似地，可以得到轮盘扇区整体质量矩阵非零元素分布，如图4.9所示。

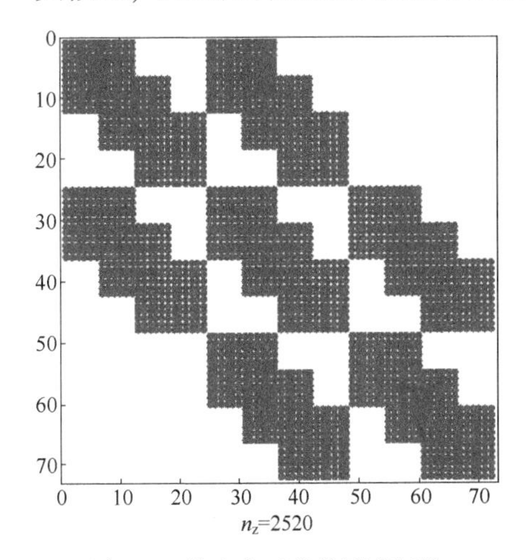

图4.8　轮盘扇区整体刚度矩阵非零元素分布

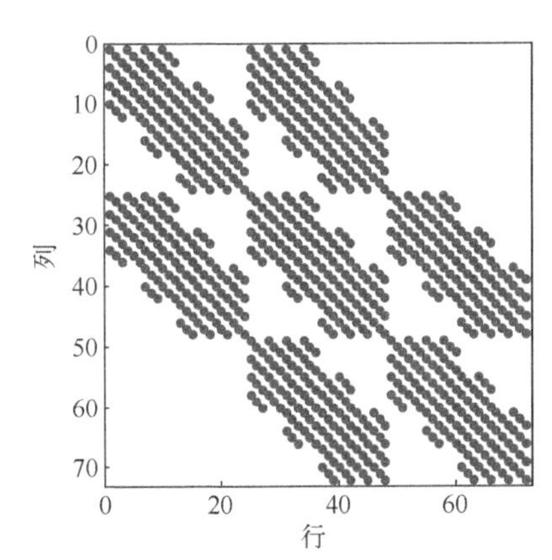

图4.9　轮盘扇区整体质量矩阵非零元素分布

单个叶片的刚度矩阵和质量矩阵非零元素分布如图4.10和图4.11所示。

但是这样得出的轮盘和叶片子结构的质量矩阵和刚度矩阵与下文的扇区质量和刚度矩阵的边界、内部和对接、非对接面节点分布要求仍有差距，如各单元在整体矩阵中的分布和各节点的排列顺序，所以要进一步调整节点编号顺序，如表 4.3 所列。

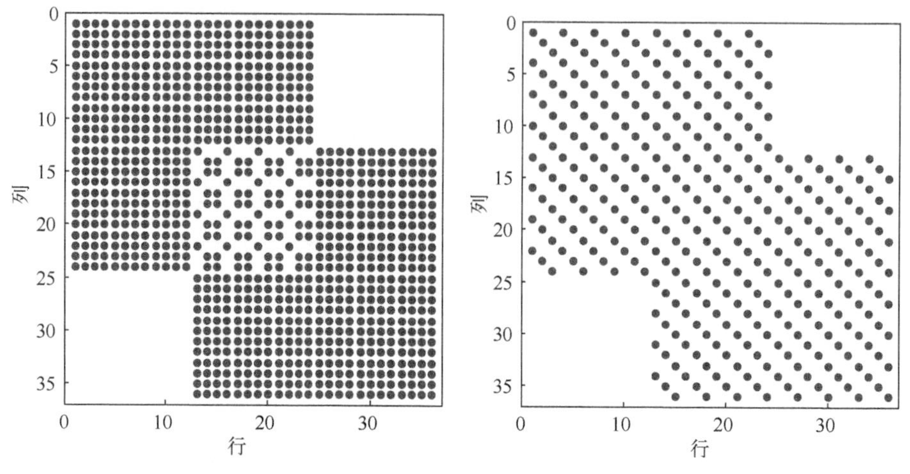

图 4.10 单个叶片整体刚度矩阵　　　图 4.11 单个叶片整体质量矩阵

表 4.3 按基本扇区边界-内部-边界的次序调整节点在矩阵中的位置

轮盘扇区节点编号								
调整前	1	4	2	3	5	6	7	8
调整后	1	4	9	12	17	20	2	3
调整前	9	12	10	11	13	14	15	16
调整后	5	6	10	11	13	14	18	19
调整前	17	20	18	19	21	22	23	24
调整后	21	22	7	8	15	16	23	24
叶片节点编号								
调整前	18	19	21	22	25	28	26	27
调整后	29	32	30	31	25	28	26	27
调整前	29	32	30	31				
调整后	18	19	21	22				

得到调整后矩阵如图 4.12 所示。

由图 4.12(a)、(b)可以看出，节点在矩阵内的分布严格按照由扇区一端波传播面节点开始，经过所有内节点和与叶片对接界面节点，最后以另一端波传播面上节点结束。而叶片质量矩阵，刚度矩阵则变化为以非对接界面节点开始，经过叶片内部固定界面，最终以界面节点结束。这样调整后，就可以顺利开展以下的工作了。

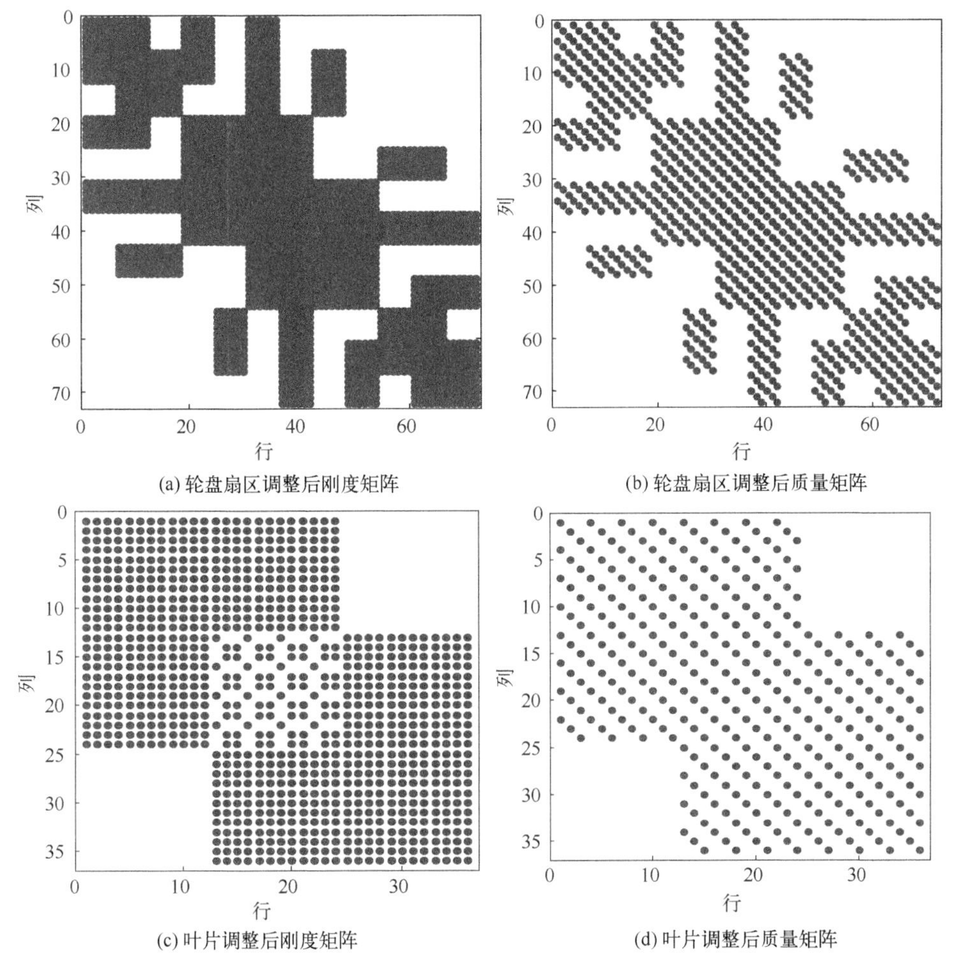

(a) 轮盘扇区调整后刚度矩阵　(b) 轮盘扇区调整后质量矩阵

(c) 叶片调整后刚度矩阵　(d) 叶片调整后质量矩阵

图4.12　调整后的刚度矩阵和质量矩阵

不同节径数下的相同阶次的模态是具有共同振动特征的模态族。叶盘系统的模态可通过对系统实特征方程式(4.60)进行求解获得。系统每一节径的前3阶固有频率列于表4.4中。

表4.4　叶盘系统固有频率　(Hz)

节　径	阶　序	数　值　解	ANSYS结果	误　差
0	1	88.54	89.678	1.27%
	2	510.76	513.00	0.43%
	3	959.87	968.06	0.85%

续表

节径	阶序	数值解	ANSYS结果	误差
1	1	86.33	87.210	1.01%
	2	531.21	534.50	0.43%
	3	1534.2	1539.6	0.44%
2	1	310.246	109.96	0.35%
	2	597.07	601.06	0.66%
	3	1628.6	1633.7	0.31%
3	1	182.34	184.71	1.28%
	2	708.67	712.96	0.60%
	3	1660.95	1656.4	0.28%
4	1	283.2	286.18	1.04%
	2	859.40	865.18	0.67%
	3	1652.45	1659.6	0.43%
5	1	385.32	389.43	1.06%
	2	1049.3	1055.7	0.61%
	3	1654.8	1661.4	0.40%
6	1	474.4	479.64	1.09%
	2	1282.4	1289.6	0.56%
	3	1652.2	1662.6	0.63%
7	1	546.54	551.26	0.87%
	2	1564.5	1572.9	0.53%
	3	1652.9	1663.4	0.63%
8	1	595.2	605.33	1.67%
	2	1656.5	1663.9	0.44%
	3	1898.87	1907.1	0.43%
9	1	652.4	645.39	1.08%
	2	1656.4	1664.3	0.47%
	3	2282.4	2290.5	0.35%
10	1	669.43	674.95	0.82%
	2	1657.9	1664.6	0.40%
	3	2706.1	2719.5	0.49%

续表

节　径	阶　序	数　值　解	ANSYS 结果	误　差
11	1	689. 32	696. 76	1. 07%
	2	1656. 7	1664. 7	0. 48%
	3	3179. 7	3188. 7	0. 28%
12	1	704. 9	712. 84	1. 11%
	2	1654. 8	1664. 9	0. 61%
	3	3680. 8	3689. 6	0. 23%

比较利用 MATLAB 软件编程得出的数值解和 ANSYS 软件计算结果，编程结果与 ANSYS 结果的误差不高于 2%，所以数值解与 ANSYS 吻合较好。表 4. 4 中 0 和 6 节径都为节圆运动，从数值上可以看出，节圆运动并不是都出现在每个模态族的第一和最后位置，所以出现频率值虽呈递增态势，但是节径和节圆运动没有一个统一的分布规律。

以上为 36 叶片得出的每一节径的前 3 阶固有频率，将 12 叶片的结果也列出，如表 4. 5 所列。

表 4. 5　叶盘系统固有频率　(Hz)

节　径	阶　序	数　值　解	ANSYS 结果	误　差
0	1	98. 256	95. 155	3. 21%
	2	559. 274	550. 670	1. 54%
	3	1551. 623	1542. 80	0. 57%
1	1	93. 785	91. 093	2. 90%
	2	569. 441	562. 010	1. 31%
	3	1591. 872	1584. 80	0. 44%
2	1	124. 320	121. 140	2. 64%
	2	655. 896	648. 070	1. 19%
	3	1712. 23	1705. 90	0. 37%
3	1	230. 952	225. 620	2. 33%
	2	786. 635	778. 510	1. 04%
	3	1720. 243	1716. 30	0. 23%
4	1	378. 810	371. 590	1. 94%
	2	949. 216	940. 590	0. 89%
	3	1734. 546	1708. 528	0. 15%

续表

节　径	阶　　序	数　值　解	ANSYS 结果	误　　差
5	1	508. 942	500. 760	1. 62%
	2	1170. 385	1161. 40	0. 74%
	3	2079. 457	2077. 30	0. 10%
6	1	539. 434	532. 730	1. 26%
	2	1031. 990	1025. 70	0. 60%
	3	2324. 28	2323. 30	0. 04%

对比 36 叶片和 12 叶片的运算过程和结果,可以得出:运算过程中,由于叶片数不同,即循环对称的阶数不同,所得到的节径数不同,回转周期不同。最后得出的运算结果中,每一节径所对应的固有频率中,在前 4 个节径中,36 叶片的叶盘的固有频率明显小于 12 叶片所对应的固有频率,频率值都处于上升趋势,但 36 叶片的频率值上升稳定,每一节径不会相差太大。对于 36 叶片的叶盘,达到第 2 节径时,固有频率又出现变小,甚至比 0 节径时更低,因此,对于节径和节圆运动没有一个统一的分布规律,这一点与 12 叶片的振动分析时是一致的。

参考文献

[1] 张锦,刘晓平. 叶轮机振动模态分析理论及数值方法[M]. 北京:国防工业出版社,2001.

[2] GUYAN R J. Reduction of stiffness and mass matrices[J]. AIAA J. Fed,1965(3):380.

[3] Irons B M. Structural eigenvalue problems:flimination of unwanted variables[J]. AIAA Journal, 1965(3):961-962.

[4] PAZ MARIO. Dynamic condensation[J]. AIAA J. May,1984,22(5):724-727.

[5] 袁惠群. 转子动力学基础[M]. 北京: 冶金工业出版社, 2013.

[6] 袁惠群. 转子动力学分析方法[M]. 北京: 冶金工业出版社, 2017.

[7] 袁惠群. 复杂转子系统的矩阵分析方法[M]. 沈阳: 辽宁科学技术出版社, 2014.

第5章

失谐参数的识别方法

对于失谐叶盘系统来说,失谐参数的正确识别是失谐叶盘系统进行动力学特性分析的关键。叶片的失谐按照失谐参数可以分为质量失谐、阻尼失谐和刚度失谐,由失谐导致的几何、材料等结构参数与谐调时的小量偏差都精确获知并非必须,也是不可能的,而在所研究的范围可有效描述和模拟失谐结构系统的动力特性,达到精度要求才是最终目的。

5.1 公称模态子集识别方法

公称模态子集识别(subse of nominal modes,SNM)识别方法是由Kim和Griffin[1-2]提出的一种基于失谐叶盘有限元减缩建模方法-SNM法进行失谐参数识别的方法。该方法只需要较少的谐调叶盘的有限元分析的模态参数就可以进行失谐叶盘失谐参数的识别。

5.1.1 结构域到模态域的转换

当失谐叶盘在流体中以固定的速度旋转,假设在谐波激励的稳态响应下的运动方程为

$$[\boldsymbol{K}^0+\Delta\boldsymbol{K}+\mathrm{i}\omega(\boldsymbol{C}+\boldsymbol{G})-\omega^2(\boldsymbol{M}^0+\Delta\boldsymbol{M})]\boldsymbol{u}=f_{\mathrm{e}}+f_{\mathrm{m}} \tag{5.1}$$

式中:$\boldsymbol{K}^0$、$\boldsymbol{M}^0$、$\Delta\boldsymbol{K}$、$\Delta\boldsymbol{M}$、$\boldsymbol{C}$、$\boldsymbol{G}$、$\boldsymbol{u}$、ω、f_{e}、f_{m}分别为谐调叶盘刚度矩阵、谐调叶盘质量矩阵、失谐叶盘刚度矩阵、失谐叶盘质量矩阵、阻尼矩阵、陀螺矩阵、振动幅值、激励频率、激励力和气弹力。

广义系统的模态$\boldsymbol{\Phi}_j^0$和固有频率v_j^0满足

$$\boldsymbol{K}^0\boldsymbol{\Phi}^0=\boldsymbol{M}^0\boldsymbol{\Phi}^0\boldsymbol{\Lambda}^0 \tag{5.2}$$

式中:广义模态矩阵$\boldsymbol{\Phi}^0$和特征值矩阵$\boldsymbol{\Lambda}^0$为

$$\boldsymbol{\Phi}^0=[\boldsymbol{\Phi}_1^0\boldsymbol{\Phi}_2^0\cdots\boldsymbol{\Phi}_N^0] \tag{5.3}$$

$$\boldsymbol{\Lambda}^0=\mathrm{diag}(v_1^{02},v_2^{02},\cdots,v_N^{02}) \tag{5.4}$$

式中:N 为系统自由度,模态矩阵 $\boldsymbol{\Phi}^0$ 和 $\boldsymbol{\Lambda}^0$ 可通过广义系统有限元分析获得。模态矩阵 $\boldsymbol{\Phi}^0$ 可通过整体叶盘模型或扇区模型计算。

$\boldsymbol{\Phi}_j^0$ 构成一个完整的基,振幅向量 $\boldsymbol{u}$ 可以表示为广义模态的加权和,即

$$\boldsymbol{u}=\boldsymbol{\Phi}^0\boldsymbol{\alpha} \tag{5.5}$$

式中

$$\boldsymbol{\alpha}=[\alpha_1\alpha_2\cdots\alpha_N]^{\mathrm{T}} \tag{5.6}$$

用 α_j 确定第 j 个广义模态 $\boldsymbol{\Phi}_j^0$ 对响应的贡献量。此外,与运动有关的气动弹性力 f_{m} 可以写成

$$f_{\mathrm{m}}=\boldsymbol{p}^0\alpha \tag{5.7}$$

式中

$$\boldsymbol{p}^0=[p(\boldsymbol{\Phi}_1^0)p(\boldsymbol{\Phi}_2^0)\cdots p(\boldsymbol{\Phi}_N^0)] \tag{5.8}$$

式中:$\boldsymbol{p}(\boldsymbol{\Phi}_j^0)$ 为由模态 $\boldsymbol{\Phi}_j^0$ 的单位振幅振动引起的非定常气动弹性力的向量。

把式(5.5)和式(5.7)代入式(5.1),并乘以 $\boldsymbol{\Phi}^{0H}$,失谐系统的运动方程为

$$[\hat{\boldsymbol{K}}^0+\Delta\hat{\boldsymbol{K}}+\mathrm{i}\omega(\hat{\boldsymbol{C}}+\hat{\boldsymbol{G}})-\omega^2(\hat{\boldsymbol{M}}^0+\Delta\hat{\boldsymbol{M}})+\hat{Z}_{\mathrm{a}}]\alpha=\hat{f}_{\mathrm{e}} \tag{5.9}$$

式中:$\hat{\boldsymbol{K}}^0$ 和$\hat{\boldsymbol{M}}^0$ 分别为广义系统对角模态刚度矩阵和质量矩阵;$\Delta\hat{\boldsymbol{K}}$和 $\Delta\hat{\boldsymbol{M}}$分别为失谐导致的模态刚度矩阵和质量矩阵的变化,也就是失谐模态刚度矩阵和失谐模态质量矩阵,即

$$\Delta\hat{\boldsymbol{K}}=\boldsymbol{\Phi}^{0H}\Delta\boldsymbol{K}\boldsymbol{\Phi}^0 \tag{5.10}$$

$$\Delta\hat{\boldsymbol{M}}=\boldsymbol{\Phi}^{0H}\Delta\boldsymbol{M}\boldsymbol{\Phi}^0 \tag{5.11}$$

$\hat{\boldsymbol{C}}$和$\hat{\boldsymbol{G}}$分别为模态阻尼矩阵和陀螺矩阵,即

$$\hat{\boldsymbol{C}}=\boldsymbol{\Phi}^{0H}\Delta\boldsymbol{K}\boldsymbol{\Phi}^0 \tag{5.12}$$

$$\hat{\boldsymbol{G}}=\boldsymbol{\Phi}^{0H}\boldsymbol{C}\boldsymbol{\Phi}^0 \tag{5.13}$$

$\hat{\boldsymbol{Z}}_{\mathrm{a}}$ 为模态气动阻抗矩阵,有

$$\hat{\boldsymbol{Z}}_{\mathrm{a}}=-\boldsymbol{\Phi}^{0H}\boldsymbol{p}^0 \tag{5.14}$$

$\hat{f}_{\mathrm{e}}$为模态激振力,有

$$\hat{f}_{\mathrm{e}}=\boldsymbol{\Phi}^{0H}f_{\mathrm{e}} \tag{5.15}$$

加权系数向量 $\boldsymbol{\alpha}$ 决定了响应中每个广义模态的数量。假设模态气动阻抗$\hat{\boldsymbol{Z}}_{\mathrm{a}}$可以写成下面的形式:

$$\hat{\boldsymbol{Z}}_{\mathrm{a}}=\hat{\boldsymbol{K}}_{\mathrm{a}}+\mathrm{i}\omega\hat{\boldsymbol{C}}_{\mathrm{a}}-\omega^2\hat{\boldsymbol{M}}_{\mathrm{a}} \tag{5.16}$$

式中:$\hat{\boldsymbol{K}}_{\mathrm{a}}$、$\hat{\boldsymbol{C}}_{\mathrm{a}}$ 和$\hat{\boldsymbol{M}}_{\mathrm{a}}$ 分别为模态气动力刚度、阻尼和惯性力矩阵。式(5.9)可以通过

标准方法将其转换为状态空间形式来求解,即

$$(-\boldsymbol{A}+\mathrm{i}\omega\boldsymbol{B})\boldsymbol{y}=\boldsymbol{q} \tag{5.17}$$

式中

$$\boldsymbol{A}=\begin{bmatrix}\boldsymbol{0} & \boldsymbol{I}\\ -(\hat{\boldsymbol{K}}^0+\Delta\hat{\boldsymbol{K}}+\hat{\boldsymbol{K}}_\mathrm{a}) & -(\hat{\boldsymbol{C}}+\hat{\boldsymbol{G}}+\hat{\boldsymbol{C}}_\mathrm{a})\end{bmatrix} \tag{5.18}$$

$$\boldsymbol{B}=\begin{bmatrix}\boldsymbol{I} & \boldsymbol{0}\\ \boldsymbol{0} & -(\hat{\boldsymbol{M}}^0+\Delta\hat{\boldsymbol{M}}+\hat{\boldsymbol{M}}_\mathrm{a})\end{bmatrix} \tag{5.19}$$

$$\boldsymbol{y}=\begin{bmatrix}\alpha\\ \mathrm{i}\omega\alpha\end{bmatrix} \tag{5.20}$$

$$\boldsymbol{q}=\begin{bmatrix}\boldsymbol{0}\\ \hat{f}_\mathrm{e}\end{bmatrix} \tag{5.21}$$

式(5.17)是失谐系统广义模态运动方程的状态空间形式。

5.1.2　模态缩减基

至此,模态运动方程式(5.17)与原来的运动方程式(5.1)相比,在计算成本方面没有任何特别的优势,因为两者具有相同的自由度。方程式(5.17)可能更糟,因为系数矩阵 $\boldsymbol{A}$ 和 $\boldsymbol{B}$ 不是稀疏矩阵。然而,从早期的研究[2]中得知,考虑到系统性质的微小变化(即$\hat{\boldsymbol{K}}_\mathrm{a}$、$\hat{\boldsymbol{C}}_\mathrm{a}$、$\hat{\boldsymbol{M}}_\mathrm{a}$、$\hat{\boldsymbol{G}}$、$\Delta\hat{\boldsymbol{K}}$和 $\Delta\hat{\boldsymbol{M}}$),只有相邻振型的频率非常接近时,结构的振型才会发生显著的变化。在这种情况下,产生的失谐模式可以很好地近似为密集模态的线性组合。忽略具有较远固有频率的广义模态会导致与频率差成反比的误差。基于这种理解,可以仅使用广义模态的子集来估计相关的失谐模式。

假设 $\boldsymbol{\Phi}_{s+1}^0,\boldsymbol{\Phi}_{s+2}^0,\cdots,\boldsymbol{\Phi}_{s+n}^0$是要考虑的 n 个广义模态的子集。方程式(5.17)根据广义系统模态的子集,降阶的运动方程是

$$(-\boldsymbol{a}+\mathrm{i}\omega\boldsymbol{b})\boldsymbol{y}=\boldsymbol{q} \tag{5.22}$$

式中:$\boldsymbol{a}$ 和 $\boldsymbol{b}$ 分别为 $\boldsymbol{A}$ 和 $\boldsymbol{B}$ 的降阶矩阵,维数为 $2n\times2n$。n 的选择将在下面讨论。当 n 增加时,可以通过检验结果如何收敛来研究解的精度。很明显,由于该方法提供了一个精确的解决方案,当所有的公称模态都包含在表示中时,误差在极限内归零。

5.1.3　自由振动分析

对于自由振动,式(5.22)可以表示成模态特征值问题的形式

$$(-\boldsymbol{a}+\mathrm{i}v_j\boldsymbol{b})\boldsymbol{r}_j=0\quad(j=1,2,\cdots,2n) \tag{5.23}$$

式中：$\boldsymbol{v}_j$ 为第 j 个特征值；$\boldsymbol{r}_j$ 为失谐系统的关联状态空间右特征向量。方程式(5.23)可以用标准的数值程序来求解。一般来说，特征值是复杂的，即

$$v_j = v_{R,j} + \mathrm{i}v_{I,j} \tag{5.24}$$

当 $v_{I,j}>0$，第 j 个失谐模态具有正阻尼且稳定。当 $v_{I,j}<0$ 时，模态具有负阻尼，系统会发生颤振，因为瞬态响应会随着时间的增加呈指数增长。

5.1.4 强迫响应分析

假设 $v_{I,j}>0$ 为所有 $\boldsymbol{r}_j$，强迫响应问题方程式(5.22)的解可以写成状态空间特征向量 $\boldsymbol{r}_j$ 的线性组合，即

$$\boldsymbol{y} = \sum_{j=1}^{2n} \beta_j r_j \tag{5.25}$$

式中：β_j 为谐波激励引起的失谐模式 r_j 的振幅。把式(5.25)代入式(5.22)并利用模态正交性对方程组进行解耦。β_j 的一个简单表达式可以写成

$$\beta_j = \frac{\boldsymbol{I}_j^{\mathrm{T}} q}{\boldsymbol{I}_j^{\mathrm{T}} b r_j (v_j - \omega)} \mathrm{i} \tag{5.26}$$

式中：$\boldsymbol{I}_j$ 为与式(5.23)相关的特征值问题的第 j 个左特征向量，满足

$$\boldsymbol{I}_j^{\mathrm{T}}(-\boldsymbol{a}+\mathrm{i}v_j\boldsymbol{b}) = \boldsymbol{0}^{\mathrm{T}} \tag{5.27}$$

给定表达式(5.26)，对于 β_j，可以使用式(5.5)、式(5.20)和式(5.25)计算物理振幅 $\boldsymbol{u}$，即

$$\boldsymbol{u} = \boldsymbol{\Phi}^0 \boldsymbol{R}_{\mathrm{d}} \beta \tag{5.28}$$

式中

$$\boldsymbol{R}_{\mathrm{d}} = [\, r_{\mathrm{d}_1} r_{\mathrm{d}_2} \cdots r_{\mathrm{d}_{2n}} \,] \tag{5.29}$$

式中：r_{d_j}为状态空间特征向量 $\boldsymbol{r}_j$ 的位移部分。

5.1.5 公称模态子集方法分析算例

在本节中，SNM 法用于计算叶盘系统的动态响应。试验问题的几何结构被选择来表示具有低展弦比、板状叶片的结构。使用了一个粗糙的板单元模型，这样整个系统就不会有太多的自由度。这使得对整个叶片盘进行基准、有限元分析变得可能，而不太困难。

在这种情况下，“广义”系统是“调谐”的，即每个叶片、圆盘扇区是相同的，叶片频率失谐是通过改变一个叶片到另一个叶片的弹性模量来引入的。计算模态刚度矩阵变化的有效程序，在这个例子中，与运动相关的气动弹性力、陀螺力和 $\Delta\hat{\boldsymbol{M}}$ 是零。计算结果如图 5.1~图 5.5 所示。

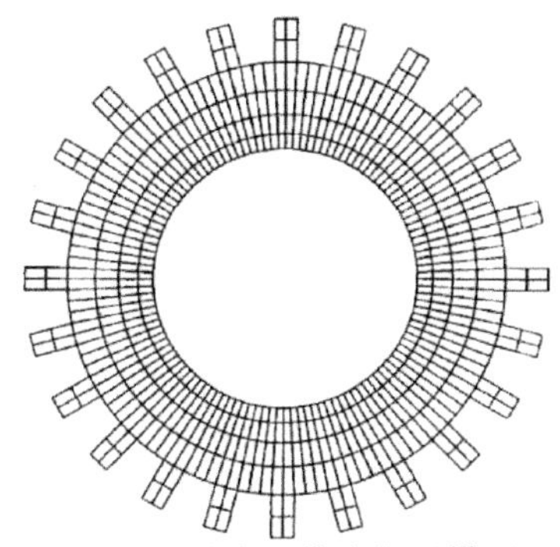

图 5.1　叶盘系统有限元模型

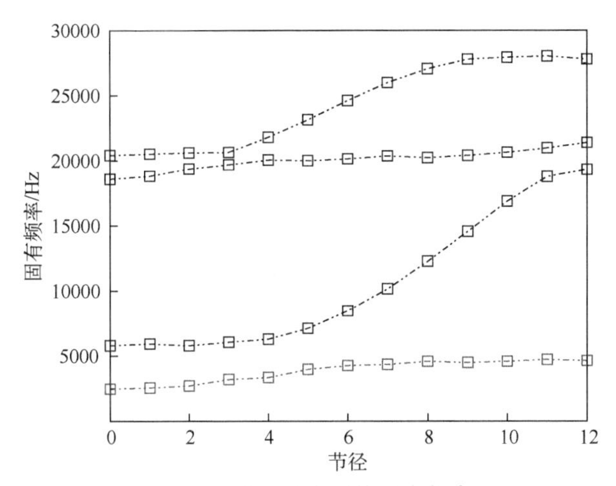

图 5.2　谐调叶盘系统固有频率

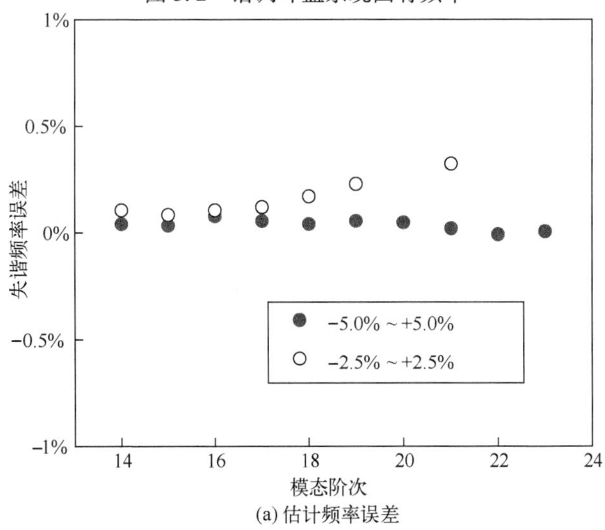

(a) 估计频率误差

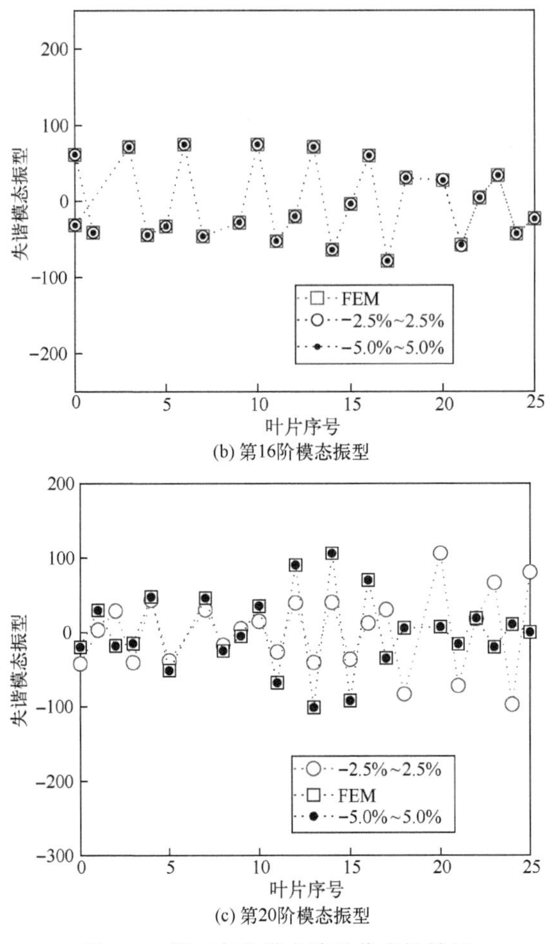

(b) 第16阶模态振型

(c) 第20阶模态振型

图 5.3　第一弯曲模态族的代表性结果

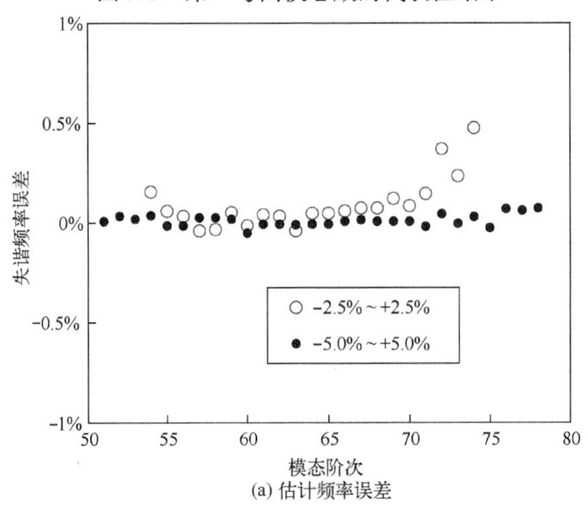

(a) 估计频率误差

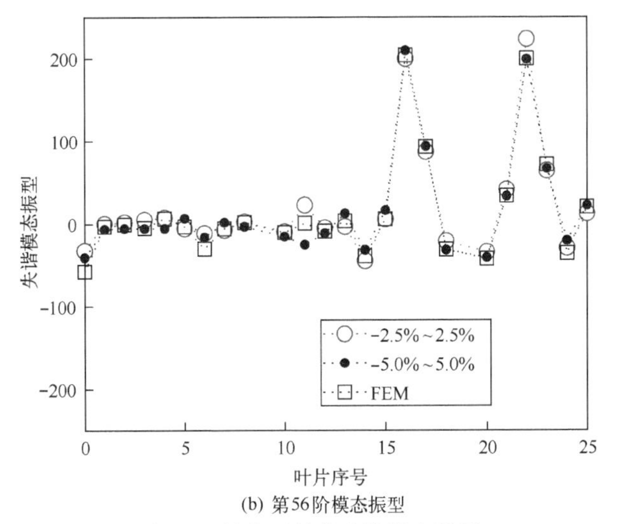

(b) 第56阶模态振型

图 5.4　转向区的代表性模态结果

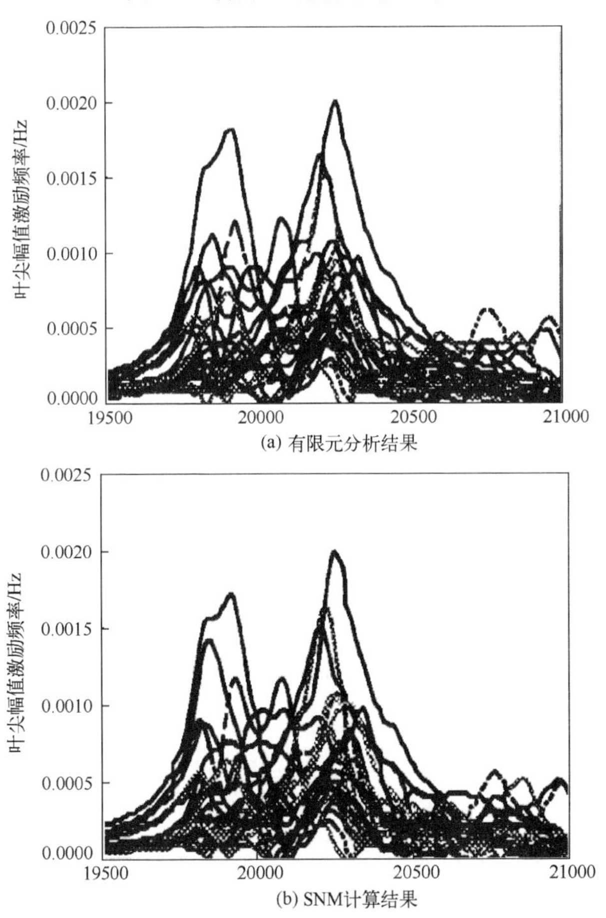

(a) 有限元分析结果

(b) SNM计算结果

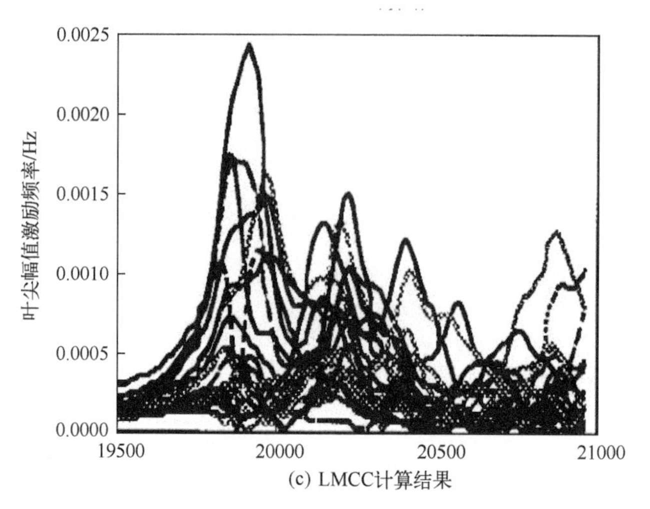

(c) LMCC计算结果

图 5.5　转向区的典型强迫响应振幅

5.2　基本失谐模型识别方法

FMM 识别方法全称基本失谐模型识别方法是从 FMM(Fundamental Mistuning Model)法基础上提出的,由 D. M. Feiner 和 J. H. Griffin[3-4] 提出,该方法是基于系统整体振动响应测量的失谐辨识方法。作为一种基于系统的方法,该方法特别适用于整体叶片转子,其叶片不能被移除以进行单独测量。该方法基于失谐降阶模型 FMM,适用于孤立模态族。FMM 识别方法有两个基本方法:一个是需要对系统特性有一定先验知识的基本方法;另一个是从实验数据中完全判断系统失谐的改进方法。本节首先介绍 FMM 法,然后对方程进行反演,得到可用于参数识别的公式。

5.2.1　基本失谐模型法

基本失谐模型法是一个高度简化的降阶模型,它可以精确地预测孤立模态族中真实叶盘的振动响应。FMM 法只需要两组输入参数来计算失谐系统的模态和固有频率:一个孤立模态族的调谐系统频率,以及每个叶盘扇区的频率偏差。

一般的模态方程是

$$(\boldsymbol{\Omega}^{\circ 2}+2\boldsymbol{\Omega}^{\circ}\overline{\boldsymbol{\Omega}}\boldsymbol{\Omega}^{\circ})\boldsymbol{\beta}_j=\omega_j^2\boldsymbol{\beta}_j \tag{5.30}$$

该方程的特征向量 $\boldsymbol{\beta}_j$ 包含将第 j 个失谐模式描述为调谐模式之和的加权因子,即

$$\phi_j = \sum_{m=0}^{N-1} \beta_{jm} \phi_m^{\circ} \tag{5.31}$$

式中：$\overrightarrow{\phi_m^{\circ}}$为模态族第 m 阶谐调模态，相应的特征值 ω_j^2 是 j 阶固有频率的平方。

特征值问题的矩阵包含两个项 $\boldsymbol{\Omega}^{\circ}$和$\overline{\boldsymbol{\Omega}}$，并且 $\boldsymbol{\Omega}^{\circ}$是调谐系统频率的对角矩阵，按其对应模式的叶片间相位角的升序排列。符号 $\boldsymbol{\Omega}^{\circ 2}$是 $\boldsymbol{\Omega}^{\circ\mathrm{T}}\boldsymbol{\Omega}^{\circ}$的简写，其结果是调谐系统频率平方的对角矩阵。矩阵$\overline{\boldsymbol{\Omega}}$包含扇区频率偏差的离散傅里叶变换（DFT）。$\overline{\boldsymbol{\Omega}}$具有形式

$$\overline{\boldsymbol{\Omega}} = \begin{bmatrix} \overline{\omega_0} & \overline{\omega_1} & \cdots & \overline{\omega_{N-1}} \\ \overline{\omega_{N-1}} & \overline{\omega_0} & \cdots & \overline{\omega_{N-2}} \\ \vdots & \vdots & & \vdots \\ \overline{\omega_1} & \overline{\omega_2} & \cdots & \overline{\omega_0} \end{bmatrix} \tag{5.32}$$

式中：$\overline{\omega_p}$是扇区频率偏差的 p 个离散傅里叶变换。注意，$\overline{\boldsymbol{\Omega}}$是一个循环矩阵，其中每列等于前一列向下旋转一行。因此，对于 N 个叶片的轮盘，它只有 N 个不同的值。

广义 FMM 的一个关键变化是，它使用了一个称为“扇区频率偏差”的新量作为每个叶片轮盘扇区失谐的度量。在最初的 FMM 公式中，失谐是通过叶片频率偏差来测量的。新的失谐措施的优点是，它不仅可以解释叶片中的失谐，还可以捕获轮盘中的失谐以及叶片连接到轮盘的方式的变化。

在没有激励的情况下考虑一个失谐的叶盘，它的运动方程的阶数是通过一个子集的名义模态方法减少的。由此得到的降阶方程可以写成

$$[(\boldsymbol{\Omega}^{\circ 2}+\Delta\hat{\boldsymbol{K}})-\omega_j^2(\boldsymbol{I}+\Delta\hat{\boldsymbol{M}})]\boldsymbol{\beta}_j=0 \tag{5.33}$$

式中：$\boldsymbol{\Omega}^{\circ 2}$为谐调系统特征值的对角矩阵；$\boldsymbol{I}$ 为单位矩阵；$\Delta\hat{\boldsymbol{K}}$和 $\Delta\hat{\boldsymbol{M}}$为由刚度和质量失谐引起的模态刚度矩阵和模态质量矩阵的变化。向量$\boldsymbol{\beta}_j$ 包含将第 j 个失谐模式描述为有限谐调模态之和的加权因子，即

$$\phi_j = \boldsymbol{\Phi}^{\circ}\boldsymbol{\beta}_j \tag{5.34}$$

式中：$\boldsymbol{\Phi}^{\circ}$为一个矩阵，其列是有限数量的谐调系统模态。

注意，对于第一阶，$(\boldsymbol{I}+\Delta\hat{\boldsymbol{M}})^{-1}\approx(\boldsymbol{I}-\Delta\hat{\boldsymbol{M}})$。因此，通过预乘式（5.33）并仅保留一阶项，表达式变成

$$(\boldsymbol{\Lambda}^{\circ}+\hat{\boldsymbol{A}})\boldsymbol{\beta}_j=\omega_j^2\boldsymbol{\beta}_j \tag{5.35}$$

式中

$$\hat{\boldsymbol{A}}=\Delta\hat{\boldsymbol{K}}-\Delta\hat{\boldsymbol{M}}\boldsymbol{\Omega}^{\circ 2} \tag{5.36}$$

与频率偏差相关的是一个三步过程。首先，用单个扇区的系统振型来表示失谐矩阵。然后，系统扇区模式与单个孤立扇区的对应模式相关。最后，所得到的扇

区模式项用扇区的频率偏差表示。

考虑式(5.36)中的失谐矩阵。这个矩阵可以表示为每个失谐扇区的贡献之和。

$$\hat{\boldsymbol{A}} = \sum_{s=0}^{N-1} \hat{A}^{(s)} \tag{5.37}$$

上标表示对应于第 s 扇区失谐,$\hat{A}^{(s)}$ 的单个元素的表达式

$$\hat{A}_{mn}^{(s)} = \boldsymbol{\phi}_m^{\circ(s)H}(\Delta\boldsymbol{K}^{(s)} - \omega_n^{\circ 2}\Delta\boldsymbol{M}^{(s)})\boldsymbol{\phi}_n^{\circ(s)} \tag{5.38}$$

式中:$\Delta\boldsymbol{K}^{(s)}$ 和 $\Delta\boldsymbol{M}^{(s)}$ 为第 s 扇区的物理刚度和质量扰动。模态 $\boldsymbol{\phi}_m^{\circ(s)}$ 和 $\boldsymbol{\phi}_n^{\circ(s)}$ 分别为 $\boldsymbol{\Phi}^{\circ}$描述了 s 扇区运动的第 m 列和第 n 列的部分。$\omega_n^{\circ 2}$ 为 $\boldsymbol{\Omega}^{\circ 2}$的第 n 个对角线元素。

方程式(5.38)将失谐与系统扇区模态联系起来,这些模态与单个独立叶盘扇区的模态相关。

方程式(5.38)中的谐调模态以复行波形式表示。因此,第 s 扇区的运动可以与第0扇区的相位运动相关联。这允许我们重定义式(5.38)为

$$\hat{A}_{mn}^{(s)} = \mathrm{e}^{\mathrm{i}s(n-m)\frac{2\pi}{N}}\boldsymbol{\phi}_m^{\circ(0)H}(\Delta\boldsymbol{K}^{(s)} - \omega_n^{\circ 2}\Delta\boldsymbol{M}^{(s)})\boldsymbol{\phi}_n^{\circ(0)} \tag{5.39a}$$

由于SNM公式中使用的谐调模态是一个孤立的模态族,因此所有节径的扇形模态看起来几乎相同。因此,我们可以用平均扇区模态来近似各种扇区模态。对式(5.39)中的系统扇区模态应用平均扇区模态近似,$\hat{A}_{mn}^{(s)}$ 可以写成

$$\hat{A}_{mn}^{(s)} = \left(\frac{\omega_m^{\circ}\omega_n^{\circ}}{\omega_{\psi}^{\circ 2}}\right)\mathrm{e}^{\mathrm{i}s(n-m)\frac{2\pi}{N}}[\boldsymbol{\psi}^{\circ(0)H}(\Delta\boldsymbol{K}^{(s)} - \omega_n^{\circ 2}\Delta\boldsymbol{M}^{(s)})\boldsymbol{\psi}^{\circ(0)}] \tag{5.39b}$$

式中:$\boldsymbol{\psi}^{\circ(0)}$ 为平均谐调系统扇区模态;ω_{ψ}° 为固有频率。因子$\dfrac{\omega_m^{\circ}\omega_n^{\circ}}{\omega_{\psi}^{\circ 2}}$对平均扇形模态项进行缩放,使其具有与其替换的扇形模态大致相同的应变能。

FMM法使用扇区频率量中的偏差来测量失谐。为了理解这个概念,考虑一个假想的“测试”转子。在测试转子中,每个部分都以相同的方式失谐,以便与我们感兴趣的部分的失谐相匹配。由于测试转子的失谐是周期对称的,其振型与调谐系统的振型基本相同。然而,谐调后的系统频率将发生变化。对于小阶失谐,所有谐调系统模态的频移几乎相同,可通过中间节径模态频率的分数变化来近似。因此,将中间节径频率的分数偏移作为失谐的度量,并定义为扇区频率偏差。

式(5.39b)的括号内的术语以以下方式与这些频率偏差相关。考虑一个以循环对称方式失谐的叶盘,即每个扇区经历相同的失谐。其自由响应运动方程由以下表达式给出

$$[(\boldsymbol{K}^{\circ}+\Delta\boldsymbol{K})-\omega_n^2(\boldsymbol{M}^{\circ}+\Delta\boldsymbol{M})]\phi_n=0 \tag{5.40}$$

假设模态 ϕ_n 是谐调节径模态的失谐版本。ψ°是平均扇形模式 $\psi^{\circ(0)}$ 的全系统模态对应物。由于失谐是对称的,谐调模态和失谐模态几乎相同。用 ψ°代替 ϕ_n,再乘以 $\psi^{\circ(0)H}$,即

$$(\omega_{\psi}^{\circ 2}+\psi^{\circ H}\Delta\boldsymbol{K}\psi^{\circ})-\omega_n^2(1+\psi^{\circ H}\Delta\boldsymbol{M}\psi^{\circ})=0 \tag{5.41}$$

这些项可以重新排列以隔离频率项

$$\psi^{\circ H}(\Delta\boldsymbol{K}-\omega_n^2\Delta\boldsymbol{M})\psi^{\circ}=\omega_j^2-\omega_{\psi}^{\circ 2} \tag{5.42}$$

由于失谐是对称的,所以每个扇区对式(5.35)的贡献相等。因此,第 0 部门的贡献是

$$\psi^{\circ(0)H}(\Delta\boldsymbol{K}-\omega_n^2\Delta\boldsymbol{M})\psi^{\circ(0)}=\frac{1}{N}(\omega_j^2-\omega_{\psi}^{\circ 2}) \tag{5.43}$$

通过分解式(5.43)右边的频率项,可以显示

$$\psi^{\circ(0)H}(\Delta\boldsymbol{K}-\omega_n^2\Delta\boldsymbol{M})\psi^{\circ(0)}\approx\frac{2\omega_{\psi}^{\circ 2}\Delta\omega_{\psi}}{N} \tag{5.44}$$

式中:$\Delta\omega_{\psi}$ 为由于失谐引起的$\vec{\psi}$固有频率的分数变化,由 $\Delta\omega_{\psi}=(\omega_{\psi}-\omega_{\psi}^{\circ})/\omega_{\psi}^{\circ}$ 给出。注意,根据定义,$\Delta\omega_{\psi}$ 是扇区频率偏差。式(5.44)可以替换式(5.40)的括号项,从而得到一个表达式,该表达式将扇区的失谐矩阵的元素与该扇区的频率偏差相关联

$$\hat{A}_{mn}^{(s)}=\frac{2\omega_m^{\circ}\omega_n^{\circ}}{N}\mathrm{e}^{\mathrm{i}s(n-m)\frac{2\pi}{N}}\Delta\omega_{\psi}^{(s)} \tag{5.45}$$

式中:$\Delta\omega_{\psi}$ 的上标表示频率偏差对应于第 s 扇区。这些扇区贡献可以相加得到失谐矩阵的元素

$$\hat{A}_{mn}=2\omega_m^{\circ}\omega_n^{\circ}\left[\frac{1}{N}\sum_{s=0}^{N-1}\mathrm{e}^{\mathrm{i}s(n-m)\frac{2\pi}{N}}\Delta\omega_{\psi}^{(s)}\right] \tag{5.46}$$

式(5.46)中括号内的项是扇区频率偏差的离散傅里叶变换(DFT)。如果使用虚拟变量 p 来代替式(5.46)中的数量$(n-m)$,那么扇区频率偏差的第 p 个离散傅里叶变换由下式给出

$$\overline{\omega_p}=\frac{1}{N}\sum_{s=0}^{N-1}\mathrm{e}^{\mathrm{i}sp\frac{2\pi}{N}}\Delta\omega_{\psi}^{(s)} \tag{5.47}$$

式中:$\overline{\omega_p}$为第 p 个离散傅里叶变换。将式(5.47)代入式(5.46),可表示为简化矩阵形式

$$\hat{A}=2\boldsymbol{\Omega}^{\circ}\overline{\boldsymbol{\Omega}}\boldsymbol{\Omega}^{\circ} \tag{5.48}$$

式中

$$\overline{\boldsymbol{\Omega}}=\begin{bmatrix}\overline{\omega_0} & \overline{\omega_1} & \cdots & \overline{\omega_{N-1}} \\ \overline{\omega_{N-1}} & \overline{\omega_0} & \cdots & \overline{\omega_{N-2}} \\ \vdots & \vdots & & \vdots \\ \overline{\omega_1} & \overline{\omega_2} & \cdots & \overline{\omega_0}\end{bmatrix} \tag{5.49}$$

$\overline{\boldsymbol{\Omega}}$ 是包含扇区频率偏差的离散傅里叶变换矩阵。注意,$\overline{\boldsymbol{\Omega}}$ 有循环形式,因此只包含 N 个不同的元素。$\overline{\boldsymbol{\Omega}}$ 是谐调系统频率的对角矩阵。

将式(5.48)代入式(5.35)可得到特征值问题的最基本形式,该特征值问题可用于确定失谐系统的模态和固有频率。

$$(\boldsymbol{\Omega}^{\circ 2}+2\boldsymbol{\Omega}^{\circ}\overline{\boldsymbol{\Omega}}\boldsymbol{\Omega}^{\circ})\boldsymbol{\beta}_j=\omega_j^2\boldsymbol{\beta}_j \tag{5.50}$$

FMM 法将转子失谐视为已知量,用于确定系统失谐模态和频率。如果把失谐模态和失谐频率看作已知的,我们可以通过求解反问题来确定转子的失谐。这是 FMM-ID 的基础。

考虑式(5.30),除了描述系统失谐的 $\overline{\boldsymbol{\Omega}}$,所有量都被视为已知量。从式(5.30)的两边减去 $\boldsymbol{\Omega}^{\circ 2}$ 项和重新组合得

$$2\boldsymbol{\Omega}^{\circ}\overline{\boldsymbol{\Omega}}[\boldsymbol{\Omega}^{\circ}\boldsymbol{\beta}_j]=(\omega_j^2\boldsymbol{I}-\boldsymbol{\Omega}^{\circ 2})\boldsymbol{\beta}_j \tag{5.51}$$

式(5.51)左侧括号内的量包含一个已知向量,该向量将被表示为 $\boldsymbol{\gamma}_j$

$$\boldsymbol{\gamma}_j=\boldsymbol{\Omega}^{\circ}\boldsymbol{\beta}_j \tag{5.52}$$

因此,$\boldsymbol{\gamma}_j$ 仅包含模态加权系数,$\boldsymbol{\beta}_j$ 根据相应的固有频率逐单元缩放。用 $\boldsymbol{\gamma}_j$ 代入式(5.51)

$$2\boldsymbol{\Omega}^{\circ}[\overline{\boldsymbol{\Omega}}\boldsymbol{\gamma}_j]=(\omega_j^2\boldsymbol{I}-\boldsymbol{\Omega}^{\circ 2})\boldsymbol{\beta}_j \tag{5.53}$$

考虑这个表达式的括号内的术语。经过一些代数运算,可以证明这个积可以重写为

$$\overline{\boldsymbol{\Omega}}\boldsymbol{\gamma}_j=\boldsymbol{\Gamma}_j\overline{\boldsymbol{\omega}} \tag{5.54}$$

式中:向量$\overline{\boldsymbol{\omega}}=[\overline{\omega}_0,\overline{\omega}_1,\cdots,\overline{\omega}_{N-1}]^{\mathrm{T}}$。矩阵 $\boldsymbol{\Gamma}_j$ 由 $\boldsymbol{\gamma}_j$ 中的元素组成,有如下形式

$$\boldsymbol{\Gamma}_j=\begin{bmatrix}\overline{\gamma_{j0}} & \overline{\gamma_{j1}} & \cdots & \overline{\gamma_{j(N-1)}} \\ \overline{\gamma_{j1}} & \overline{\gamma_{j2}} & \cdots & \overline{\gamma_{j0}} \\ \vdots & \vdots & & \vdots \\ \overline{\gamma_{j(N-1)}} & \overline{\gamma_{j0}} & \cdots & \overline{\gamma_{j(N-2)}}\end{bmatrix} \tag{5.55}$$

式中:γ_{jn}为向量 $\boldsymbol{\gamma}_j$ 的第 n 个元素;$\boldsymbol{\gamma}_j$ 元素的编号从 0 到 $N-1$。将式(5.54)代入式(5.53)可得到一个表达式,其中失谐参数的矩阵 $\overline{\boldsymbol{\Omega}}$ 已被失谐参数的向量$\overline{\boldsymbol{\omega}}$替换

$$2\boldsymbol{\Omega}^{\circ}\boldsymbol{\Gamma}_j\overline{\boldsymbol{\omega}}=(\omega_j^2\boldsymbol{I}-\boldsymbol{\Omega}^{\circ 2})\boldsymbol{\beta}_j \tag{5.56}$$

注意,式(5.56)乘以$(2\boldsymbol{\Omega}^{\circ}\boldsymbol{\Gamma}_j)^{-1}$可以解出转子失谐的离散傅里叶变换表达式。此外,向量$\overline{\boldsymbol{\omega}}$可以通过逆离散傅里叶变换与物理扇区失谐有关。然而,式(5.56)仅

包含来自一个测量模态和频率的数据。因此,模态测量中的误差可能会导致预测失谐的显著误差。

为了将测量误差的影响降到最低,我们将把多模态测量合并到失谐的解决方案中。我们为 M 个测量模态构造式(5.56),并将它们组合成单个矩阵表达式,即

$$\begin{bmatrix} 2\boldsymbol{\Omega}^{\circ}\Gamma_1 \\ 2\boldsymbol{\Omega}^{\circ}\Gamma_2 \\ \vdots \\ 2\boldsymbol{\Omega}^{\circ}\Gamma_m \end{bmatrix} \overline{\boldsymbol{\omega}} = \begin{bmatrix} (\omega_j^2\boldsymbol{I}-\boldsymbol{\Omega}^{\circ 2})\beta_1 \\ (\omega_j^2\boldsymbol{I}-\boldsymbol{\Omega}^{\circ 2})\beta_2 \\ \vdots \\ (\omega_j^2\boldsymbol{I}-\boldsymbol{\Omega}^{\circ 2})\beta_m \end{bmatrix} \tag{5.57}$$

为了简洁起见,式(5.57)可表达为

$$\widetilde{\boldsymbol{L}}\overline{\boldsymbol{\omega}}=\widetilde{\boldsymbol{r}} \tag{5.58}$$

式中:$\widetilde{\boldsymbol{L}}$为表达式左侧的矩阵;$\widetilde{\boldsymbol{r}}$为右侧的向量。“~”表示这些量是由垂直方向的叠加一组子矩阵或向量。

注意,表达式(5.58)是一组过度确定的方程。因此,我们不能再直接求$\overline{\boldsymbol{\omega}}$的逆了。然而,我们可以得到一个适合失谐的最小二乘法,即

$$\overline{\boldsymbol{\omega}}=Lsq\{\widetilde{\boldsymbol{L}},\boldsymbol{r}\} \tag{5.59}$$

方程式(5.59)产生最适合所有测量数据的向量$\overline{\boldsymbol{\omega}}$。因此,每一次测量的误差都由数据的平衡来补偿。然后向量$\overline{\boldsymbol{\omega}}$可以通过逆变换与物理扇区失谐相关,即

$$\Delta\omega_{\psi}^{(s)} = \sum_{p=0}^{N-1} \mathrm{e}^{-\mathrm{i}sp\frac{2\pi}{N}}\, \overline{\boldsymbol{\omega}_p} \tag{5.60}$$

式中:$\Delta\omega_{\psi}^{(s)}$ 为第 s 扇区的扇区频率偏差。

为了解扇形失谐的式(5.59)和式(5.60),我们必须首先从谐调系统频率和失谐模态和频率构造$\widetilde{\boldsymbol{L}}$和$\widetilde{\boldsymbol{r}}$。谐调系统频率可以通过谐调的、循环对称的单叶片/圆盘扇形模型的有限元分析来计算。然而,失谐模态和频率必须通过实验获得。

FMM-ID 使用的模态是周向模态,对应于转子上每个叶片的叶尖位移。由于 FMM-ID 是为孤立的模态族设计的,因此仅测量每个叶片一个点的位移就足够了。实际上,模态和频率是通过首先测量一组完整的频率响应函数(FRF)来获得的。然后,利用模态曲线拟合软件从频响函数中提取模态和频率。

测量得到的失谐频率在 FMM-ID 方程中以 ω_j 的形式显式出现。然而,失谐模态通过模态加权因子 $\boldsymbol{\beta}_j$ 间接进入方程。如 Feiner 和 Griffin[5] 所述,每个向量 $\boldsymbol{\beta}_j$ 通过对每个叶片模式对应的单点进行逆离散傅里叶变换得到,即

$$\beta_{jn} = \sum_{m=0}^{N-1} \phi_{jm}\mathrm{e}^{-\mathrm{i}sp\frac{2\pi}{N}} \tag{5.61}$$

然后,这些量可与谐调系统频率一起使用,以构造$\widetilde{\boldsymbol{L}}$和$\widetilde{\boldsymbol{r}}$。最后,式(5.59)和式(5.60)可能因扇区失谐而得到解决。

5.2.2 分析算例

考虑图 5.6 所示的 20 叶片压缩机的有限元模型。虽然这个模型上的翼型是简单的平板,但转子设计反映了现代整体叶片式压缩机的关键动态特性。我们通过几何特性和材料特性变化的结合使转子失谐。大约三分之一的叶片因长度变化而失谐,三分之一因厚度变化而失谐,三分之一因弹性模量变化而失谐。选择了变化的幅度,使得每种形式的失谐都会对扇区频率的 1.5%标准差产生同样的影响。

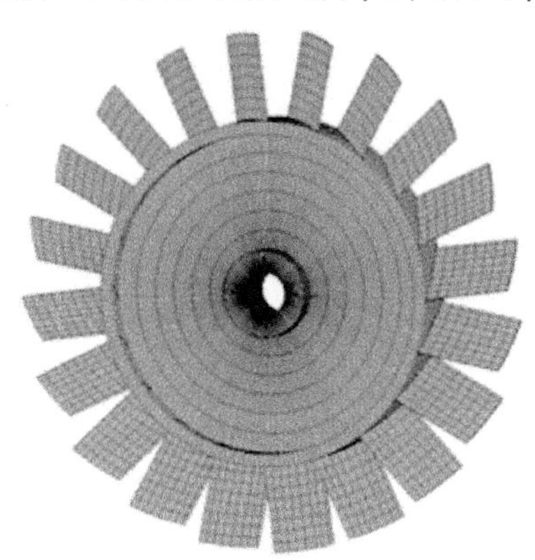

图 5.6 压缩机叶片有限元模型

首先对谐调转子进行了有限元分析,并生成了其节径图,如图 5.7 所示。观察到第一弯曲模态的最低频率族是孤立的,因此是 FMM-ID 的良好候选。然后通过该方法确定该转子的扇区失谐:使用商用 ANSYS 有限元程序对失谐扇区进行有限元分析,以及 FMM-ID。

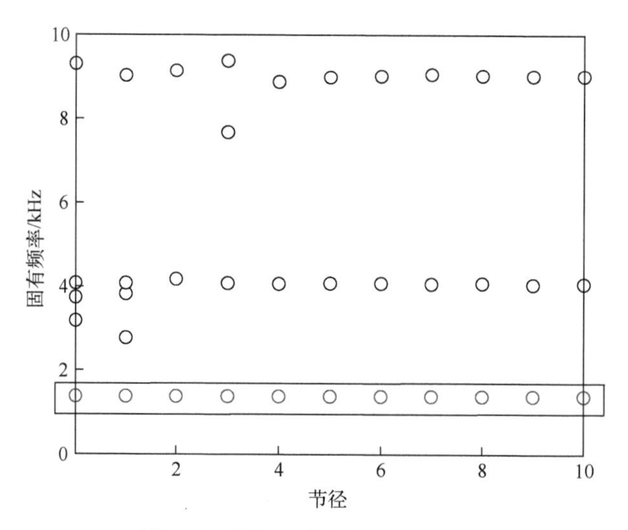

图 5.7 谐调压缩机叶盘固有频率

有限元计算是评价 FMM-ID 方法精度的基准。在基准测试中，对每个失谐叶片建立了有限元模型。在模型中，叶片连接到单个轮盘扇区。采用不同的循环对称边界条件，计算了失谐叶盘扇形区的频率变化。

图 5.8 显示了通过对每个失谐叶片/扇区的有限元模拟直接计算的扇区失谐量与通过 FMM-ID 识别的失谐量之间的比较，这两个结果非常一致。

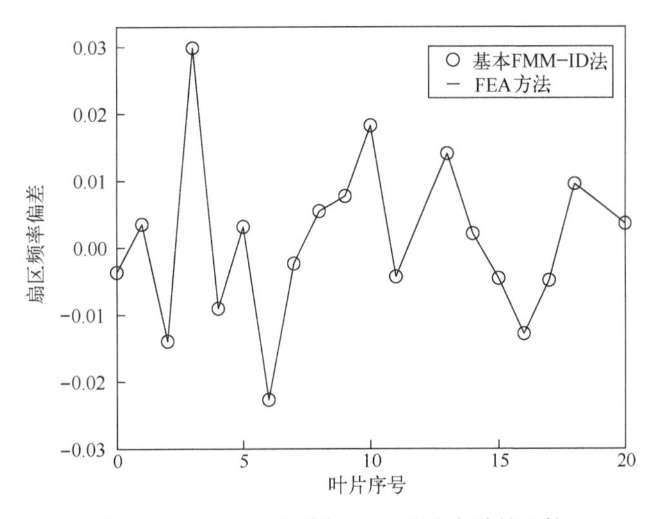

图 5.8　FMM-ID 失谐与 FEM 基准失谐的比较

5.3　叶片静频试验与二分法及有限元分析相结合方法

工程实际中，普遍采用对叶片进行调频（失谐）和控制叶片频率分散度来防止叶片颤振故障，因此，对叶片失谐参数的准确识别是叶盘系统振动及动力学特性分析的重要前提之一，极大影响着系统振动及动力学特性分析的准确性。

本书主要通过对 N 个扇区每个叶片的弹性模量引入不同的扰动系数 P_j 来模拟失谐，即

$$E_j=E_0(1+P_j)\quad(j=1,2,\cdots,N)\tag{5.62}$$

首先，选定 P_j 为失谐识别参数，假设轮盘是谐调的，只考虑叶片参数的变化；其次，识别参数 P_j 虽然不能完整地描述几何尺寸、质量等其他属性的失谐，但却包含了这些失谐的弹性等效值，从而可以对结构各个扇区的失谐进行定量比较；最后，识别参数 P_j 具有明显的物理含义，可以和有限元模型矩阵相关联，这样在采用子结构模态分析时可将每个叶片的任意刚度部分作为子矩阵，从而提高了与之关联的失谐识别参数定义的自主性，式(5.62)表示把各个叶片的整体刚度作为子矩阵，每

个叶片引入一个识别参数 P_j。

对于如何识别失谐参数 P_j，本书提出一种基于叶片静频试验、二分法以及有限元分析相结合的方法：首先，对某压气机叶盘系统各叶片进行静频试验，通过测试信息采集分析系统获得各叶片一阶弯曲静频；其次，通过对叶盘系统各叶片的弹性模量引入不同的扰动参数模拟叶片频率的改变，假设轮盘谐调只考虑叶片材料参数变化，以叶片弹性模量扰动参数为失谐参数，应用二分法与有限元分析相结合的方法识别出叶片静频试验一阶弯曲固有频率所对应的失谐扰动参数 P_j 和失谐弹性模量；最后，通过拟合计算获得叶盘系统振动及动力学特性分析所必需的各叶片失谐弹性模量。

如图 5.9 所示为叶片静频测试方案。它主要由固持系统、激振系统和测试系统三部分组成。

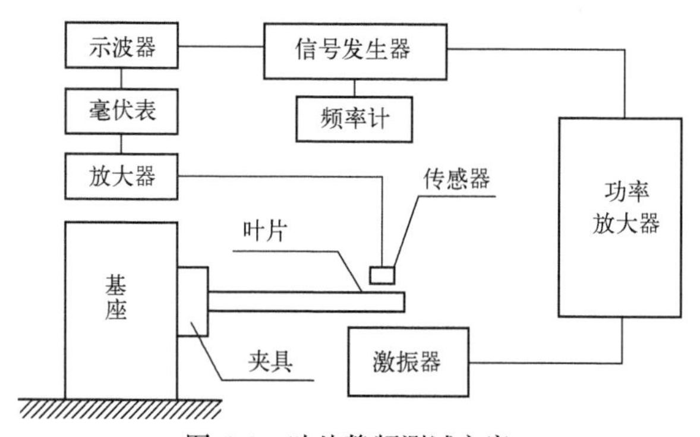

图 5.9　叶片静频测试方案

基于叶片静频试验、二分法与有限元法相结合的叶片失谐参数识别基本流程如图 5.10 所示。基于叶片静频试验、二分法与有限元法相结合的叶片失谐参数识别方案如下：

（1）搭建叶片静频试验装置，测试各静止叶片一弯频率。测量叶片静频采用共振法。即当叶片在激振力作用下，且当该力的频率等于叶片自振频率，其位置和相位适当时，叶片则由强迫振动进入共振状态。通过测量激振力的频率可以获得叶片的自振频率。

固持系统：由安装叶片的夹具和基座组成。夹具应夹紧叶片，符合叶片的工作状态。叶片处于发动机正常工作状态时，受到很大的离心力作用，使叶片根部接近于完全固持状态。

激振系统：由音频信号发生器、功率放大器和激振器等组成。它给被测叶片提供足够的激振能量，以激励叶片，产生强迫振动。激振器是激振系统的关键设备，有接触式和非接触式激振器两大类。这里采用非接触式激振器。

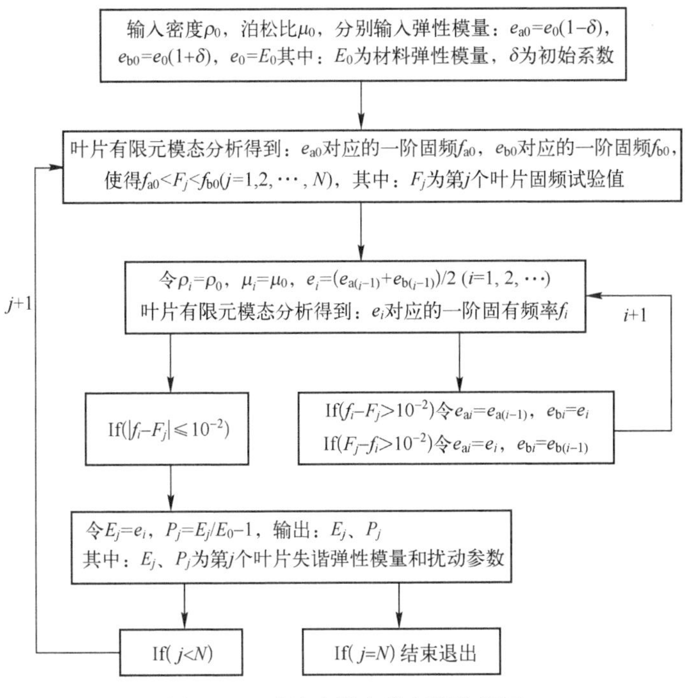

图 5.10　叶片失谐参数识别流程图

测试系统:由传感器、放大器、毫伏表、示波器、频率计、记录仪等组成。通过观察这些仪器的指示值可准确判明叶片是否共振,并显示、记录频率值。

某压气机叶片模态试验无量纲数据见表 5.1。F_j为各叶片一弯静频测试值;F为谐调叶片(与材料弹性模量E_0相对应)一弯静频测试值。

表 5.1　某压气机叶片模态试验无量纲数据

叶片序号	失谐模式 1　F_j/F	失谐模式 2　F_j/F
1	0.98466257669	0.99846625767
2	0.98466257669	0.98006134969
3	0.98466257669	0.95552147239
4	0.98466257669	0.97852760736
5	0.98466257669	0.99386503067
6	0.98466257669	0.95245398773
7	0.98466257669	0.97852760736
8	0.98619631902	0.95552147239
9	0.98619631902	0.99233128834

续表

叶片序号	失谐模式1 F_j/F	失谐模式2 F_j/F
10	0.98619631902	0.97699386503
11	0.98619631902	0.99079754601
12	0.98619631902	0.94018404908
13	0.98619631902	0.99079754601
14	0.98619631902	0.97085889571
15	0.98773006135	0.98926380368
16	0.98773006135	0.96165644172
17	0.98773006135	0.98926380368
18	0.98773006135	0.95858895706
19	0.98773006135	0.98926380368
20	0.98773006135	0.95705521472
21	0.98773006135	0.98773006135
22	0.98773006135	0.98619631902
23	0.98926380368	0.98773006135
24	0.98926380368	0.93865030675
25	0.98926380368	0.98006134969
26	0.98926380368	0.99386503067
27	0.98926380368	0.98773006135
28	0.98926380368	0.97852760736
29	0.98926380368	0.99539877301
30	0.99079754601	0.95245398773
31	0.99079754601	0.98466257669
32	0.99079754601	0.95245398773
33	0.99079754601	0.98466257669
34	0.99079754601	0.9509202454
35	0.99079754601	0.98006134969
36	0.99079754601	0.94938650307
37	0.99079754601	0.97392638037
38	0.99233128834	0.93558282209

（2）建立叶片三维实体模型及有限元网格模型，如图5.11、图5.12所示；根据叶片材料弹性模量参数，给定弹性模量失谐上下限，采用有限元法对单个叶片

进行模态分析，边界条件设置为叶片与轮盘交界接触面各节点的三个方向位移全约束。

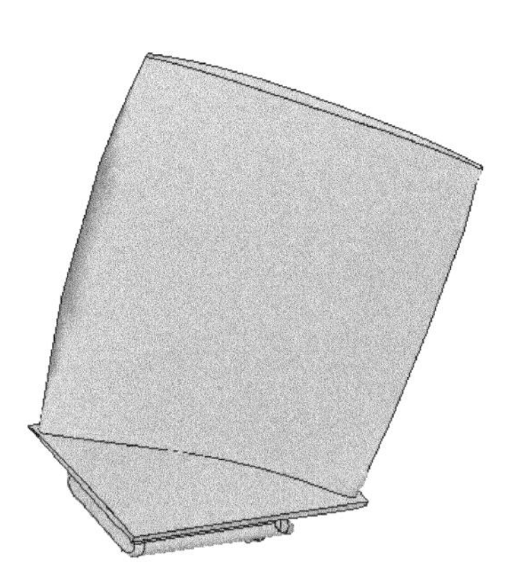

图5.11　叶片三维实体模型

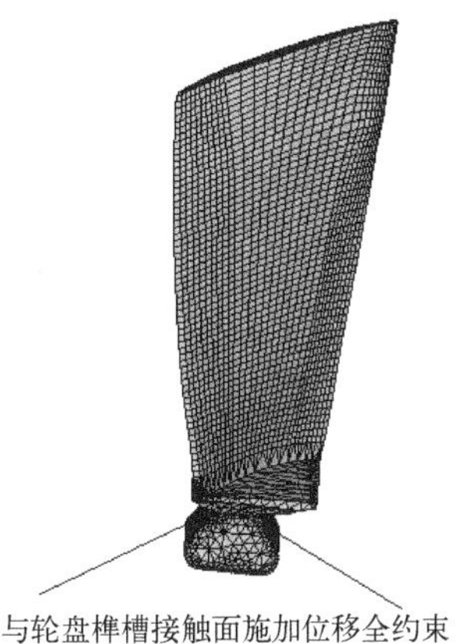

图5.12　叶片有限元模型
（榫头接触面全约束）

(3) 首先，计算弹性模量上下限所对应的叶片一阶弯曲固有频率；其次，通过二分法迭代计算，将叶片静频试验测得的一弯静频与叶片一弯固有频率有限元分析结果对比，误差小于0.01作为计算收敛标准，进而给出与叶片试验静频相对应的单个叶片失谐弹性模量；最后，对几个有代表性的叶片进行上述分析，获得与叶片试验静频相对应的叶片失谐弹性模量，通过拟合计算获得与叶片试验静频相对应的各叶片失谐弹性模量。

5.4　失谐参数识别算例

通过MATLAB软件调用ANSYS软件执行如图5.9所示叶片失谐参数识别流程及识别方案，得到叶片失谐弹性模量分布。叶片弹性模量与叶片一阶弯曲频率的对应关系如图5.13所示。

从图5.13中可以看出，失谐弹性模量与叶片一阶固有频率之间为近似线性关系，因此，通过线性拟合得到失谐弹性模量随叶片一阶弯曲固有频率变化的线性表达式为

$$E=-111605.80952+225126.28292(F_j/F) \tag{5.63}$$

式中：E为失谐弹性模量（MPa）；F_j/F为叶片一阶弯曲无量纲静频。通过上述分析发现：叶片失谐弹性模量与叶片一阶弯曲无量纲静频存在式（5.63）所示的线性关系，以后再对同种材料其他失谐叶片一阶无量纲静频所对应的失谐弹性模量识别时，不必按如图5.10所示的流程识别，而直接将失谐叶片一阶弯曲无量纲静频测

试值代入到式(5.63)中,即得到与失谐叶片一阶弯曲无量纲静频测试值相对应的失谐弹性模量,从而节省了大量时间(表5.2)。

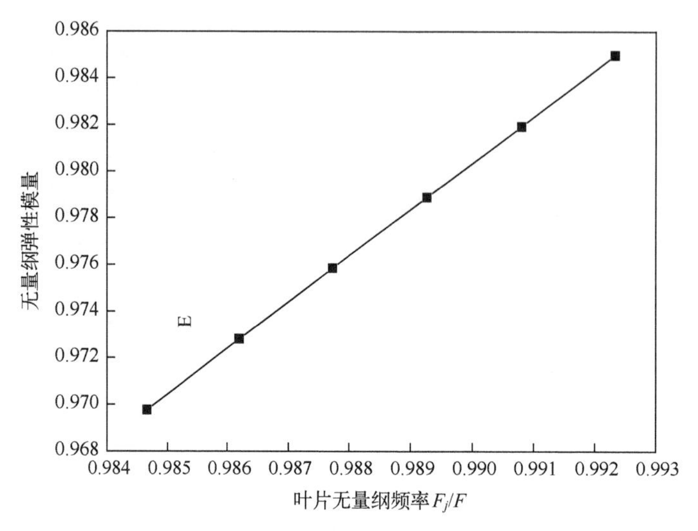

图5.13 失谐弹性模量与一阶固有频率关系曲线

表5.2 失谐弹性模量无量纲识别结果

叶片序号	失谐模式1 E_j	失谐模式2 E_j
1	0.96978	0.997181
2	0.96978	0.96074
3	0.96978	0.913242
4	0.96978	0.957753
5	0.96978	0.988
6	0.96978	0.907374
7	0.969780	0.957753
8	0.972775	0.913242
9	0.972775	0.984978
10	0.972775	0.954758
11	0.972775	0.981938
12	0.972775	0.884167
13	0.972775	0.981938
14	0.972775	0.942819
15	0.975859	0.978855

续表

叶片序号	失谐模式 1　E_j	失谐模式 2　E_j
16	0.975859	0.925022
17	0.975859	0.978855
18	0.975859	0.916211
19	0.975859	0.978855
20	0.975859	0.916211
21	0.975859	0.975859
22	0.975859	0.972775
23	0.978855	0.975859
24	0.978855	0.88126
25	0.978855	0.96074
26	0.978855	0.988
27	0.978855	0.975859
28	0.978855	0.957753
29	0.978855	0.991066
30	0.981938	0.907374
31	0.981938	0.96978
32	0.981938	0.907374
33	0.981938	0.96978
34	0.981938	0.904467
35	0.981938	0.96074
36	0.981938	0.901559
37	0.981938	0.948767
38	0.984978	0.875515

参考文献

[1] YANG M T, GRIFFIN J H. A Reduced-Order Model of Mistuning Using a Subset of Nominal System Modes[J]. Journal of Engineering for Gas Turbines and Power, 2001, 123(4): 893-900.

[2] YANG M T, GRIFFIN, J. H. A Normalized Modal Eigenvalue Approach for Resolving Modal Interaction[J]. ASME J. Eng. Gas Turbines Power, 1997, 119:647-650.

[3] FEINER D M, GRIFFIN J H. Mistuning Identification of Bladed Disks Using a Fundamental Mistuning Model: Part 1—Theory[C]//Asme Turbo Expo, Collocated with the International

Joint Power Generation Conference, 2003.

[4] FEINER D M, GRIFFIN J H. Mistuning Identification of Bladed Disks Using a Fundamental Mistuning Model: Part 2—Application [C]//Asme Turbo Expo, Collocated with the International Joint Power Generation Conference, 2003.

[5] 王帅, 王建军, 李其汉. 一种基于模态减缩技术的整体叶盘结构失谐识别方法[J]. 航空动力学报, 2009, 24(03): 662-669.

[6] 王帅, 王建军, 李其汉. 一种基于响应信息的整体叶盘结构失谐识别方法[J]. 航空学报, 2009, 30(10): 1863-1870.

[7] 王帅, 王建军, 李其汉. 基于模态信息的叶盘结构失谐识别方法鲁棒性研究[J]. 航空动力学报, 2010, 25(05): 1068-1076.

[8] 张亮, 李欣, 等. 基于近似CMS法及模态测试的失谐叶盘结构动力学特性研究[J]. 中国测试, 2016, 42(6): 117-121.

[9] 张亮, 李欣, 袁惠群. 基于模态测试及有限元法的叶片失谐参数识别[J]. 中国测试, 2015(11): 16-19.

第6章

失谐叶盘系统有限元模型的缩减建模方法

叶盘系统动力学特性分析可以采用有限元分析和试验测试两种途径实现。但对于航空叶盘系统等大型复杂结构进行动力分析,无论是有限元分析还是试验都是困难的。采用有限元对叶盘系统等大型复杂结构进行动力学特性分析时,所离散模型的节点自由度数有时会高达上百万。对中小型计算机来说,直接求解叶盘系统动力学模型相应的动力学方程组是非常困难的,即使能够分析,也耗费大量机时,效率极低。而对叶盘系统等大型复杂结构整体进行试验分析,要进行大量的测试工作,而且还会面临某些测点自由度难以测量的问题。近年来,国内外对大型复杂结构系统动力学分析方法进行了大量研究,其目标是既能大大缩减大型复杂结构动力学模型的自由度数,又能使缩减后的动力学模型在精度允许范围内替代实际结构。动态子结构法便是在这种情况下提出的一种有效缩减自由度的方法。

动态子结构法的思想是根据复杂结构的特点将整体结构划分成若干子结构,对各子结构分别进行动力学分析,得到其动力学特性,再利用子结构间的连接条件将各子结构动力学特性综合起来,得到整体结构的动力学特性。动态子结构法主要包括子结构模态综合(CMS)法和机械阻抗法两大类。其中子结构模态综合法是对各个子结构采用模态分析技术,获得子结构低阶模态特性,然后利用子结构间力平衡条件及位移谐调条件将各子结构部分低阶模态特性综合,由此得到整体结构特性。由于仅采用了各子结构的低阶模态,因而使所建立的整体结构动力学模型的自由度数大大降低。目前,子结构模态综合技术与有限元法以及试验测试技术紧密结合,已成为结构动态设计、分析的重要手段,在航空、航天、机械、车辆、船舶等很多复杂机械装备领域得到了广泛的应用。而机械阻抗法近年来应用得较少。本章首先介绍了子结构模态综合的基本概念、基本步骤及缩减系统自由度的方法。其次阐述了固定界面模态综合法、自由界面模态综合法及子结构模态综合超单元法理论,并在此基础上,针对有预应力子结构模态综合法必须先对整体结构进行预应力分析后再进行子结构分析的不足,提出了近似分析方法:固定界面预应力-自由界面子结构模态综合超单元法和移动界面模态综合超单元法。

6.1 模态缩减建模的基本方法

6.1.1 子结构模态综合建模步骤

子结构模态综合过程可以归结为以下四个步骤:

(1) 将叶盘整体结构系统划分成 N 个子结构。子结构既可以是整体结构中的自然部件,也可以是人为划分的结构的某个局部。图 6.1 所示将叶片轮盘系统分成 N 个叶片轮盘基本扇区,将每个叶盘基本扇区作为一个 1 级子结构。

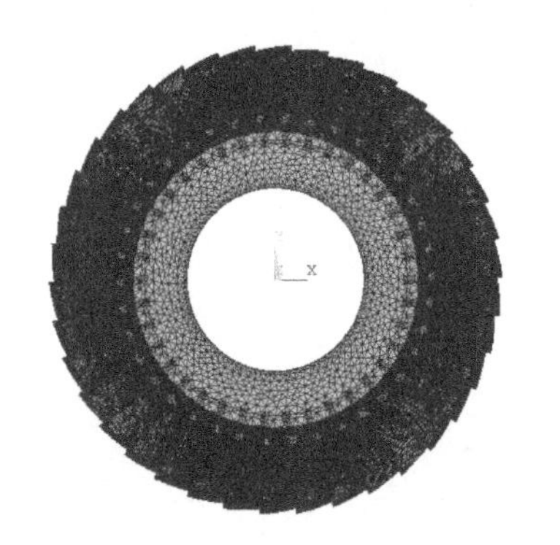

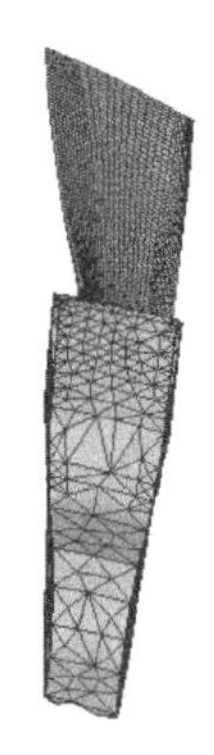

图 6.1 叶盘系统及叶盘基本扇区图

(2) 各子结构模态分析。当将叶盘整体结构划分成各子结构后,采用有限元法对叶盘基本扇区子结构分别进行模态分析,将子结构物理坐标下的运动方程转换到模态坐标下,这是模态综合过程中的第一次坐标变换。由于仅利用了低阶模态,而舍弃高阶模态,也即采取了模态截断,从而使模态坐标下的运动方程的规模大大降低。这一过程是模态综合技术的关键所在。

(3) 将各子结构综合,形成整体结构系统的运动方程并求解。将各子结构间的连接面称为界面。利用各子结构界面间的位移谐调条件及力平衡条件将各子结构模态坐标下的运动方程组合起来形成广义坐标下的结构整体方程。该过程实现了由子结构模态坐标到整体结构广义坐标的变换,是模态综合过程中的第二次坐标变换。采用兰佐斯方法求解出结构整体方程的特征值与特征向量,在给定阻尼或外载荷作用情况下进行动态响应分析。

(4) 求叶盘结构系统物理坐标下的解。利用步骤(3)的结果,由前两次坐标变换表达式可求出结构系统物理坐标下的动态特性参数,即固有振动频率、振型及动态响应。

6.1.2　模态坐标与模态集

在模态综合技术中涉及物理坐标与模态坐标转换。这两种坐标都用来描述结构在空间的运动及其形态。其中物理坐标是指描述结构上各点几何位置的坐标，对于连续系统采用位移函数 $u(x,y,z,t)$、$v(x,y,z,t)$、$w(x,y,z,t)$ 表示，而对于离散化系统则用结构上一些点的线位移及相应点处的角位移来表示。模态是指在某一固有振动下结构的振动形态，用固有振动频率和振型来描述，而在模态综合技术中模态具有更广泛的意义，它不仅包括振型向量，还包括用于描述子结构在某种约束条件下的变形形态的位移向量。建立一组与各模态对应的随时间变化的坐标，称为模态坐标，而各种模态的集合称为模态集。结构系统的物理坐标与模态坐标之间通过模态集联系起来，连续系统的位移：

$$\begin{bmatrix} u(x,y,z) \\ v(x,y,z) \\ w(x,y,z) \end{bmatrix} = \sum_{i=1}^{\infty} \psi_i(x,y,z) q_i(t) = [\psi(x,y,z)] \boldsymbol{q}(t) \tag{6.1}$$

式中：$[\psi(x,y,z)]$ 由无穷多个用模态参数表示的向量组成，它是连续系统的模态集；$\boldsymbol{q}(t)$ 为连续系统的模态坐标向量，它也由无穷多个元素构成。

对于离散系统，则有

$$\begin{bmatrix} u \\ v \\ w \end{bmatrix} = \boldsymbol{\psi} \boldsymbol{q} \tag{6.2}$$

式中：$\boldsymbol{\psi}$ 由有限个模态参数向量构成，是离散系统的模态集；$\boldsymbol{q}$ 为相应的模态坐标向量。

由式(6.1)和式(6.2)可见，模态集是建立物理坐标与模态坐标间关系的桥梁，在模态综合法中起着极其重要的作用。模态集构造的好坏直接影响到模态综合结果的精度。组成模态集的常用模态：

(1) 刚体模态。当子结构空间约束自由度数小于6，即子结构为不完全约束结构时，存在无变形运动（即刚体运动），描述这种无变形运动的位形的模态称为刚体模态。空间自由体最多具有六个刚体模态，即三个平移刚体模态和三个转动刚体模态。

(2) 主模态。对于有约束或无约束结构来说，与各阶固有振动频率相应的主振型，称为主模态。对于不完全约束的结构，主模态包括与零频率相应的刚体模态，将除去刚体模态后的主模态称为弹性主模态，它描述的是结构的弹性变形形态。主模态具有正交性，它构成相应约束下的完备模态集。

(3) 约束模态。约束模态是将固定界面上各约束逐个释放,使每次释放的那个约束处有单位位移,而其余约束仍保留时所得到的部件的静变形形态。其数目等于界面自由度数,也等于界面约束个数。

(4) 附着模态。附着模态是将自由界面各自由度逐个施加单位力,而其余界面自由度上无外力作用时所得到的静变形形态,这是一种弹性模态,当部件为不完全约束时应施加完整约束后才能获得这种模态。

(5) 具有对接加载子结构主模态。在计算某子结构的主模态时,计及相邻子结构对该子结构通过界面施加的惯性和刚性影响,由此得到的该子结构的主模态称为具有对接加载子结构主模态。

6.1.3 缩减系统自由度的方法

为了减小有限元模型的规模,提高计算效率,缩减系统自由度数,自由度缩减方法主要包括静态缩减法[1-2]、动态缩减法[3]以及各种模态综合法。其中静态缩减法比较简单、实用,在模态综合法中也得到广泛的应用,而动态缩减法在有限元分析中应用较少,本节着重研究静态缩减法,各种模态综合法将在后续各节予以说明。

将有限元模型节点的自由度分为主自由度$\{x_a\}$和副自由度$\{x_b\}$两部分。其中前者是缩减后模型中的自由度,而后者则是要去掉的自由度。对初始有限元模型的自由度按主、副自由度重新排序并对质量和刚度矩阵相应进行分块,得到结构动力方程

$$\begin{bmatrix} M_{aa} & M_{ab} \\ M_{ba} & M_{bb} \end{bmatrix}\begin{bmatrix} \ddot{x}_a \\ \ddot{x}_b \end{bmatrix}+\begin{bmatrix} K_{aa} & K_{ab} \\ K_{ba} & K_{bb} \end{bmatrix}\begin{bmatrix} x_a \\ x_b \end{bmatrix}=\begin{bmatrix} f_a \\ f_b \end{bmatrix} \tag{6.3}$$

假设不考虑惯性力项,且仅在主自由度上作用有静态力$\boldsymbol{f}_a'$,则有静力平衡方程

$$\begin{bmatrix} K_{aa} & K_{ab} \\ K_{ba} & K_{bb} \end{bmatrix}\begin{bmatrix} x_a \\ x_b \end{bmatrix}=\begin{bmatrix} f_a' \\ 0 \end{bmatrix} \tag{6.4}$$

由式(6.4)可得

$$\boldsymbol{K}_{ba}\boldsymbol{x}_a+\boldsymbol{K}_{bb}\boldsymbol{x}_b=\boldsymbol{0}$$

或

$$\boldsymbol{x}_b=-\boldsymbol{K}_{bb}^{-1}\boldsymbol{K}_{ba}\boldsymbol{x}_a \tag{6.5}$$

由此可得

$$\begin{bmatrix} x_a \\ x_b \end{bmatrix}=\begin{bmatrix} \boldsymbol{I} \\ -K_{bb}^{-1}K_{ba} \end{bmatrix}\boldsymbol{x}_a=\boldsymbol{T}\boldsymbol{x}_a \tag{6.6}$$

式中:$\boldsymbol{T}$为坐标转换矩阵,$\boldsymbol{T}=\begin{bmatrix} \boldsymbol{I} \\ -K_{bb}^{-1}K_{ba} \end{bmatrix}$。

将式(6.6)代入式(6.3)并在方程两端分别前乘 $\boldsymbol{T}^{\mathrm{T}}$，得

$$\boldsymbol{T}^{\mathrm{T}}\begin{bmatrix} M_{\mathrm{aa}} & M_{\mathrm{ab}}\\ M_{\mathrm{ba}} & M_{\mathrm{bb}}\end{bmatrix}\boldsymbol{T}\ddot{\boldsymbol{x}}_{\mathrm{a}}+\boldsymbol{T}^{\mathrm{T}}\begin{bmatrix}K_{\mathrm{aa}} & K_{\mathrm{ab}}\\ K_{\mathrm{ba}} & K_{\mathrm{bb}}\end{bmatrix}\boldsymbol{T}\boldsymbol{x}_{\mathrm{a}}=\boldsymbol{T}^{\mathrm{T}}\begin{bmatrix}f_{\mathrm{a}}\\ f_{\mathrm{b}}\end{bmatrix}$$

即

$$\widetilde{\boldsymbol{M}}\ddot{\boldsymbol{x}}_{\mathrm{a}}+\widetilde{\boldsymbol{K}}\boldsymbol{x}_{\mathrm{a}}=\widetilde{\boldsymbol{f}} \tag{6.7}$$

式中：$\widetilde{\boldsymbol{M}}$为缩减后模型的质量矩阵

$$\widetilde{\boldsymbol{M}}=\boldsymbol{T}^{\mathrm{T}}\begin{bmatrix} M_{\mathrm{aa}} & M_{\mathrm{aa}}\\ M_{\mathrm{ba}} & M_{\mathrm{bb}}\end{bmatrix}\boldsymbol{T}=$$

$$M_{\mathrm{aa}}-K_{\mathrm{ab}}K_{\mathrm{bb}}^{-1}M_{\mathrm{ba}}-M_{\mathrm{ab}}K_{\mathrm{bb}}^{-1}K_{\mathrm{ba}}+K_{\mathrm{ab}}K_{\mathrm{bb}}^{-1}M_{\mathrm{bb}}K_{\mathrm{bb}}^{-1}M_{\mathrm{ba}}$$

$\widetilde{\boldsymbol{K}}$为缩减后模型的刚度矩阵

$$\widetilde{\boldsymbol{K}}=\boldsymbol{T}^{\mathrm{T}}\begin{bmatrix}K_{\mathrm{aa}} & K_{\mathrm{ab}}\\ K_{\mathrm{ba}} & K_{\mathrm{bb}}\end{bmatrix}\boldsymbol{T}=K_{\mathrm{aa}}-K_{\mathrm{ab}}K_{\mathrm{bb}}^{-1}K_{\mathrm{ba}}$$

$\widetilde{\boldsymbol{f}}$为缩减后模型的载荷向量

$$\widetilde{\boldsymbol{f}}=\boldsymbol{T}^{\mathrm{T}}\begin{bmatrix}f_{\mathrm{a}}\\ f_{\mathrm{b}}\end{bmatrix}=\boldsymbol{f}_{\mathrm{a}}-K_{\mathrm{ab}}K_{\mathrm{bb}}^{-1}\boldsymbol{f}_{\mathrm{b}}$$

由于式(6.4)仅考虑了主自由度与副自由度之间的弹性联系，而未考虑惯性影响，因此该式是一种静态特性约束方程。这种处理对结构系统的低阶模态影响不大，因为低阶模态的惯性力较小，但对高阶模态则会造成较大的影响。这是采用静态缩减法时，不宜分析高阶固有振动频率和振型的主要原因。

该种静态缩减法通常称为 Guyan 缩减法，其缩减结果的好坏很大程度上取决于主、副自由度选择的好坏。一般可根据刚度矩阵与质量矩阵的对角元素之比 $\boldsymbol{k}_{ii}/\boldsymbol{m}_{ii}$来选择，即与该比值较小者相应的自由度为主自由度，而与比值较大者相应的自由度为副自由度。

6.2　固定界面预应力-自由界面子结构模态综合超单元法

子结构分析按照其分析形式可以分为自上而下的子结构分析及自下而上的子结构分析。而失谐叶盘系统的动频特性分析属于有预应力的子结构模态分析，对于有预应力的子结构分析通常采用自上而下的子结构分析形式，即先对整体结构进行预应力分析，然后再将整体结构拆分成若干个子结构，进行超单元生成、超单元使用与超单元扩展。但实际分析中这种方法只适用于结构相对简单且划分网格及节点数较少的中小模型，而对于失谐叶盘系统这种大模型，由于结构复杂、划分的网格及节点数较多，分析起来比较耗时，当考虑叶片榫头与轮盘榫槽的接触关系时，分析将变得更为困难。基于以上不足，本书提出一种近似分

析方法——固定界面预应力-自由界面子结构模态综合超单元法。其基本思想是:采用自下而上的子结构分析方式,建立叶盘基本扇区有限元模型,固定约束叶盘基本扇区两侧面出口自由度(主自由度),施加工作转速,对每个失谐叶盘基本扇区进行预应力接触分析(叶盘绑定、叶盘接触);开启预应力设置,并释放叶盘基本扇区两侧面出口自由度(主自由度)的固定约束,进行自由界面子结构模态综合生成部分分析,生成超单元,采用超单元嵌套技术分别生成多级超单元,完成生成部分。其次将超单元相连接进行整体叶盘系统(模态、动态响应)分析,完成使用部分。最后将超单元主自由度的(模态、动态响应)凝聚解分级扩展到超单元内所有自由度上,从而获得叶盘系统所有自由度(模态、动态响应)的完整解,完成扩展部分。

将叶盘系统叶片榫头与轮盘榫槽的接触形式设置为标准(standard)接触,摩擦系数值为0.1。采用增广的拉格朗日法进行有限元离散,基于隐式算法求解接触问题。运用固定界面预应力-自由界面子结构模态综合超单元法分析失谐叶盘系统动态响应的流程如图6.2所示。

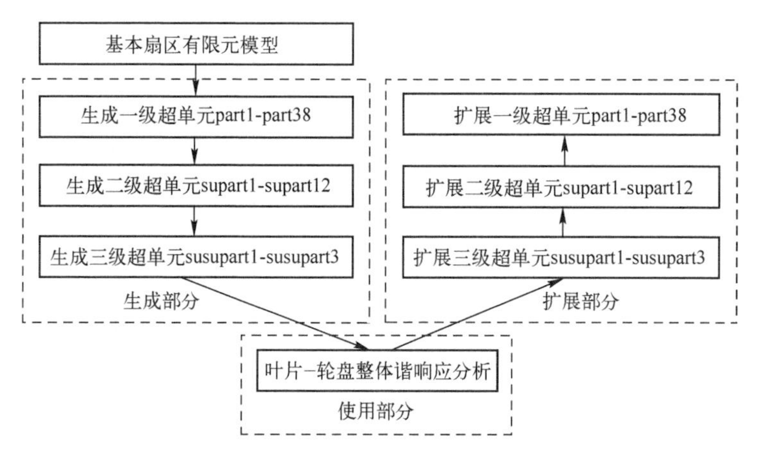

图6.2　基于固定界面预应力-自由界面子结构模态综合超单元法叶盘系统动态响应分析流程

6.2.1　模型基本参数及分析流程

采用固定界面预应力-自由界面子结构模态综合超单元法,基于叶盘系统动力学特性分析软件,进行某压气机第一级叶盘系统的动频分析,叶盘基本扇区有限元模型如图6.3所示,叶片榫头与轮盘榫槽的接触形式分别采用绑定(bonded)接触与标准接触,接触理论详见8.1节。

图6.3　叶盘基本扇区有限元模型

6.2.2　固定界面预应力-自由界面子结构模态综合超单元法分析算例

首先验证固定界面预应力-自由界面子结构模态综合超单元法的分析精度，分别采循环对称分析法及固定界面预应力-自由界面子结构模态综合超单元法分析谐调绑定叶盘系统在工作转速的下的动频，表6.1中给出了两种方法计算的谐调绑定叶盘系统在工作转速下的无量纲动频及相对误差。从表6.1中可看出，随着节径数的增加，相对误差逐渐变小，无量纲动频相对误差最大为3.072215%，满足分析精度要求。

表6.2为叶片榫头与轮盘榫槽的接触形式分别采用绑定接触与标准接触的谐调叶盘系统的1弯无量纲动频，由于试验测试叶盘系统低频共振时叶片为一弯振型，叶盘系统一弯族无量纲动频范围为1.0736~1.2269。由表6.2可以得出，接触形式为绑定接触时，叶盘系统一弯族无量纲动频范围超出了试验测试获得的叶盘系统一弯族无量纲动频范围，而当接触形式设置为标准接触时，叶盘系统一弯族无量纲动频范围仿真值在试验测试获得的叶盘系统一弯族无量纲动频范围内。由此得出结论：进行叶盘系统振动特性及动态特性分析时，必须考虑叶片榫头与轮盘榫头接触的影响，而将接触处理或简化为绑定形式，误差较大，动频计算结果明显偏大。因此，进行谐调、失谐叶盘系统动频、动力学分析时，将叶片榫头与轮盘榫槽的接触形式处理为标准接触。表6.3、表6.4分别为表6.2所示的两种失谐条件下绑定、接触叶盘系统的1弯族无量纲动频，通过绑定、接触叶盘系统的1弯族无量纲动频确定绑定、接触叶盘系统动力学特性分析所必需

的激励力无量纲频率的取值范围。

表 6.1 固定界面预应力-自由界面子结构模态综合超单元法分析精度验证

1 弯节径数	方法与误差		
	循环对称结构分析法谐调绑定叶盘系统无量纲动频	固定界面预应力-自由界面子结构模态综合超单元法谐调绑定叶盘系统无量纲动频	方法误差
0	1.157715	1.122147	3.072215%
1	1.178037	1.166626	0.968649%
2	1.19523	1.187301	0.663424%
3	1.205721	1.200015	0.473204%
4	1.213727	1.209172	0.375308%
5	1.219571	1.21569	0.318175%
6	1.223482	1.220184	0.269522%
7	1.225997	1.22316	0.231438%
8	1.227592	1.225138	0.199903%
9	1.228666	1.226472	0.178507%
10	1.229387	1.227393	0.162184%
11	1.229908	1.228052	0.150892%
12	1.230291	1.228528	0.143365%
13	1.230567	1.228896	0.135854%
14	1.230782	1.229156	0.132092%
15	1.230951	1.229356	0.129582%
16	1.231058	1.229494	0.127079%
17	1.231135	1.229586	0.125825%
18	1.231181	1.229647	0.124575%
19	1.231196	1.229663	0.124573%

表6.2　不同接触形式谐调叶盘系统无量纲动频对比

1弯节径数	接触形式	
	绑定谐调叶盘系统无量纲动频	标准谐调叶盘系统无量纲动频
0	1.1571472393	1.0989570552
1	1.177898773	1.1382055215
2	1.1954601227	1.1594785276
3	1.2061656442	1.176196319
4	1.2143404908	1.1857822086
5	1.2202760736	1.1918251534
6	1.2242484663	1.1961349693
7	1.2267944785	1.1992944785
8	1.2284202454	1.2015797546
9	1.229493865	1.2032208589
10	1.2302300613	1.2043404908
11	1.2307515337	1.205107362
12	1.2311349693	1.2056288344
13	1.2314263804	1.2059662577
14	1.2316411043	1.206196319
15	1.231809816	1.2063496933
16	1.2319171779	1.2064417178
17	1.231993865	1.2064877301
18	1.2320398773	1.2065184049
19	1.2320552147	1.2065337423

表6.3　两种失谐条件下绑定叶盘系统的1弯族无量纲动频

阶数	失谐形式	
	失谐模式1	失谐模式2
1	1.115322	1.105583
2	1.157807	1.143221
3	1.158696	1.14592
4	1.178067	1.160629
5	1.178528	1.161933
6	1.190429	1.167929
7	1.190798	1.172791

续表

阶数	失谐形式	
	失谐模式 1	失谐模式 2
8	1. 199356	1. 177393
9	1. 199571	1. 180429
10	1. 205706	1. 180736
11	1. 205782	1. 184693
12	1. 209893	1. 185061
13	1. 210169	1. 188298
14	1. 212776	1. 189417
15	1. 212868	1. 19477
16	1. 214555	1. 197638
17	1. 214678	1. 198942
18	1. 215644	1. 19908
19	1. 215844	1. 201764
20	1. 216319	1. 204847
21	1. 216534	1. 205107
22	1. 216779	1. 20592
23	1. 217132	1. 206748
24	1. 2175	1. 208942
25	1. 217745	1. 211212
26	1. 217899	1. 212577
27	1. 218267	1. 213482
28	1. 21862	1. 213972
29	1. 218972	1. 214693
30	1. 219218	1. 215951
31	1. 219371	1. 217117
32	1. 219877	1. 217791
33	1. 220215	1. 218052
34	1. 220506	1. 218926
35	1. 220874	1. 21908
36	1. 221442	1. 220445
37	1. 221779	1. 221304
38	1. 221948	1. 222178

表 6.4　两种失谐条件下接触叶盘系统的 1 弯族无量纲动频

阶数	失谐形式	
	失谐模式 1	失谐模式 2
1	1.0933128834	1.0767331288
2	1.1308588957	1.1073159509
3	1.1316104294	1.1101687117
4	1.1516411043	1.1227300613
5	1.1520245399	1.1250306748
6	1.1678220859	1.1308742331
7	1.1681441718	1.1355214724
8	1.1771472393	1.1399233129
9	1.1773466258	1.1425153374
10	1.1830828221	1.1458128834
11	1.1831595092	1.1461656442
12	1.1871625767	1.1462883436
13	1.187392638	1.1558588957
14	1.1902300613	1.159095092
15	1.1903680982	1.1688803681
16	1.1923466258	1.1718865031
17	1.1925460123	1.1726840491
18	1.193803681	1.1755214724
19	1.1939570552	1.1771932515
20	1.1946932515	1.1811349693
21	1.1948159509	1.1825
22	1.1950460123	1.1833282209
23	1.1953067485	1.1849233129
24	1.1957055215	1.1865337423
25	1.1959509202	1.187898773
26	1.1961503067	1.1906441718
27	1.1963650307	1.1914417178
28	1.1967791411	1.1921472393
29	1.1971319018	1.1925920245
30	1.1973312883	1.1938343558

续表

阶数	失 谐 形 式	
	失谐模式 1	失谐模式 2
31	1. 1974233129	1. 1950460123
32	1. 197898773	1. 1955214724
33	1. 1982668712	1. 1962883436
34	1. 1984815951	1. 196595092
35	1. 1988343558	1. 1966104294
36	1. 1993558282	1. 197791411
37	1. 1996319018	1. 1990797546
38	1. 1997392638	1. 199309816

6.3 移动界面模态综合超单元法

6.3.1 基本原理

首先,将叶盘系统视为谐调系统,此时叶盘系统具有循环对称性,因此可采用循环对称分析法对其振动特性进行仿真分析。利用绘图软件 SolidWorks 建立出谐调叶盘第一个基本扇区的三维模型,该扇区的位移向量用 $\boldsymbol{u}^1$ 来表示,位移向量又可分为界面自由度位移向量 $\boldsymbol{u}_{\mathrm{m}}^1$ 和非界面自由度位移向量 $\boldsymbol{u}_{\mathrm{s}}^1$,即

$$\boldsymbol{u}^1 = \begin{bmatrix} u_{\mathrm{m}}^1 \\ u_{\mathrm{s}}^1 \end{bmatrix} \tag{6.8}$$

将叶盘扇区三维模型导入到 ANSYS 有限元软件中,对其进行网格划分后,施加相应的边界条件和循环对称条件,然后采用循环对称分析法即可获得该叶盘扇区的界面自由度位移向量 $\boldsymbol{u}_{\mathrm{m}}^1$。

其次,设叶盘系统为失谐系统,此时将叶盘系统分成 N 个子结构,每个子结构对应一个叶盘扇区,即将叶盘系统划分为 N 个扇区。则叶盘系统第 i 个扇区的界面自由度位移向量为 $\boldsymbol{u}_{\mathrm{m}}^i$,可用下式来表示

$$\boldsymbol{u}_{\mathrm{m}}^i = [\, u_{\mathrm{m}}^{i1} \quad u_{\mathrm{m}}^{i2} \quad \cdots \quad u_{\mathrm{m}}^{ik} \,]^{\mathrm{T}} \tag{6.9}$$

式中:k 为扇区界面上的节点数。

由循环对称条件,得到叶盘系统第(i+1)个扇区第 j 个节点的界面自由度位移向量为

$$\boldsymbol{u}_{\mathrm{m}}^{(i+1)j\mathrm{T}}=\begin{bmatrix}\cos\left(\pm\dfrac{360}{N}\right) & \sin\left(\pm\dfrac{360}{N}\right) & 0\\ -\sin\left(\pm\dfrac{360}{N}\right) & \cos\left(\pm\dfrac{360}{N}\right) & 0\\ 0 & 0 & 1\end{bmatrix}\boldsymbol{u}_{\mathrm{m}}^{ij\mathrm{T}} \tag{6.10}$$

将 $\boldsymbol{u}_{\mathrm{m}}^{1}$ 代入到式(6.9)和式(6.10)中可求得 $\boldsymbol{u}_{\mathrm{m}}^{i}$。

在工作转速下叶盘系统第 i 个扇区的静力学方程为

$$\boldsymbol{K}^{i}\boldsymbol{u}^{i}=\boldsymbol{F}^{i} \tag{6.11}$$

式中：$\boldsymbol{K}^{i}$ 为第 i 个扇区的刚度矩阵；$\boldsymbol{F}^{i}$ 为第 i 个扇区的载荷向量；$\boldsymbol{u}^{i}$ 为第 i 个扇区的位移向量。

叶盘系统第 i 个扇区的位移向量为

$$\boldsymbol{u}^{i}=\begin{bmatrix}u_{\mathrm{m}}^{i}\\ u_{\mathrm{s}}^{i}\end{bmatrix} \tag{6.12}$$

将式(6.12)代入式(6.11)中，可得

$$\begin{bmatrix}K_{\mathrm{mm}}^{i} & K_{\mathrm{ms}}^{i}\\ K_{\mathrm{sm}}^{i} & K_{\mathrm{ss}}^{i}\end{bmatrix}\begin{bmatrix}u_{\mathrm{m}}^{i}\\ u_{\mathrm{s}}^{i}\end{bmatrix}=\begin{bmatrix}F_{\mathrm{m}}^{i}\\ F_{\mathrm{s}}^{i}\end{bmatrix} \tag{6.13}$$

再将式(6.13)进行化简，可得

$$\boldsymbol{K}_{\mathrm{ss}}^{i}\boldsymbol{u}_{\mathrm{s}}^{i}=\boldsymbol{F}_{\mathrm{s}}^{i}-\boldsymbol{K}_{\mathrm{sm}}^{i}\boldsymbol{v}_{\mathrm{m}}^{i} \tag{6.14}$$

对式(6.14)进行求解可求得 $\boldsymbol{K}^{i}$，叶盘第 i 个扇区的总刚度矩阵为

$$\boldsymbol{K}_{*}^{i}=\boldsymbol{K}^{i}+\boldsymbol{K}_{1}^{i}-\boldsymbol{K}_{\mathrm{r}}^{i} \tag{6.15}$$

式中：$\boldsymbol{K}_{1}^{i}$ 为离心刚化矩阵；$\boldsymbol{K}_{\mathrm{r}}^{i}$ 为旋转软化矩阵。

叶盘系统第 i 个扇区的动力学方程为

$$\boldsymbol{M}^{i}\ddot{\boldsymbol{u}}^{i}+\boldsymbol{K}_{*}^{i}\boldsymbol{u}^{i}=\boldsymbol{F}_{\mathrm{m}}^{i}+\boldsymbol{F}_{\mathrm{s}}^{i} \tag{6.16}$$

式中：$\boldsymbol{M}^{i}$ 为第 i 个扇区的质量矩阵；$\boldsymbol{F}_{\mathrm{m}}^{i}$ 为其他扇区对第 i 个扇区界面上施加的作用力向量；$\boldsymbol{F}_{\mathrm{s}}^{i}$ 为第 i 个扇区非界面上的节点受到的作用力向量。

将式(6.12)代入式(6.16)中，因 $\boldsymbol{F}_{\mathrm{s}}^{i}=\boldsymbol{0}$，式(6.16)展开后为

$$\begin{bmatrix}M_{\mathrm{mm}}^{i} & M_{\mathrm{ms}}^{i}\\ M_{\mathrm{sm}}^{i} & M_{\mathrm{ss}}^{i}\end{bmatrix}\begin{bmatrix}\ddot{u}_{\mathrm{m}}^{i}\\ \ddot{u}_{\mathrm{s}}^{i}\end{bmatrix}+\begin{bmatrix}K_{*\mathrm{mm}}^{i} & K_{*\mathrm{ms}}^{i}\\ K_{*\mathrm{sm}}^{i} & K_{*\mathrm{ss}}^{i}\end{bmatrix}\begin{bmatrix}u_{\mathrm{m}}^{i}\\ u_{\mathrm{s}}^{i}\end{bmatrix}=\begin{bmatrix}F_{\mathrm{m}}^{i}\\ 0\end{bmatrix} \tag{6.17}$$

无阻尼叶盘第 i 个扇区的自由振动方程为

$$\boldsymbol{M}^{i}\ddot{\boldsymbol{u}}^{i}+\boldsymbol{K}_{*}^{i}\boldsymbol{u}^{i}=\boldsymbol{0} \tag{6.18}$$

根据式(6.18)可以得到叶盘扇区的主模态集为

$$\boldsymbol{T}_{\mathrm{N}}^{i}=[T_{\mathrm{D}}^{i}\quad T_{\mathrm{G}}^{i}] \tag{6.19}$$

式中：$\boldsymbol{T}_{\mathrm{G}}^{i}$ 为高阶模态集；$\boldsymbol{T}_{\mathrm{D}}^{i}$ 为低阶模态集。则在物理坐标下的位移向量 $\boldsymbol{u}^{i}$ 可用下

式来表示

$$\boldsymbol{u}^i=\boldsymbol{T}_{\mathrm{N}}^i\boldsymbol{q}^i=[\,T_{\mathrm{D}}^i\quad T_{\mathrm{G}}^i\,]\begin{bmatrix}q_{\mathrm{D}}^i\\ q_{\mathrm{G}}^i\end{bmatrix}\tag{6.20}$$

式中：$\boldsymbol{q}^i$ 为模态坐标向量。

将式(6.12)代入式(6.20)中，并舍去高阶模态集 $\boldsymbol{T}_{\mathrm{G}}^i$，式(6.20)展开后为

$$\begin{bmatrix}u_{\mathrm{m}}^i\\ u_{\mathrm{s}}^i\end{bmatrix}=\boldsymbol{T}_{\mathrm{D}}^i\boldsymbol{q}_{\mathrm{D}}^i=\begin{bmatrix}T_{\mathrm{Dm}}^i\\ T_{\mathrm{Ds}}^i\end{bmatrix}\boldsymbol{q}_{\mathrm{D}}^i=\begin{bmatrix}T_{\mathrm{Dm}}^i\\ T_{\mathrm{Ds}}^i\end{bmatrix}\begin{bmatrix}u_{\mathrm{m}}^i\\ q_{\delta}^i\end{bmatrix}\tag{6.21}$$

式中：$\boldsymbol{q}_{\delta}^i$ 为广义模态坐标向量；$\boldsymbol{T}_{\mathrm{D}}^i$为第一坐标变换矩阵，可表示为

$$\boldsymbol{T}_{\mathrm{D}}^i=\begin{bmatrix}\boldsymbol{I} & \boldsymbol{0} & \boldsymbol{0}\\ \boldsymbol{G}_{\mathrm{sm}}^i & \boldsymbol{T}_{\mathrm{sr}}^i & \hat{\boldsymbol{T}}_{\mathrm{s}}^i\end{bmatrix}\tag{6.22}$$

式中：$\boldsymbol{I}$ 为单位矩阵；$\boldsymbol{G}_{\mathrm{sm}}^i=-\boldsymbol{K}_{*\mathrm{ss}}^{i\ -1}\boldsymbol{K}_{*\mathrm{sm}}^i$为冗余静态约束模态矩阵；$\boldsymbol{T}_{\mathrm{sr}}^i$为惯性释放模态矩阵；$\hat{\boldsymbol{T}}_{\mathrm{s}}^i=[\,\boldsymbol{T}_{\mathrm{s}}^i-\boldsymbol{G}_{\mathrm{sm}}^i\boldsymbol{T}_{\mathrm{m}}^i\,]$，$\boldsymbol{T}_{\mathrm{m}}^i$为界面自由度正则模态矩阵，$\boldsymbol{T}_{\mathrm{s}}^i$为非界面自由度正则模态矩阵。

将式(6.21)代入式(6.18)中，即对物理坐标下的叶盘扇区动力学方程进行模态变换，得到模态坐标下的动力学方程为

$$\hat{\boldsymbol{M}}^i\ddot{\boldsymbol{q}}_{\mathrm{D}}^i+\hat{\boldsymbol{K}}_*^i\boldsymbol{q}_{\mathrm{D}}^i=\hat{\boldsymbol{F}}^i\quad(i=1,2,\cdots,N)\tag{6.23}$$

式中：$\hat{\boldsymbol{M}}^i=\boldsymbol{T}_{\mathrm{D}}^{i\ \mathrm{T}}\boldsymbol{M}^i\boldsymbol{T}_{\mathrm{D}}^i$；$\hat{\boldsymbol{K}}_*^i=\boldsymbol{T}_{\mathrm{D}}^{i\ \mathrm{T}}\boldsymbol{K}_*^i\boldsymbol{T}_{\mathrm{D}}^i$；$\hat{\boldsymbol{F}}^i=\boldsymbol{T}_{\mathrm{D}}^{i\ \mathrm{T}}\begin{bmatrix}F_{\mathrm{m}}^i\\ 0\end{bmatrix}$。

再将其他所有叶盘扇区物理坐标下的动力学方程全都变换为模态坐标下的动力学方程，生成 N 个超单元。

这 N 个超单元模态坐标的整体动力学方程为

$$\begin{bmatrix}\hat{\boldsymbol{M}}^1 & 0 & 0\\ 0 & \ddots & 0\\ 0 & 0 & \hat{\boldsymbol{M}}^N\end{bmatrix}\begin{bmatrix}\ddot{q}_{\mathrm{D}}^1\\ \vdots\\ \ddot{q}_{\mathrm{D}}^N\end{bmatrix}+\begin{bmatrix}\hat{\boldsymbol{K}}_*^1 & 0 & 0\\ 0 & \ddots & 0\\ 0 & 0 & \hat{\boldsymbol{K}}_*^N\end{bmatrix}\begin{bmatrix}q_{\mathrm{D}}^1\\ \vdots\\ q_{\mathrm{D}}^N\end{bmatrix}=\begin{bmatrix}\boldsymbol{T}_{\mathrm{Dm}}^{1\ \mathrm{T}} & 0 & 0\\ 0 & \ddots & 0\\ 0 & 0 & \boldsymbol{T}_{\mathrm{Dm}}^{N\ \mathrm{T}}\end{bmatrix}\begin{bmatrix}F_{\mathrm{m}}^1\\ \vdots\\ F_{\mathrm{m}}^N\end{bmatrix}\tag{6.24}$$

假设不同超单元界面节点之间可以相互耦合，则相连的第 i 个超单元和第 j 个超单元界面间满足力平衡和位移谐调条件，其力平衡条件为

$$\boldsymbol{F}_{\mathrm{m}}^i+\boldsymbol{F}_{\mathrm{m}}^j=\boldsymbol{0}\tag{6.25}$$

位移谐调条件为

$$\boldsymbol{u}_{\mathrm{m}}^i=\boldsymbol{u}_{\mathrm{m}}^j\tag{6.26}$$

将其进行模态变换，可得

$$\boldsymbol{T}_{\mathrm{Dm}}^{i}\boldsymbol{q}_{\mathrm{D}}^{i}=\boldsymbol{T}_{\mathrm{Dm}}^{j}\boldsymbol{q}_{\mathrm{D}}^{j} \tag{6.27}$$

令 $\boldsymbol{p}$ 为叶盘系统的广义坐标,则模态坐标 $\boldsymbol{q}$ 与广义坐标 $\boldsymbol{p}$ 的关系式为

$$\boldsymbol{q}=\boldsymbol{\alpha}\boldsymbol{p} \tag{6.28}$$

式中:$\boldsymbol{\alpha}$ 为第二坐标变换矩阵。

再将式(6.28)代入式(6.24)中,可得叶盘系统广义坐标下的动力学方程为

$$\overline{\boldsymbol{M}}\ddot{\boldsymbol{p}}+\overline{\boldsymbol{K}}_{*}\boldsymbol{p}=\overline{\boldsymbol{F}} \tag{6.29}$$

式中

$$\overline{\boldsymbol{M}}=\boldsymbol{\alpha}^{\mathrm{T}}\begin{bmatrix}\hat{\boldsymbol{M}}^{1} & 0 & 0\\ 0 & \ddots & 0\\ 0 & 0 & \hat{\boldsymbol{M}}^{N}\end{bmatrix}\boldsymbol{\alpha}$$

$$\overline{\boldsymbol{K}}_{*}=\boldsymbol{\alpha}^{\mathrm{T}}\begin{bmatrix}\hat{\boldsymbol{K}}_{*}^{1} & 0 & 0\\ 0 & \ddots & 0\\ 0 & 0 & \hat{\boldsymbol{K}}_{*}^{N}\end{bmatrix}\boldsymbol{\alpha}$$

$$\overline{\boldsymbol{F}}=\boldsymbol{\alpha}^{\mathrm{T}}\begin{bmatrix}\boldsymbol{T}_{\mathrm{Dm}}^{1\ \mathrm{T}} & 0 & 0\\ 0 & \ddots & 0\\ 0 & 0 & \boldsymbol{T}_{\mathrm{Dm}}^{N\ \mathrm{T}}\end{bmatrix}\begin{bmatrix}F_{\mathrm{m}}^{1}\\ M\\ F_{\mathrm{m}}^{N}\end{bmatrix}$$

将式(6.25)代入 $\overline{\boldsymbol{F}}$ 中,可得 $\overline{\boldsymbol{F}}=0$,此时式(6.29)为

$$\overline{\boldsymbol{M}}\ddot{\boldsymbol{p}}+\overline{\boldsymbol{K}}_{*}\boldsymbol{p}=\boldsymbol{0} \tag{6.30}$$

对式(6.30)进行求解便能获得整个叶盘系统各个节径下的固有频率(静频和动频)及广义坐标下的振型,再通过两次坐标变换便能得到叶盘系统在物理坐标下的振型。

6.3.2　分析精度验证

6.3.1 节阐述了采用移动界面模态综合超单元法对叶盘系统振动进行仿真计算的具体求解过程,本小节将采用循环对称分析法对该方法进行分析精度验证,由于循环对称分析法仅适用于对循环对称结构的振动分析,因此为了能验证该方法的分析精度,须对谐调叶盘系统的振动进行仿真分析,即对叶盘系统中的每个叶片都设置相同的材料参数。下面先采用循环对称分析法对谐调叶盘系统的振动进行仿真分析。

1. 基于循环对称分析法的谐调叶盘振动分析

首先,建立谐调叶盘某个扇区的三维模型(由于谐调叶盘系统具有循环对称性,因此可先对单个扇区的振动参数进行仿真计算,然后再将仿真结果扩展到整个

叶盘系统),将该叶盘扇区模型导入有限元软件中。其次,对该模型进行前处理设置,其具体操作是:

(1) 定义叶盘扇区的单元类型。这里所研究的叶片为等截面叶片,因此使用SOLID 实体单元,SOLID 单元又分为 4 节点、8 节点和 20 节点等多种实体单元,选择高精度的 20 节点 SOLID186 单元。

(2) 设置叶盘扇区的材料参数。这里所研究的叶片材料为 45 钢,通过查阅材料手册得到叶片的各材料参数如表 6.5 所列。

表 6.5 叶片的材料及材料参数

部　件	材　料	弹性模量/(N/m^2)	密度/(kg/m^3)	泊松比
叶片	45 钢	2.1×10^{11}	7800	0.28

(3) 划分网格。由于叶盘扇区形状较为复杂,因此采用自由网格划分,划分网格后的叶盘扇区如图 6.4 所示,该叶盘扇区共有 11787 个节点,7107 个单元。

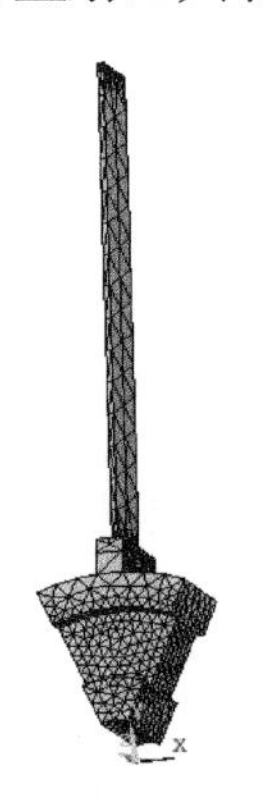

图 6.4 单个叶盘扇区的网格划分图

(4) 保存模型。对划分完网格的叶盘扇区模型进行保存。

然后对叶盘扇区施加边界条件并求解,采用循环对称分析法对旋转叶盘扇区进行有限元仿真,该方法的边界条件是对叶盘扇区底面上所有节点的位移全约束,其转速设为 3000r/min。求解完成后选择扩展指令,这样便可以查看整个叶盘系统的仿真结果。由于该谐调叶盘系统含有 8 个叶片,因此在仿真结果中可以输出 0~4 节径的叶盘振型图。

基于循环对称分析法的旋转叶盘系统各节径振型图如图 6.5 所示。从图中可以看到,叶盘系统各节径下的动频均为 90.9Hz,叶盘 0 节径呈现节圆振动(即振型中没有位移为零的直线),1 节径叶盘振型出现一条零位移直线,2 节径叶盘振型出现两条相互垂直的零位移直线,零位移直线的数量与叶盘节径数是一一对应的。

从图中还可以看到,在叶盘系统各个叶片的叶尖处振动位移值最大,即叶片的振动主要是集中在叶尖部位。

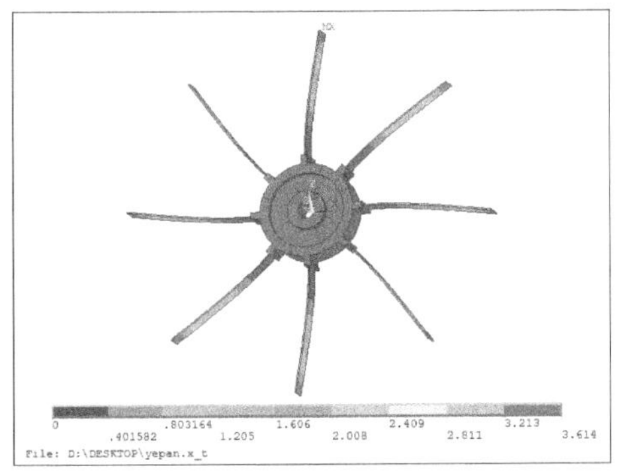

(a) 旋转叶盘0节径振型图

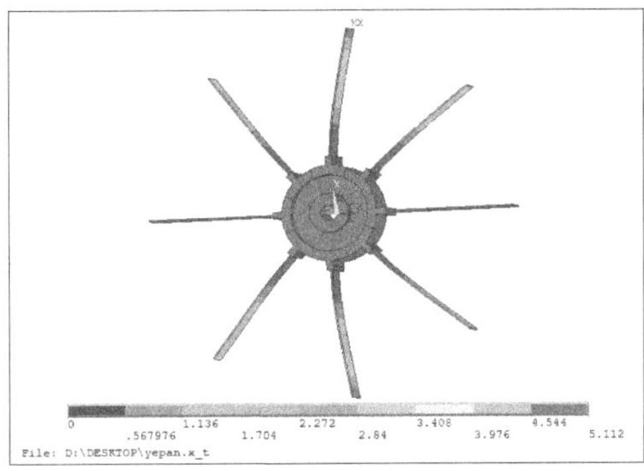

(b) 旋转叶盘1节径振型图

(c) 旋转叶盘2节径振型图

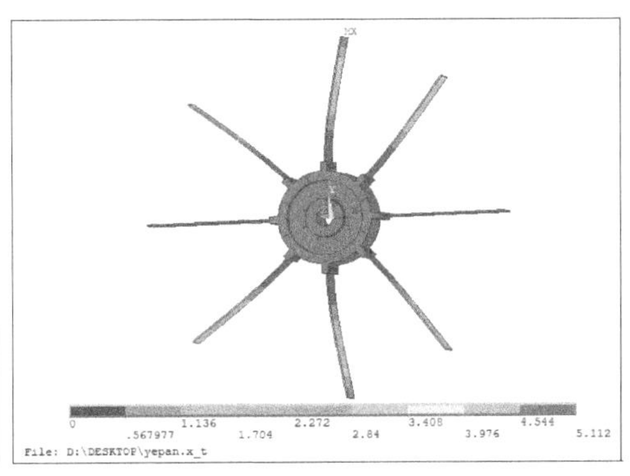

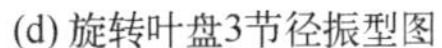

(d) 旋转叶盘3节径振型图

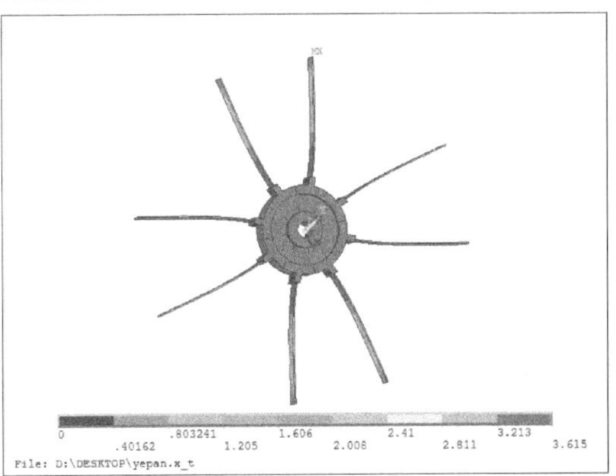

(e) 旋转叶盘4节径振型图

图 6.5　基于循环对称分析法的旋转叶盘系统各节径振型图(见书末彩图)

接下来采用循环对称分析法对非旋转的谐调叶盘振动进行仿真分析,即对谐调叶盘的静频进行仿真计算。求解并扩展后得到基于循环对称分析法的叶盘系统静频振型图如图 6.6 所示。从图中可以看到,叶盘系统的静频值为 59.8Hz。

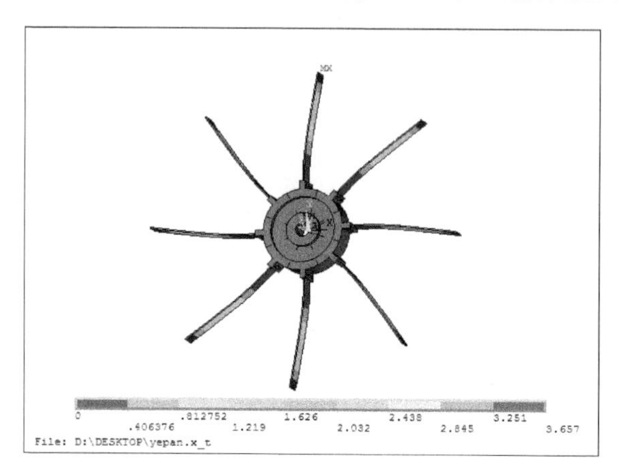

图 6.6 基于循环对称分析法的叶盘系统静频振型图(见书末彩图)

2. 基于移动界面模态综合超单元法的谐调叶盘振动分析算例

采用移动界面模态综合超单元法对该叶盘系统的振动频率和振型进行仿真计算,求解完成后得到基于移动界面模态综合超单元法的旋转谐调叶盘系统各节径振型图如图 6.7 所示。

从图 6.7 中可以看到,该叶盘系统各节径下的动频均是 90.9Hz,这与循环对称分析法所求得的结果一致,再通过比较图 6.5 和图 6.7 可以看出采用这两种方法所求得的叶盘振型图也是基本相同的。唯一不同的是从图 6.7 中可以清晰地看到叶盘系统被划分成了 8 等份,而图 6.5 中的叶盘系统没有分割线,这是由于采用循环对称分析法对叶盘系统振动进行仿真时只对叶盘其中一个扇区的振动进行了仿真计算,然后根据谐调叶盘的循环对称性将仿真结果扩展到整个叶盘系统;而采用移动界面模态综合超单元法对叶盘振动进行仿真时是对叶盘系统的每个扇区都依次进行了仿真,因此该方法适用于对任意叶盘系统(谐调和失谐系统)的振动分析。

接下来采用移动界面模态综合超单元法对非旋转的谐调叶盘振动进行仿真分析,求解完成后得到基于移动界面模态综合超单元法的谐调叶盘系统静频振型图如图 6.8 所示。

从图 6.8 中可以看到,叶盘系统的静频值是 59.8Hz,这与循环对称分析法所求得的结果一致。

综上可知,采用移动界面模态综合超单元法所求得的叶盘静频、动频和振型均与循环对称分析法的求解结果基本一致,因此可以充分说明移动界面模态综合超单元法具有较高的分析精度。

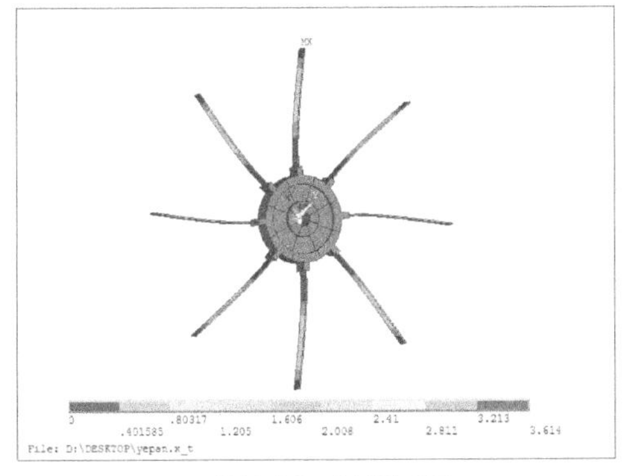

(a) 旋转叶盘0节径振型图

(b) 旋转叶盘1节径振型图

(c) 旋转叶盘2节径振型图

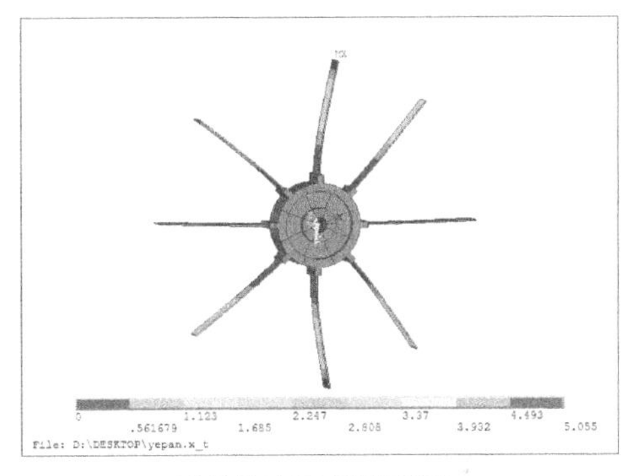

(d) 旋转叶盘3节径振型图

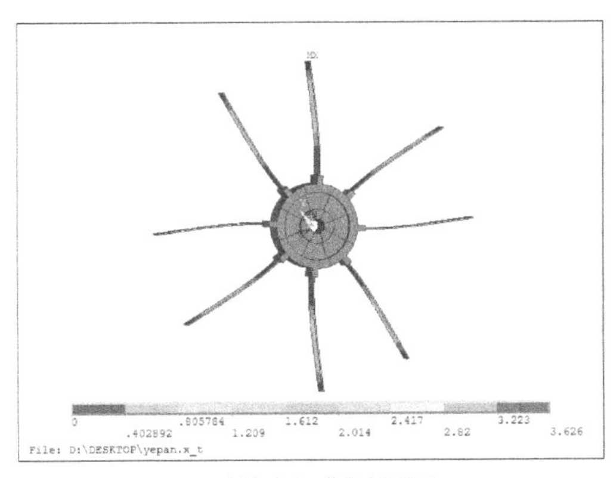

(e) 旋转叶盘4节径振型图

图 6.7　基于移动界面模态综合超单元法的旋转谐调叶盘系统各节径振型图(见书末彩图)

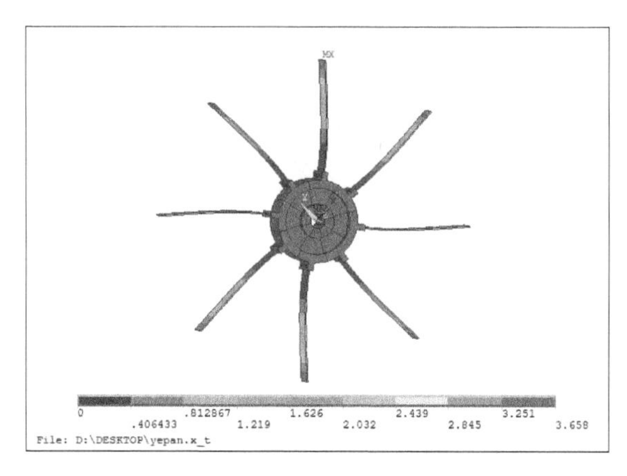

图 6.8　基于移动界面模态综合超单元法的谐调叶盘系统静频振型图(见书末彩图)

6.3.3　移动界面模态综合超单元法分析算例

本节将采用移动界面模态综合超单元法对失谐叶盘系统进行振动仿真分析，假设圆盘为谐调结构，将叶片引入不同的弹性模量摄动系数 P_j 模拟失谐，即

$$E_j=E_0(1+P_j)\quad (j=1,2,\cdots,N) \tag{6.31}$$

式中：E_0 为谐调叶片的弹性模量；E_j 为第 j 个失谐叶片的弹性模量；P_j 为第 j 个失谐叶片的弹性模量扰动系数。采用 5.3 节中叶片静频试验、二分法及有限元分析相结合方法，对压气机一级叶盘系统所有叶片的失谐参数进行了辨识。表 6.6 显示了用上述方法确定的每个叶片的无量纲失谐弹性模量。

表 6.6　识别的无量纲失谐叶片弹性模量

叶片序号	E_j	叶片序号	E_j	叶片序号	E_j
1	0.997181	14	0.942819	27	0.975859
2	0.96074	15	0.978855	28	0.957753
3	0.913242	16	0.925022	29	0.991066
4	0.957753	17	0.978855	30	0.907374
5	0.988	18	0.916211	31	0.96978
6	0.907374	19	0.978855	32	0.907374
7	0.957753	20	0.916211	33	0.96978
8	0.913242	21	0.975859	34	0.904467
9	0.984978	22	0.972775	35	0.96074
10	0.954758	23	0.975859	36	0.901559
11	0.981938	24	0.88126	37	0.948767
12	0.884167	25	0.96074	38	0.875515
13	0.981938	26	0.988		

基本扇区和实际叶盘系统的有限元模型如图6.9所示。失谐叶盘结构的叶片数为38。叶片材料参数:各失谐叶片弹性模量见表6.6。所述的接触副分别设置在所述刀片的榫头和所述圆盘的榫槽上。接触副类型为标准接触,摩擦系数为0.1。采用增广拉格朗日法对接触区域进行离散,采用隐式算法进行接触分析。采用移动界面子结构模态综合超单元法对压气机一级失谐叶盘系统的动态频率进行了分析。

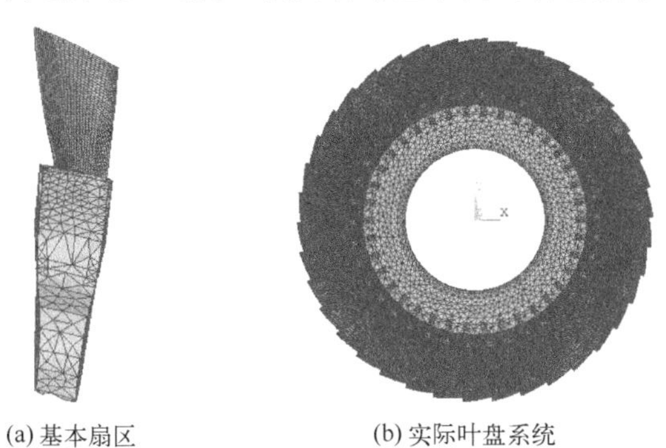

(a) 基本扇区　　(b) 实际叶盘系统

图6.9　基本扇区和实际叶盘系统的有限元模型(见书末彩图)

从图6.10和图6.11可以看出:当阶数为1时,叶盘的振动模态表现为近似0节

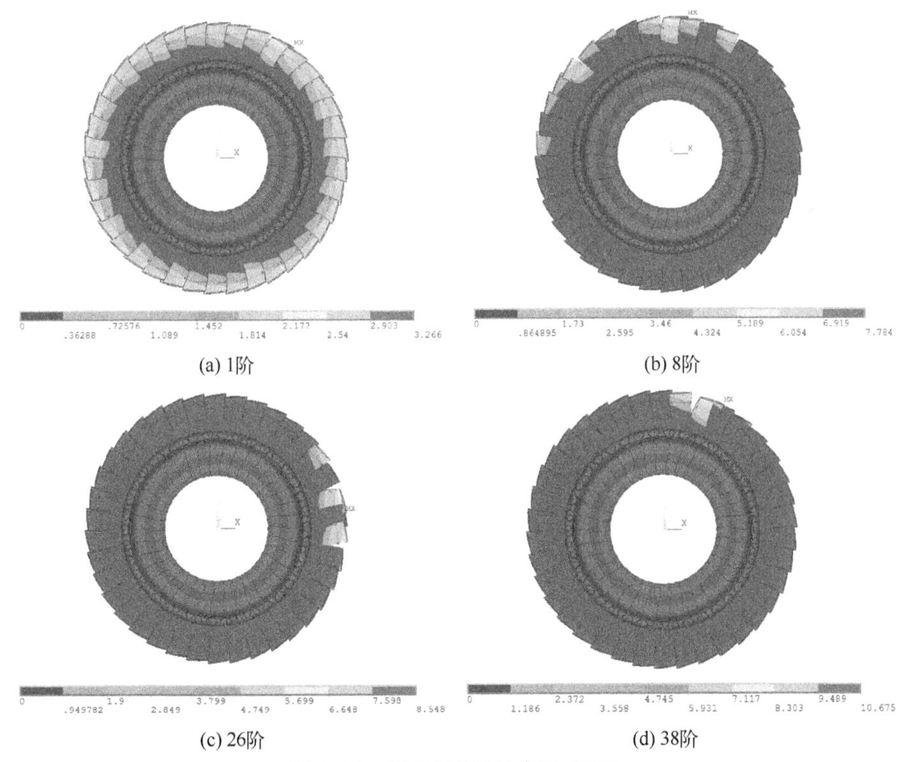

(a) 1阶　　(b) 8阶

(c) 26阶　　(d) 38阶

图6.10　振动模态(见书末彩图)

径振动，模态局部化因子 $L=1.68$，模态局部化程度很低；当阶数为 8 时，叶盘的振动模态不表现为 4 节径振动，模态局部化因子 $L=5.6$，模态局部化程度较大，振动能量集中在少数叶片上；当阶数为 26 时，叶盘的振动模态不表现为 13 节径振动，模态局部化因子 $L=6.7$，模态局部化程度较大，振动能量集中在 3 个叶片上；当阶数为 38 时，叶盘的振动模态不表现为 19 节径振动，模态局部化因子 $L=15.1$，最大模态局部化程度和振动能量集中在两个叶片上。失谐对叶盘系统不同阶振型局部化程度的影响是不同的。对于一种特殊形式的失谐，失谐系统的模态局部化因子曲线随阶数的增加呈振荡趋势。结果表明，对于一种特定的失谐形式，不同阶模态的模态特性存在一定的失谐灵敏度差异。在这种情况下，当失谐强度较大时，叶盘系统各振型的局部化程度相差很大。这种差异与失谐的形式密切相关。

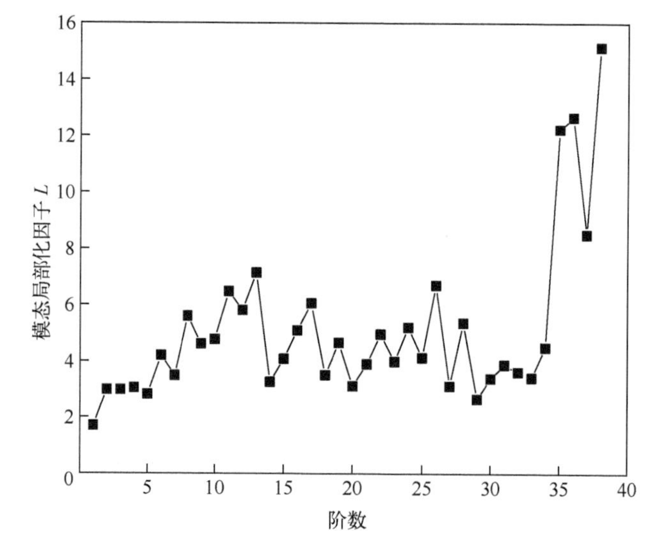

图 6.11　模态局部化特性

参考文献

[1] GUYAN R J. Reduction of stiffness and mass matrices[J]. AIAA Journal,1965(3):380 -380.

[2] IRONS B M. Structural eigenvalue problems:flimination of unwanted variables[J]. AIAA Journal, 1965(3):961-962.

[3] PAZ MARIO. Dynamic condensation[J]. AIAA J. ,1984,22(5):724-727.

[4] YANG M T, GRIFFIN J H. A Reduced-Order Model of Mistuning Using a Subset of Nominal System Modes[J]. Journal of Engineering for Gas Turbines and Power, 2001, 123(4): 893-900.

[5] YANG M T, GRIFFIN J H. A Normalized Modal Eigenvalue Approach for Resolving Modal Interaction[J]. ASME J. Eng. Gas Turbines Power, 1997,119: 647-650.

[6] FEINER D M, GRIFFIN J H. Mistuning Identification of Bladed Disks Using a Fundamental Mistuning Model: Part 1-Theory[C]// Asme Turbo Expo, Collocated with the International Joint Power Generation Conference, 2003.

[7] FEINER D M, GRIFFIN J H. Mistuning Identification of Bladed Disks Using a Fundamental Mistuning Model: Part 2 - Application [C]// Asme Turbo Expo, Collocated with the International Joint Power Generation Conference, 2003.

[8] ZHANG L, HE Y, YUAN H Q, et al. Vibration characteristics analysis of mistuned bladed disk system based on mobile interface prestressed CMS super-element method[J]. Journal of vibro-engineering, 2018, 20(7):2576-2592.

第7章

载荷参数对失谐叶盘系统振动响应影响分析方法

失谐导致叶盘系统局部化程度加剧,特别是转速、激励阶次和频率转向等载荷参数综合作用在失谐叶盘系统时,会导致严重的振动局部化现象。当叶盘系统在高速旋转下的动频等于激励力频率,且激励力阶次等于节径数时,出现最强烈的共振;在转子动力学里普遍存在频率转向现象,由于失谐造成系统的重特征值分裂,在频率转向区域会导致模态振动和响应振动的局部化现象,使失谐叶盘系统振动局部化问题变得极为复杂。

7.1 激励阶次对失谐叶盘系统振动响应的影响分析

7.1.1 激励力

由三重点原理[1]可知,当激励力频率与压气机叶盘系统的动频相等,并且激励力阶次与节径相等时,会导致共振。由于叶盘系统实际受力情况较为复杂,进行动力学分析时一般将气动激励简化成作用在叶片叶尖节点的单点激励。

叶盘振动的动力学方程为

$$\boldsymbol{M}\ddot{\boldsymbol{X}}+\boldsymbol{C}\dot{\boldsymbol{X}}+\boldsymbol{K}\boldsymbol{X}=\boldsymbol{F} \tag{7.1}$$

式中:$\boldsymbol{M}$ 为质量矩阵;$\boldsymbol{C}$ 为阻尼矩阵;$\boldsymbol{K}$ 为刚度矩阵;$\boldsymbol{F}$ 为激励力向量,作用在第 i 个叶片上的激励力分量为

$$F_i=F_i^0\sin(\omega t+\phi_i)\quad (i=1,2,\cdots,N) \tag{7.2}$$

$$F_i=F_i^0\mathrm{e}^{\mathrm{j}(\omega t+\phi_i)}=\{F_i^0\mathrm{e}^{\mathrm{j}\phi_i}\}\mathrm{e}^{\mathrm{j}\omega t}$$

$$=\{F_i^0\cos\phi_i+\mathrm{j}F_i^0\sin\phi_i\}\mathrm{e}^{\mathrm{j}\omega t}$$

式中:F_i^0、ω、N、ϕ_i 分别为第 i 个叶片上所受激励力的幅值、激励频率、叶片数、相位角,其中

$$\phi_i=2\pi E(i-1)/N\quad (i=1,2,\cdots,N) \tag{7.3}$$

式中：E 为激励阶次。

在有限元分析时施加的实部值和虚部值可由式(7.4)和式(7.5)获得：

实部值

$$F_r=F_i^0\cos[2\pi E(i-1)/N] \tag{7.4}$$

虚部值

$$F_i=F_i^0\sin[2\pi E(i-1)/N] \tag{7.5}$$

式中：幅值 $F_i^0=8$；i 表示叶片编号 $i=1,2,\cdots,N$。本书根据叶盘实际工作情况选定阻尼比$\varsigma=0.1\%$。由式(7.3)可知，相邻叶片之间相位角大小由激励阶次 E 决定。

如静子叶片数和转子叶片数分别为 N_s 和 N，则激励相位差 φ_e 为

$$\varphi_e=\frac{2\pi}{N}N_s \tag{7.6}$$

而振型相位差 φ_v 可表示为

$$\varphi_v=\frac{2\pi}{N}E \tag{7.7}$$

由三重点理论可知，激励阶次与节径数相等时叶盘系统发生共振，即

$$\varphi_e=2k\pi\pm\varphi_v \tag{7.8}$$

式中：$k=0,1,2,3\cdots$。显然

$$\varphi_e=\varphi_v+\frac{2\pi}{N}(N_s-E) \tag{7.9}$$

当静子叶片数大于转子叶片数时，若激励阶次满足如下关系

$$E=N_s-N \tag{7.10}$$

则

$$\varphi_e=\varphi_v+2\pi \tag{7.11}$$

满足式(7.8)所述条件，可以激起共振。本书中静子叶片数选择39、40、41、42、43、44，转子叶片数 $N=38$，因此低阶激励阶次为1、2、3、4、5、6。不同激励阶次下的激励力如表7.1所示。

表7.1　不同激励阶次下的激励力

叶片序号	激励阶次											
	1		2		3		4		5		6	
	实部	虚部	实部	虚部	实部	虚部	实部	虚部	实部	虚部	实部	虚部
1	8	0	8	0	8	0	8	0	8	0	8	0
2	7.891	1.317	7.567	2.598	7.036	3.808	6.313	4.914	5.418	5.885791	4.376	6.697
3	7.567	2.598	6.313	4.914	4.376	6.697	1.964	7.755	-0.661	7.972676	-3.214	7.326
4	7.036	3.808	4.376	6.697	0.661	7.973	-3.214	7.326	-6.313	4.913702	-7.891	1.317

续表

叶片序号	激励阶次											
	1		2		3		4		5		6	
	实部	虚部	实部	虚部	实部	虚部	实部	虚部	实部	虚部	实部	虚部
5	6.313	4.914	1.964	7.755	-3.214	7.326	-7.036	3.808	-7.891	-1.316756	-5.418	-5.886
6	5.418	5.886	-0.661	7.973	-6.313	4.914	-7.891	-1.317	-4.376	-6.697332	1.964	-7.755
7	4.376	6.697	-3.214	7.326	-7.891	1.317	-5.418	-5.886	1.964	-7.755202	7.567	-2.598
8	3.214	7.326	-5.418	5.886	-7.567	-2.598	-0.661	-7.973	7.036	-3.80758	6.313	4.914
9	1.964	7.755	-7.036	3.808	-5.418	-5.886	4.376	-6.697	7.567	2.597595	-0.661	7.973
10	0.661	7.973	-7.891	1.317	-1.964	-7.755	7.567	-2.598	3.214	7.326186	-7.036	3.808
11	-0.661	7.973	-7.891	-1.317	1.964	-7.755	7.567	2.598	-3.214	7.326187	-7.036	-3.808
12	-1.964	7.755	-7.036	-3.808	5.418	-5.886	4.376	6.697	-7.567	2.597597	-0.661	-7.973
13	-3.214	7.326	-5.418	-5.886	7.567	-2.598	-0.661	7.973	-7.036	-3.807578	6.313	-4.914
14	-4.376	6.697	-3.214	-7.326	7.891	1.317	-5.418	5.886	-1.964	-7.755202	7.567	2.598
15	-5.418	5.886	-0.661	-7.973	6.313	4.914	-7.891	1.317	4.376	-6.697333	1.964	7.755
16	-6.313	4.914	1.964	-7.755	3.214	7.326	-7.036	-3.808	7.891	-1.316758	-5.418	5.886
17	-7.036	3.808	4.376	-6.697	-0.661	7.973	-3.214	-7.326	6.313	4.9137	-7.891	-1.317
18	-7.567	2.598	6.313	-4.914	-4.376	6.697	1.964	-7.755	0.661	7.972676	-3.214	-7.326
19	-7.891	1.317	7.567	-2.598	-7.036	3.808	6.313	-4.914	-5.418	5.885793	4.376	-6.697
20	-8	0	8	0	-8	0	8	0	-8	0	8	0
21	-7.891	-1.317	7.567	2.598	-7.036	-3.808	6.313	4.914	-5.418	-5.88579	4.376	6.697
22	-7.567	-2.598	6.313	4.914	-4.376	-6.697	1.964	7.755	0.661	-7.972676	-3.214	7.326
23	-7.036	-3.808	4.376	6.697	-0.661	-7.973	-3.214	7.326	6.313	-4.913704	-7.891	1.317
24	-6.313	-4.914	1.964	7.755	3.214	-7.326	-7.036	3.808	7.891	1.316754	-5.418	-5.886
25	-5.418	-5.886	-0.661	7.973	6.313	-4.914	-7.891	-1.317	4.376	6.69733	1.964	-7.755
26	-4.376	-6.697	-3.214	7.326	7.891	-1.317	-5.418	-5.886	-1.964	7.755203	7.567	-2.598
27	-3.214	-7.326	-5.418	5.886	7.567	2.598	-0.661	-7.973	-7.036	3.807582	6.313	4.914
28	-1.964	-7.755	-7.036	3.808	5.418	5.886	4.376	-6.697	-7.567	-2.597593	-0.661	7.973
29	-0.661	-7.973	-7.891	1.317	1.964	7.755	7.567	-2.598	-3.214	-7.326185	-7.036	3.808
30	0.661	-7.973	-7.891	-1.317	-1.964	7.755	7.567	2.598	3.214	-7.326188	-7.036	-3.808
31	1.964	-7.755	-7.036	-3.808	-5.418	5.886	4.376	6.697	7.567	-2.597599	-0.661	-7.973
32	3.214	-7.326	-5.418	-5.886	-7.567	2.598	-0.661	7.973	7.036	3.807576	6.313	-4.914
33	4.376	-6.697	-3.214	-7.326	-7.891	-1.317	-5.418	5.886	1.964	7.755201	7.567	2.598

续表

叶片序号	激励阶次											
	1		2		3		4		5		6	
	实部	虚部	实部	虚部	实部	虚部	实部	虚部	实部	虚部	实部	虚部
34	5.418	-5.886	-0.661	-7.973	-6.313	-4.914	-7.891	1.317	-4.376	6.697334	1.964	7.755
35	6.313	-4.914	1.964	-7.755	-3.214	-7.326	-7.036	-3.808	-7.891	1.316761	-5.418	5.886
36	7.036	-3.808	4.376	-6.697	0.661	-7.973	-3.214	-7.326	-6.313	-4.913699	-7.891	-1.317
37	7.567	-2.598	6.313	-4.914	4.376	-6.697	1.964	-7.755	-0.661	-7.972676	-3.214	-7.326
38	7.891	-1.317	7.567	-2.598	7.036	-3.808	6.313	-4.914	5.418	-5.885794	4.376	-6.697

7.1.2　激励阶次对谐调叶盘系统振动响应分析

谐调叶盘系统的幅频特性如图7.1所示,图7.2为激励阶次选择1、2、3、4、5、6阶次时谐调叶盘系统的幅频特性。

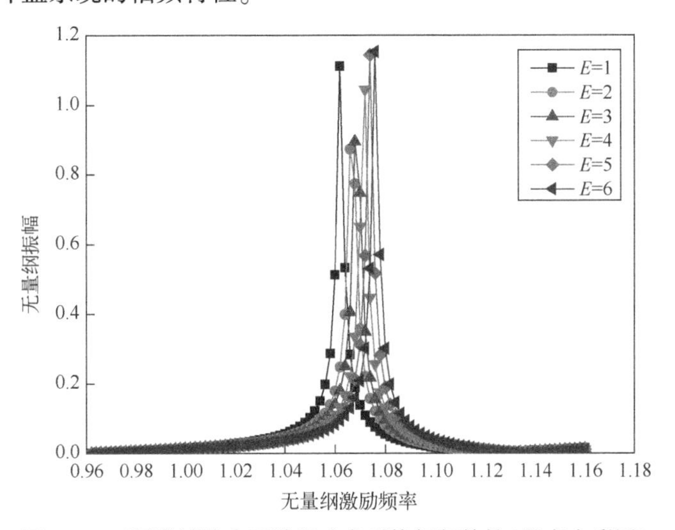

图7.1　不同激励阶次下谐调叶盘系统幅频特性(见书末彩图)

由图7.1可知,当激励阶次为1时,无量纲激励频率为1.062时,叶盘系统发生共振,只有一个峰值,最大振幅为1.113。当激励阶次为2时,无量纲激励频率为1.066时,叶盘系统发生共振,只有一个峰值,最大振幅为0.873。当激励阶次为3时,无量纲激励频率为1.068时,叶盘系统发生共振,只有一个峰值,最大振幅为0.89。当激励阶次为4时,无量纲激励频率为1.072时,叶盘系统发生共振,只有一个峰值,最大振幅为1.043。当激励阶次为5时,无量纲激励频率为1.074时,叶盘系统发生共振,只有一个峰值,最大振幅为1.143。当激励阶次为6时,无量纲激励频率为1.076时,叶盘系统发生共振,只有一个峰值,最大振幅为1.153。从图上可以看出,叶盘系统的振幅在激励阶次为6时达到最大,在激励阶次为2时最大振幅最小。随着激励阶次的增加,谐调叶盘系统的振幅先降低再增大,发生共振的频率逐渐变大。

从图7.2可知,当叶盘系统为谐调系统时,随着激励阶次的增大,叶片应变能先降低,在激励阶次为2时达到最小,然后再升高,在激励阶次为1时叶片应变能为1.2,在激励阶次为6时,叶片最大应变能值为2.42。

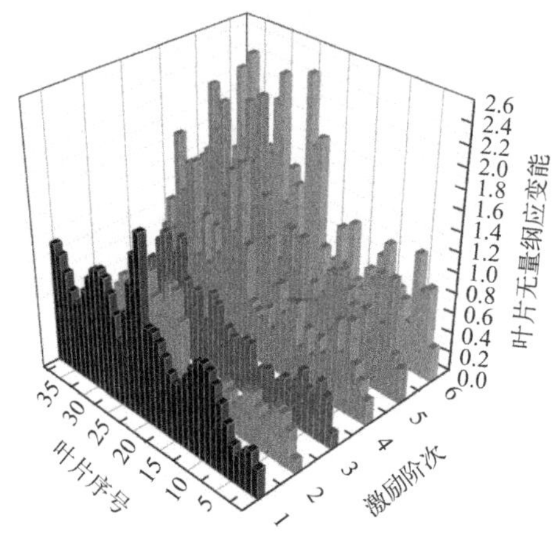

图7.2 不同激励阶次下谐调叶盘系统叶片应变能随不同激励阶次的分布(见书末彩图)

7.1.3 激励阶次对失谐叶盘系统振动响应分析

选择弹性模量失谐标准差分别为1%、3%、5%和8%情况下,引入叶片随机失谐量,对整数阶次激励对叶盘系统的影响进行了分析,图7.3~图7.6分别为标准差为1%、3%、5%和8%情况下的各叶片失谐量分布,表7.2为标准差分别为1%、3%、5%和8%情况下叶片的弹性模量失谐量。

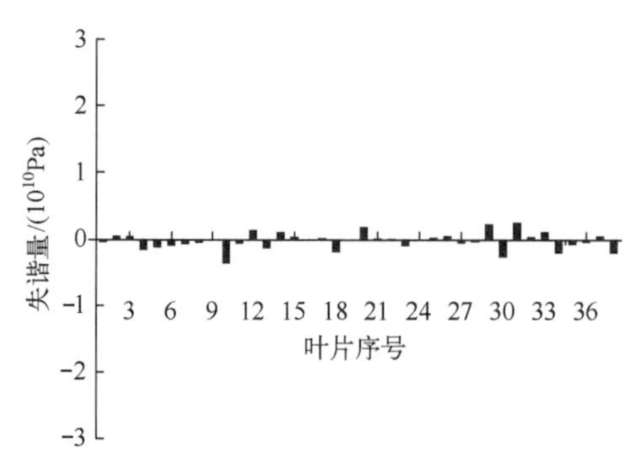

图7.3 标准差为1%时叶片随机失谐量

叶片失谐系统的激励最大幅值取8,激励频率取谐调系统的振幅最大无量纲的共振频率1.062附近的频率范围为0.96~1.16。

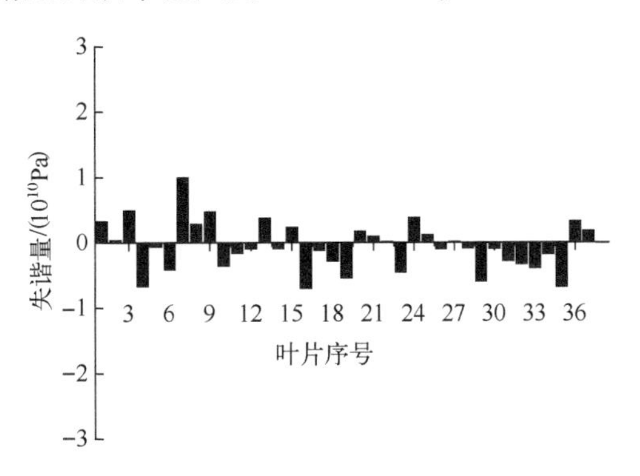

图7.4　标准差为3%时叶片随机失谐量

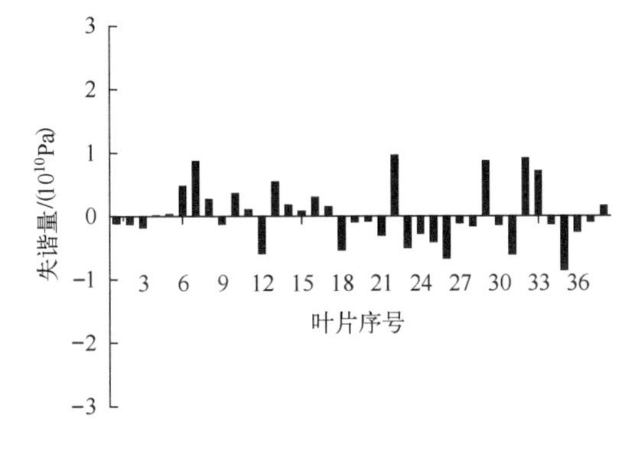

图7.5　标准差为5%时叶片随机失谐量

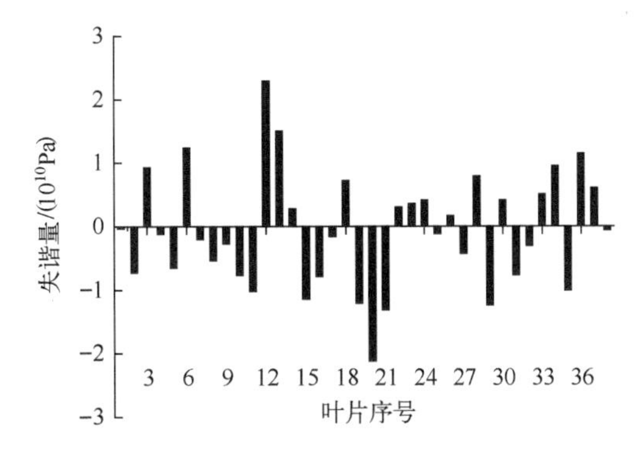

图7.6　标准差为8%时叶片随机失谐量

表 7.2　叶片失谐量　(Pa)

叶片序号	标准差为 1%	标准差为 3%	标准差为 5%	标准差为 8%
1	-2.96×10^{8}	3.27×10^{9}	-1.11×10^{9}	-3.16×10^{8}
2	5.03×10^{8}	4.22×10^{8}	-1.23×10^{9}	-7.25×10^{9}
3	4.45×10^{8}	4.89×10^{9}	-1.72×10^{9}	9.25×10^{9}
4	-1.42×10^{9}	-6.68×10^{9}	1.31×10^{8}	-1.21×10^{9}
5	-1.08×10^{9}	-6.73×10^{8}	2.91×10^{8}	-6.49×10^{9}
6	-8.41×10^{8}	-4.11×10^{9}	4.69×10^{9}	1.23×10^{10}
7	-5.76×10^{8}	9.90×10^{9}	8.67×10^{9}	-2.04×10^{9}
8	-3.64×10^{8}	2.81×10^{9}	2.65×10^{9}	-5.35×10^{9}
9	1.42×10^{7}	4.70×10^{9}	-1.19×10^{9}	-2.67×10^{9}
10	-3.44×10^{9}	-3.60×10^{9}	3.55×10^{9}	-7.70×10^{9}
11	-5.19×10^{8}	-1.60×10^{9}	1.04×10^{9}	-1.02×10^{10}
12	1.41×10^{9}	-9.28×10^{8}	-5.84×10^{9}	2.29×10^{10}
13	-1.21×10^{9}	3.74×10^{9}	5.39×10^{9}	1.50×10^{10}
14	1.06×10^{9}	-9.46×10^{8}	1.74×10^{9}	2.79×10^{9}
15	3.98×10^{8}	2.39×10^{9}	7.67×10^{8}	-1.14×10^{10}
16	-3.29×10^{7}	-6.99×10^{9}	2.92×10^{9}	-7.86×10^{9}
17	2.07×10^{8}	-1.20×10^{9}	1.48×10^{9}	-1.60×10^{9}
18	-1.78×10^{9}	-2.80×10^{9}	-5.34×10^{9}	7.19×10^{9}
19	-9.60×10^{7}	-5.37×10^{9}	-9.21×10^{8}	-1.21×10^{10}
20	1.82×10^{9}	1.73×10^{9}	-8.29×10^{8}	-2.12×10^{10}
21	1.12×10^{8}	9.60×10^{8}	-3.02×10^{9}	-1.32×10^{10}
22	4.70×10^{7}	1.14×10^{8}	9.55×10^{9}	3.03×10^{9}
23	-8.33×10^{8}	-4.54×10^{9}	-4.97×10^{9}	3.55×10^{9}
24	-3.50×10^{7}	3.84×10^{9}	-2.75×10^{9}	4.10×10^{9}
25	2.64×10^{8}	1.19×10^{9}	-4.04×10^{9}	-1.18×10^{9}
26	4.84×10^{8}	-1.02×10^{9}	-6.66×10^{9}	1.67×10^{9}
27	-4.23×10^{8}	7.79×10^{7}	-1.09×10^{9}	-4.32×10^{9}
28	-2.68×10^{8}	-8.92×10^{8}	-1.56×10^{9}	7.83×10^{9}
29	2.30×10^{9}	-5.96×10^{9}	8.68×10^{9}	-1.24×10^{10}
30	-2.56×10^{9}	-9.73×10^{8}	-1.41×10^{9}	4.13×10^{9}

续表

叶片序号	标准差为 1%	标准差为 3%	标准差为 5%	标准差为 8%
31	2.53×10^{9}	-2.83×10^{9}	-6.04×10^{9}	-7.71×10^{9}
32	3.83×10^{8}	-3.33×10^{9}	9.10×10^{9}	-3.04×10^{9}
33	1.14×10^{9}	-3.94×10^{9}	7.01×10^{9}	5.02×10^{9}
34	-1.89×10^{9}	-1.82×10^{9}	-1.30×10^{9}	9.43×10^{9}
35	-6.70×10^{8}	-6.82×10^{9}	-8.55×10^{9}	-1.01×10^{10}
36	-3.16×10^{8}	3.28×10^{9}	-2.52×10^{9}	1.14×10^{10}
37	4.80×10^{8}	1.77×10^{9}	-8.85×10^{8}	5.99×10^{9}
38	-1.90×10^{9}	-6.82×10^{7}	1.57×10^{9}	-6.16×10^{8}

1. 标准差为 1%情况下,不同激励阶次对失谐叶盘系统的影响

图 7.7 是当叶片引入失谐后,叶盘系统中各个叶片在不同激励阶次下的频率响应曲线。在叶片失谐的条件下,叶盘系统中各个叶片的振动响应呈现出了较大的差异。失谐系统的最大共振峰值比最小共振峰值高出了不少。这些都表明,在失谐叶盘系统中,各个叶片的振动响应很不相同,并且有明显的振动响应局部化现象发生。

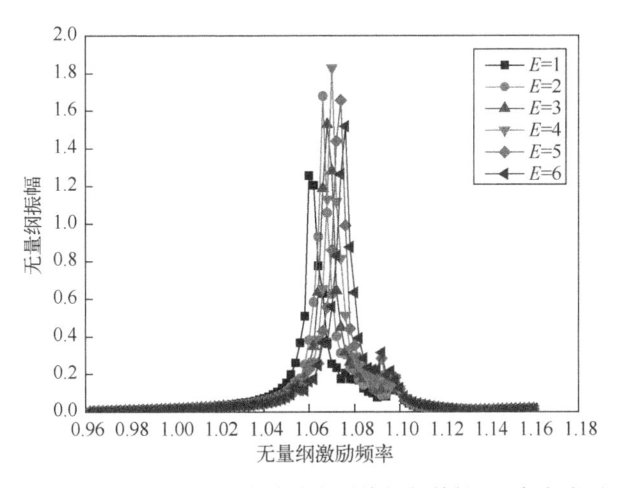

图 7.7　标准差为 1%时失谐叶盘系统幅频特性(见书末彩图)

从图 7.8 可以看出,当激励阶次为 3 和 5 时,应变能主要集中在几个叶片上,振动能量较大,最大的值达到 3.79。当激励阶次为 4 时,振动能量最大的值达 2.19。当激励阶次为 1 和 2 时,各叶片之间的应变能分布较均匀。

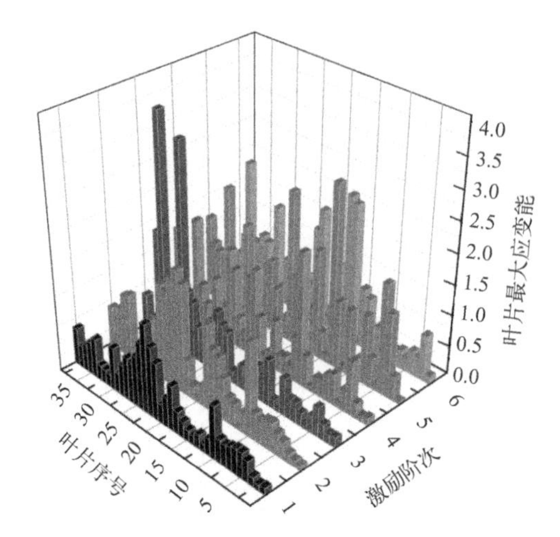

图 7.8　失谐叶盘系统 1%标准差下叶片应变能随不同激励阶次的分布(见书末彩图)

2. 标准差为 3%情况下,不同激励阶次对失谐叶盘系统的影响

图 7.9 为失谐标准差为 3%时,叶盘系统中各个叶片在不同激励阶次下的频率响应曲线。从图 7.9 中可以明显地看到,在叶片失谐的条件下,叶盘系统中各个叶片的振动响应呈现出了较大的差异。失谐系统的最大共振峰值出现在激励阶次为 1,最大值为 1.9067。

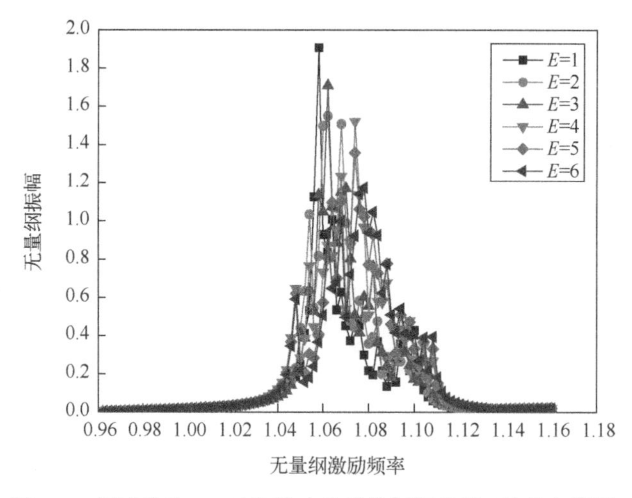

图 7.9　标准差为 3%时失谐叶盘系统幅频特性(见书末彩图)

从图 7.10 可以看出,当激励阶次为 1 和 3 时,应变能主要集中在几个叶片上,振动能量较大,最大的值达到 3.685,叶片应变能相对局部化因子最大,局部化程度较高。当激励阶次为 2、4、5 和 6 时,各叶片之间的应变能分布较均匀。

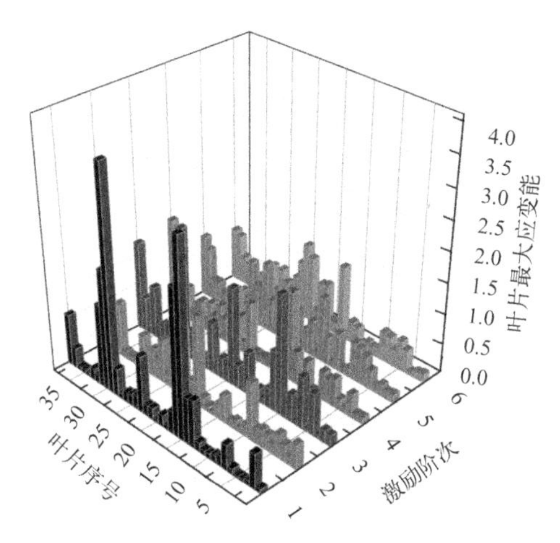

图 7.10　失谐叶盘系统 3%标准差下叶片应变能随不同激励阶次的分布(见书末彩图)

3. 标准差为 5%情况下,不同激励阶次对失谐叶盘系统的影响

由图 7.11 可知,失谐标准差增大到 5%后,叶盘系统中各个叶片在不同激励阶次下的频率响应曲线。从图可以明显地看到,随着失谐标准差增大,叶盘系统的共振带变宽,达到 0.05,出现多个峰值,叶片失谐的条件下,叶盘系统中各个叶片的振动响应呈现出了较大的差异。

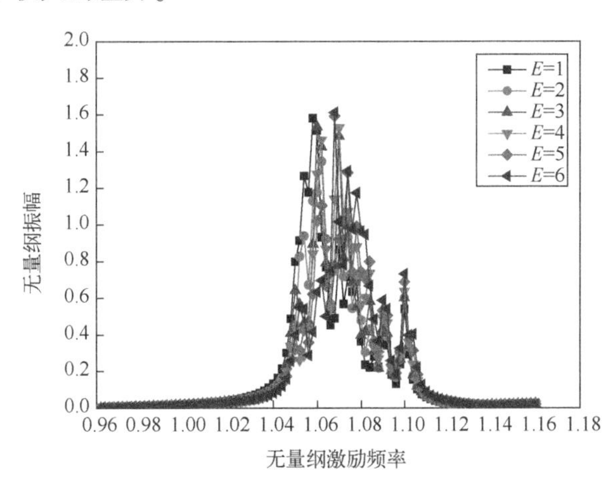

图 7.11　标准差为 5%时失谐叶盘系统幅频特性(见书末彩图)

从图 7.12 可以看出,当激励阶次为 1、3、4、5、6 时,应变能主要集中在几个叶片上,振动能量较大,局部化程度严重。当激励阶次为 3 时,叶片应变能最大的值达到 4.03;当激励阶次为 5 时,振动能量最大的值为 3.79;当激励阶次为 4 时,振动能量最大的值为 2.86;当激励阶次为 6 时,振动能量最大的值为 2.76;当激励阶次为 1 时,振动能量最大的值为 2.45;当激励阶次为 2 时,各叶片之间的应变能分布较均匀。

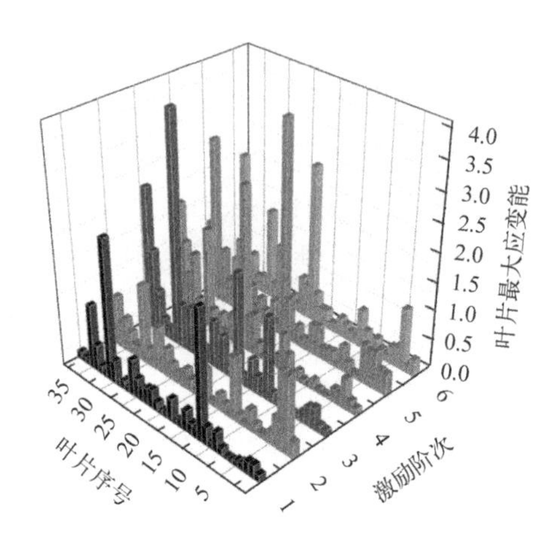

图 7.12　失谱叶盘系统 5%标准差下叶片应变能随不同激励阶次的分布(见书末彩图)

4. 标准差为 8%情况下,不同激励阶次对失谱叶盘系统的影响

图 7.13 中,失谱标准差增大到 8%后,叶盘系统中各个叶片在不同激励阶次下的频率响应曲线。从图中可以明显地看到,随着失谱标准差增大,叶盘系统的共振带进一步变宽,带宽最大值达到 0.1,带宽是标准差为 5%时的 2 倍,出现多个峰值,叶片失谱的条件下,叶盘系统中各个叶片的振动响应呈现出了较大的差异。

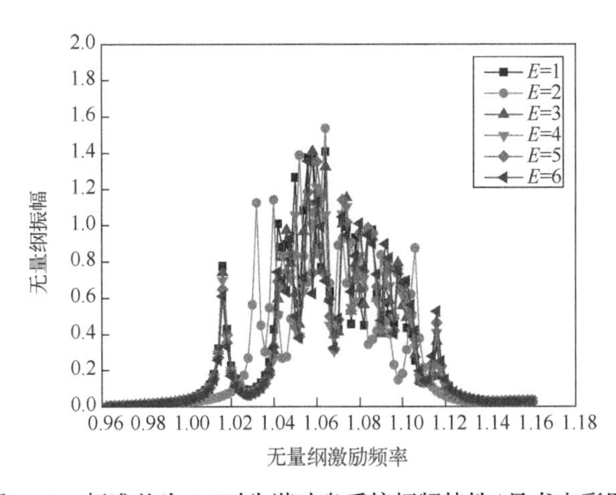

图 7.13　标准差为 8%时失谱叶盘系统幅频特性(见书末彩图)

从图 7.14 可以看出，在失谐标准差达到 8%时，各激励阶次下叶盘系统各叶片的应变能差异较大，当激励阶次为 1、3、4 时，应变能主要集中在几个叶片上，振动能量较大，局部化程度严重。当激励阶次为 1 时，叶片应变能最大的值为 3.8；当激励阶次为 2 时，振动能量最大的值为 1.835；当激励阶次为 3 时，振动能量最大的值为 2.335；当激励阶次为 4 时，振动能量最大的值为 1.86。

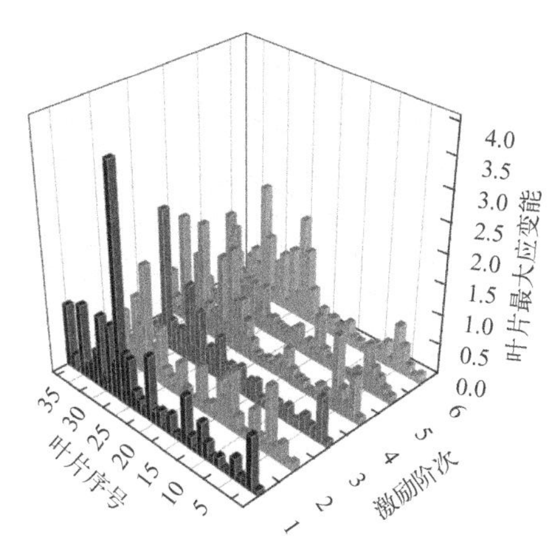

图 7.14　失谐叶盘系统 8%标准差下叶片应变能随不同激励阶次的分布(见书末彩图)

5. 失谐叶盘系统振动局部化影响

以往的文献研究中，都是在同一激励阶次下，以不同的失谐标准差定义振动局部化因子来评价失谐叶盘系统结构振动局部化程度。为了评估不同激励阶次下，不同失谐标准差对失谐叶盘系统结构振动的局部化影响，在王建军等[2]定义的振动局部化因子基础上，提出了相对振动局部化因子，分别提取各激励阶次下谐调和失谐叶盘系统结构的最大位移和应变能，以如下相对振动局部化因子计算。

位移相对局部化因子

$$L_U=\frac{U_{\mathrm{m,max}Ei}-U_{\mathrm{t,max}Ei}}{U_{\mathrm{t,max}Ei}}\times 100\% \tag{7.12}$$

式中：$U_{\mathrm{m,max}Ei}$为激励阶次为 i 时失谐叶盘系统最大幅值；$U_{\mathrm{t,max}Ei}$为激励阶次为 i 时谐调叶盘系统最大幅值。

应变能相对局部化因子

$$L_S=\frac{S_{\mathrm{m,max}Ei}-S_{\mathrm{t,max}Ei}}{S_{\mathrm{t,max}Ei}}\times 100\% \tag{7.13}$$

式中：$S_{\mathrm{m,max}Ei}$为激励阶次为 i 时失谐叶盘系统最大应变能；$S_{\mathrm{t,max}Ei}$为激励阶次为 i 时

谐调叶盘系统最大应变能。

图 7. 15 为失谐叶盘系统位移相对局部化因子随激励阶次的变化规律。从图上可以看出,随着激励阶次的增加,位移相对局部化因子呈现先增大再减小的趋势,在激励阶次 3 达到最大值,局部化程度较高,然后随着激励阶次增加而降低。图 7. 16 为当激励阶次为 3 时,为失谐叶盘系统位移相对局部化因子随失谐标准差的变化规律。从图上可以看出,随着失谐标准差的增大,位移相对局部化因子先增大再减小,当失谐标准差为 3%时,达到最大值。

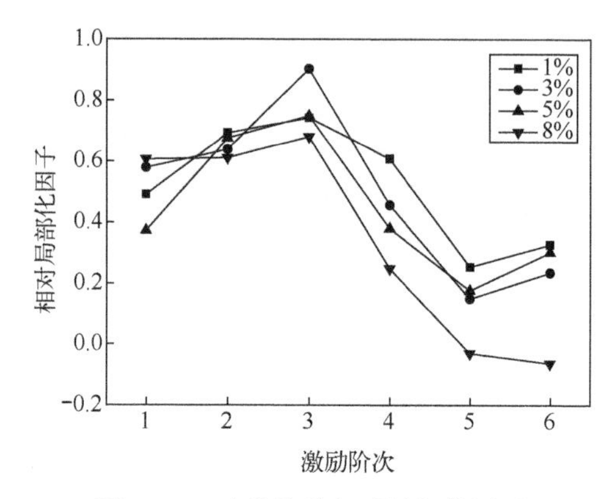

图 7. 15　叶片位移相对局部化因子

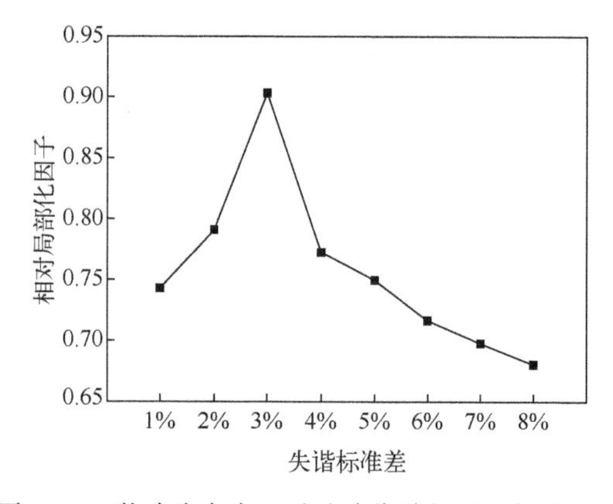

图 7. 16　激励阶次为 3 时叶片位移相对局部化因子

图 7. 17 为失谐叶盘系统叶片应变能相对局部化因子随激励阶次变化规律。从图上可以看出,随着激励阶次的增加,失谐标准差为 1%和 5%时,应变能相对局部化因子呈现先增大再减小的趋势,在激励阶次 3 达到最大值,然后随着激励阶次增加而降低;失谐标准差为 3%和 8%时,应变能在激励阶次为 1 时达到最大值。

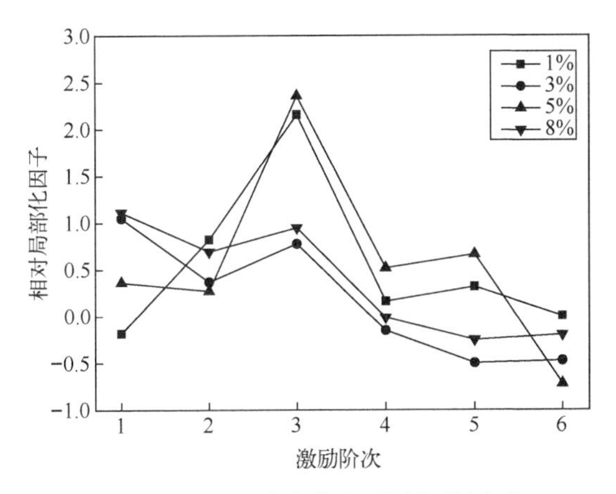

图 7.17　叶片应变能相对局部化因子

7.2　叶片轮盘刚度比失谐叶盘系统振动响应的影响分析

7.2.1　叶片轮盘刚度比对谐调叶盘系统振动响应分析

在叶片定刚度情况下，选择不同的轮盘刚度，获得不同的叶片和轮盘的刚度比；叶片和轮盘刚度的比值采用弹性模量比值的形式，获得叶片与轮盘刚度比分别为 0.908、0.946、0.987 和 1.032 时，对谐调叶盘系统进行谐响应分析。图 7.18 为不同刚度比的谐调叶盘系统各叶片的幅频特性，图 7.19 为不同刚度比的谐调叶盘系统的应变能分布。

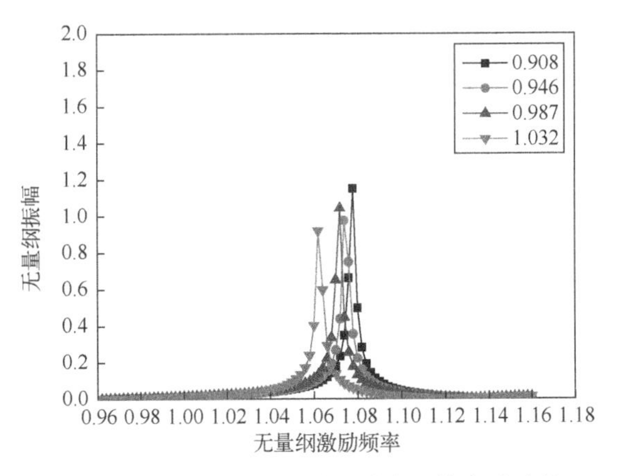

图 7.18　不同刚度比的谐调叶盘系统各叶片的幅频特性(见书末彩图)

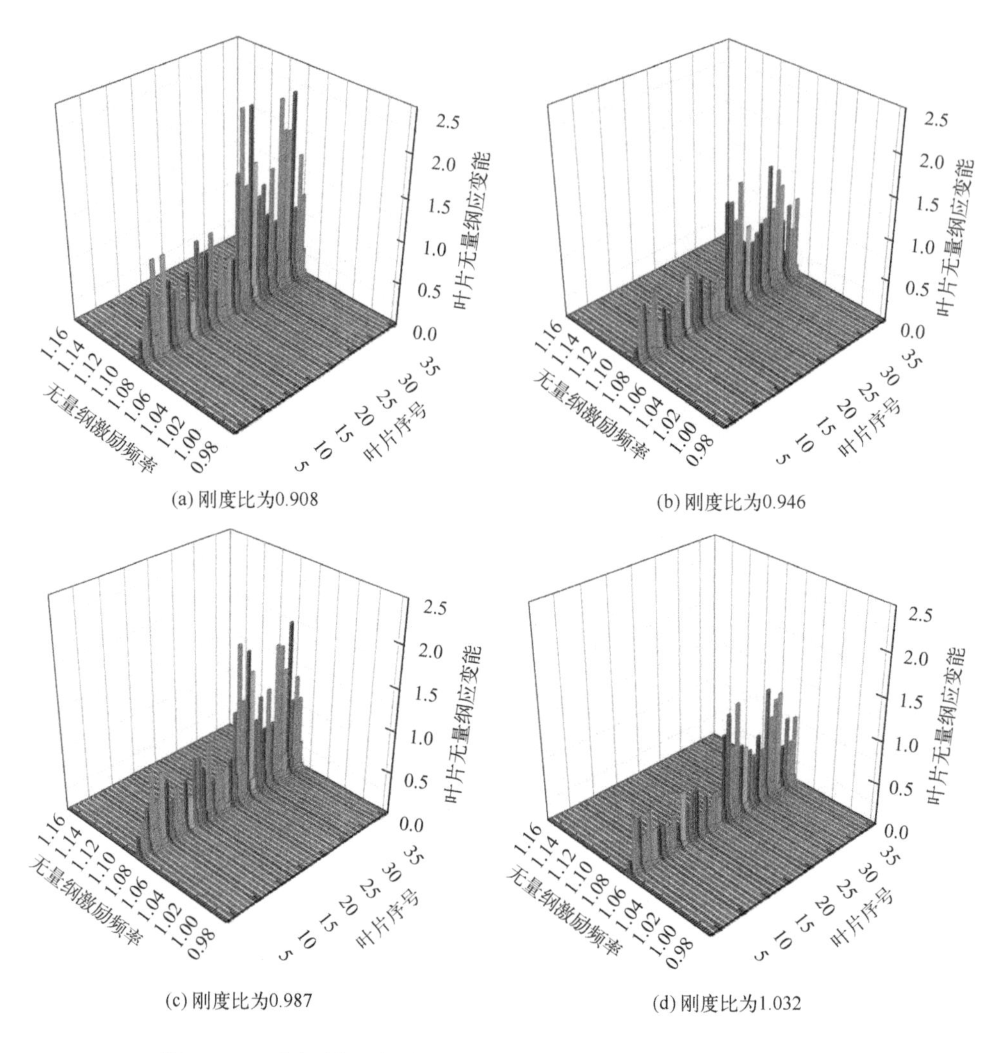

(a) 刚度比为0.908

(b) 刚度比为0.946

(c) 刚度比为0.987

(d) 刚度比为1.032

图 7. 19　不同刚度比的谐调叶盘系统的应变能分布(见书末彩图)

从图 7. 18 可以看出，随着刚度比的增大,叶片应变能先降低,在刚度比为 0. 946 时达到最小,然后再升高,在刚度比为 0. 908 时,序号为 23、25、32 和 35 的叶片应变能较大,叶片最大应变能值为 2. 355。

从图 7. 19 可以看出，随着刚度比的增大,叶片应变能先降低,在刚度比为 0. 946 时达到最小,然后再升高,在刚度比为 0. 908 时,序号为 23、25、32 和 35 的叶片应变能较大,叶片最大应变能值为 2. 355。

7.2.2　叶片轮盘刚度比对失谐叶盘系统振动响应分析

1. 标准差为1%情况下,不同刚度比对失谐叶盘系统的影响

选择叶片与轮盘刚度比分别为0.908、0.946、0.987和1.032时,对失谐标准差为1%的失谐叶盘系统进行谐响应分析。失谐标准差为1%时叶盘系统的幅频特性如图7.20所示。

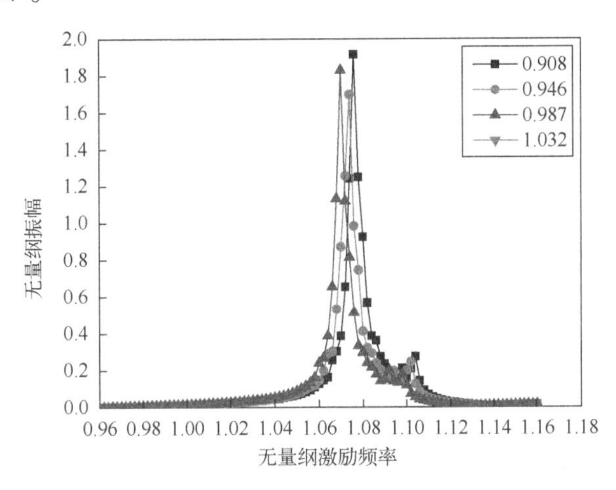

图7.20　失谐标准差为1%时不同刚度比的叶盘系统的幅频特性(见书末彩图)

图7.20中,当刚度比为0.908时,无量纲激励频率为1.076时,叶盘系统发生共振,最大振幅为1.917。当刚度比为0.946时,无量纲激励频率为1.074时,叶盘系统共振最大振幅为1.697。当刚度比为0.987时,无量纲激励频率为1.07时,叶盘系统共振的最大振幅为1.83。当刚度比为1.032时,无量纲激励频率为1.062时,叶盘系统共振的最大振幅为1.4。随着刚度比增大,发生共振的频率变小。叶盘系统最大振幅在刚度比为0.908时达到最大值,在刚度比为1.032时达到最小值。

从图7.21可以看出随着刚度比的增大,失谐叶盘系统的应变能先升高再逐渐下降。可以看出刚度比在0.946时,叶片应变能最大,达到3.365。

2. 标准差为3%情况下,不同刚度比对失谐叶盘系统的影响

图7.22中,当刚度比为0.908时,无量纲激励频率为1.082时,叶盘系统发生共振,最大振幅为1.57。当刚度比为0.946时,无量纲激励频率为1.078时,叶盘系统发生共振,最大振幅为1.413。当刚度比为0.987时,无量纲激励频率为1.074时,叶盘系统发生共振,最大振幅为1.52。当刚度比为1.032时,无量纲激励频率为1.064时,叶盘系统发生共振,最大振幅为1.277。随着刚度比增大,发生共振的频率变小。叶盘系统最大振幅在刚度比为0.908时达到最大值,在刚度比为1.032时达到最小值。

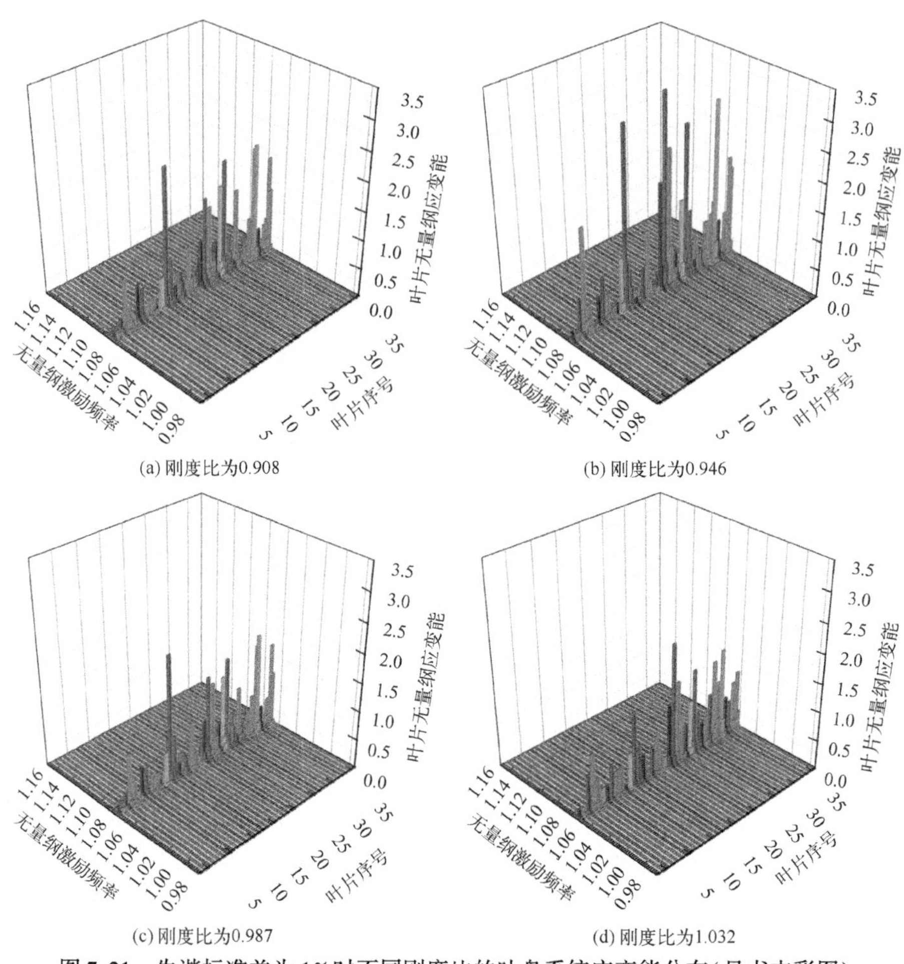

(a) 刚度比为0.908　(b) 刚度比为0.946

(c) 刚度比为0.987　(d) 刚度比为1.032

图 7.21　失谐标准差为 1%时不同刚度比的叶盘系统应变能分布(见书末彩图)

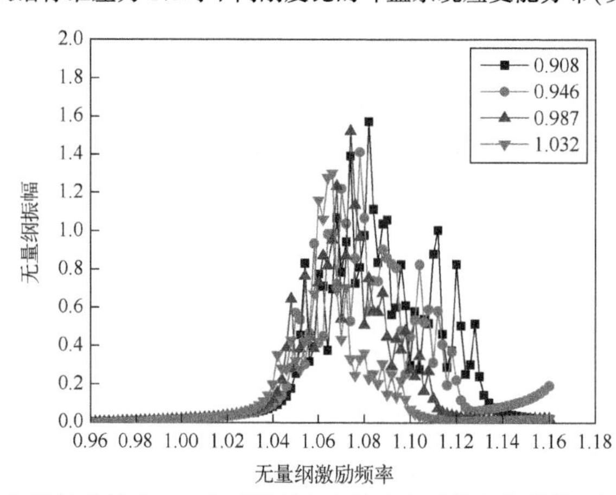

图 7.22　失谐标准差为 3%时不同刚度比的叶盘系统幅频特性(见书末彩图)

从图 7.23 可以看出,叶片刚度在标准差 3%情况下,刚度比的增大,失谐叶盘系统的幅值逐渐下降。

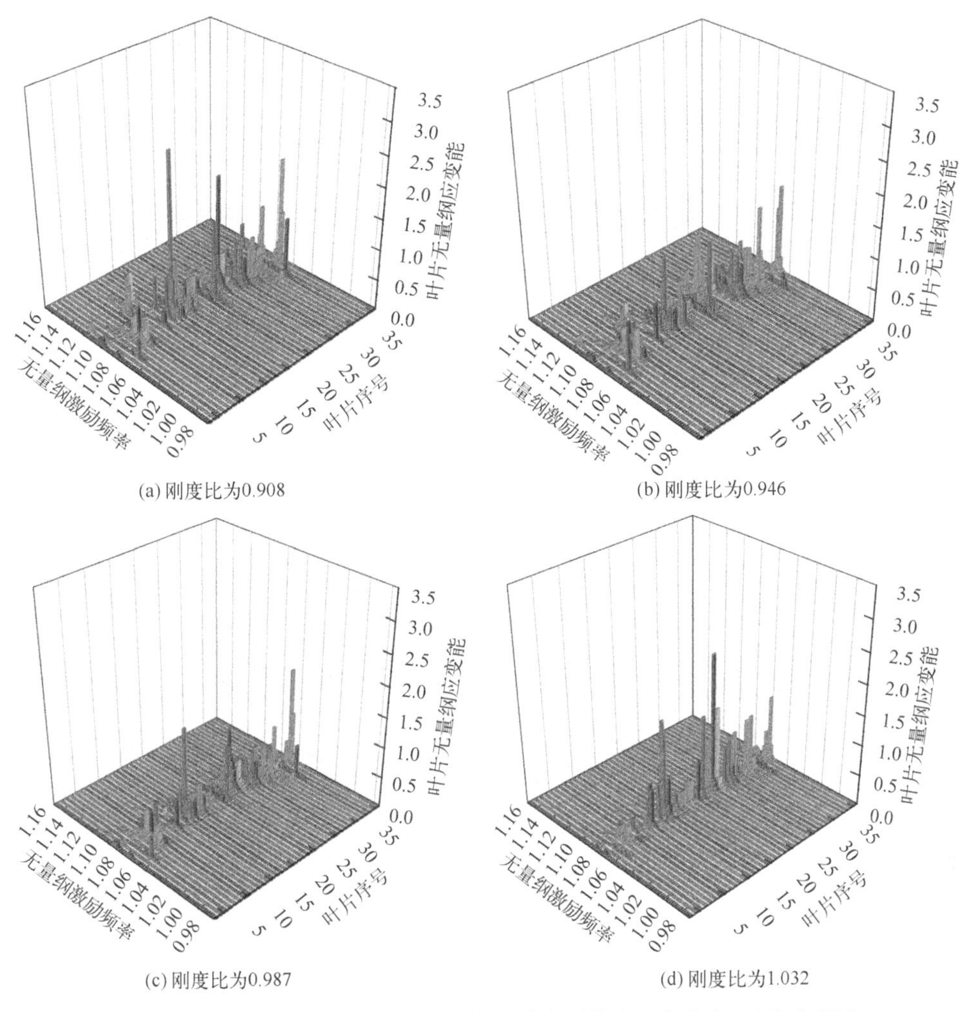

(a) 刚度比为0.908　(b) 刚度比为0.946

(c) 刚度比为0.987　(d) 刚度比为1.032

图 7.23　失谐标准差为 3%时不同刚度比叶盘系统应变能分布(见书末彩图)

3. 标准差为 5%情况下,不同刚度比对失谐叶盘系统的影响

图 7.24 中,当刚度比为 0.908 时,无量纲激励频率为 1.068 时,叶盘系统发生共振,最大振幅为 1.59。当刚度比为 0.946 时,无量纲激励频率为 1.066 时,叶盘系统发生共振,最大振幅为 1.537。当刚度比为 0.987 时,无量纲激励频率为 1.07 时,叶盘系统发生共振,最大振幅为 1.527。当刚度比为 1.032 时,无量纲激励频率为 1.062 时,叶盘系统发生共振,最大振幅为 1.48。随着刚度比增大,发生共振的频率变小,振幅也逐渐变小。叶盘系统最大振幅在刚度比为 0.908 时达到最大值,

在刚度比为 1. 032 时达到最小值。

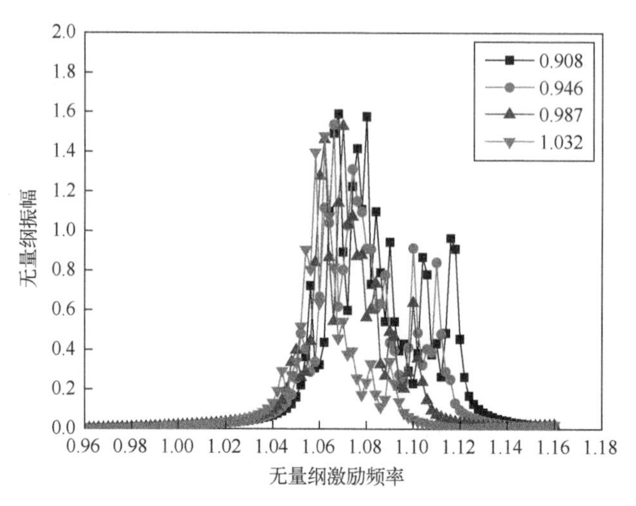

图 7. 24　失谐标准差为 5%时不同刚度比的
叶盘系统幅频特性(见书末彩图)

从图 7. 25 可以看出,叶片刚度在标准差 5%情况下,随着刚度比的增大,失谐叶盘系统的幅值呈下降趋势。图 7. 26 为不同刚度比对失谐叶盘系统振幅影响规律,从图上可以看出,不同刚度比的叶盘系统在失谐标准差为 3%时,叶片振动相对局部化因子最小。图 7. 27 选择相对局部化因子最小的 3%时,不同刚度比对相对局部化因子影响规律。从图 7. 27 上还可以看出,叶片相对局部化因子随刚度比的增大而增大,当刚度比为 0. 987 时达到最大值,然后开始下降。

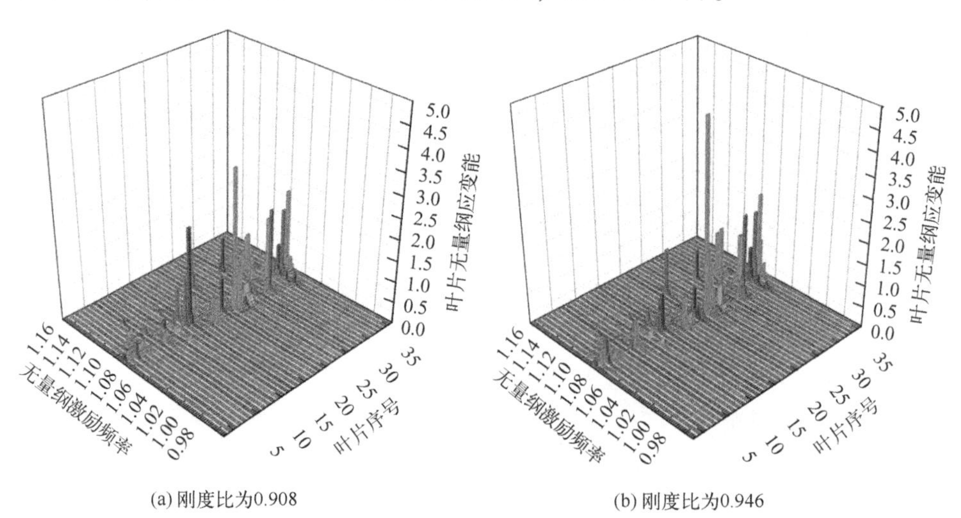

(a) 刚度比为0.908　　(b) 刚度比为0.946

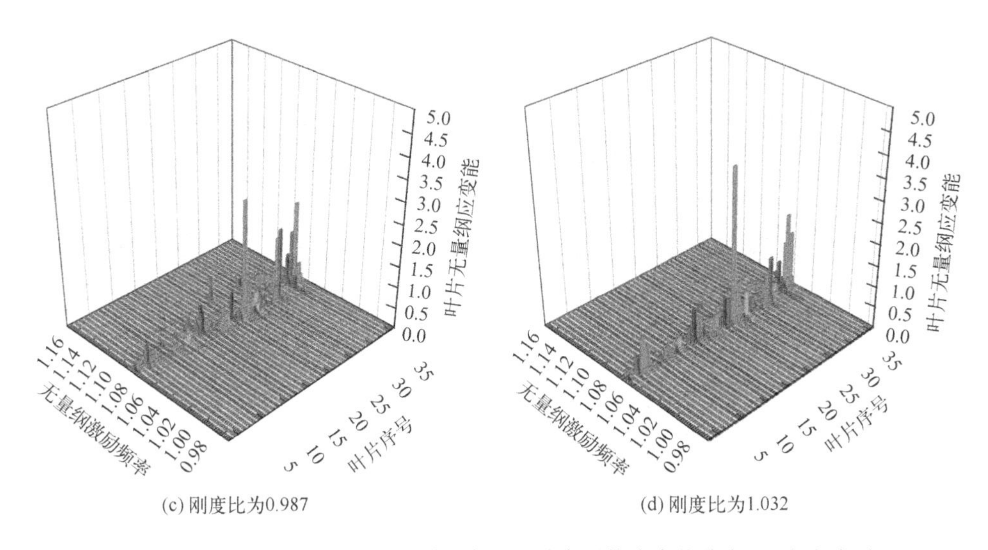

(c) 刚度比为0.987　　(d) 刚度比为1.032

图 7.25　失谐标准差为 5%时不同刚度比的叶盘系统应变能分布(见书末彩图)

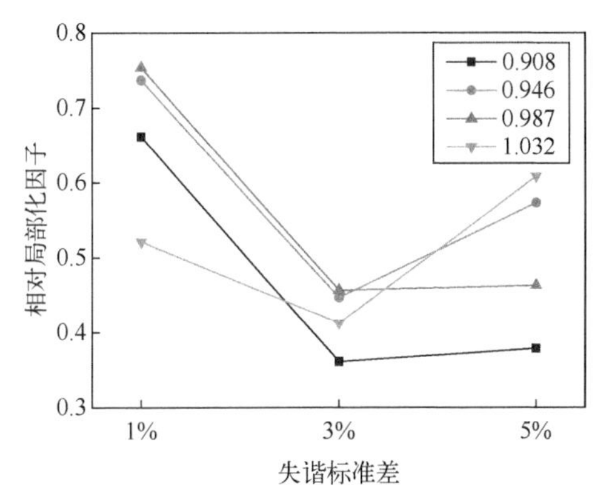

图 7.26　不同刚度比位移相对局部化因子

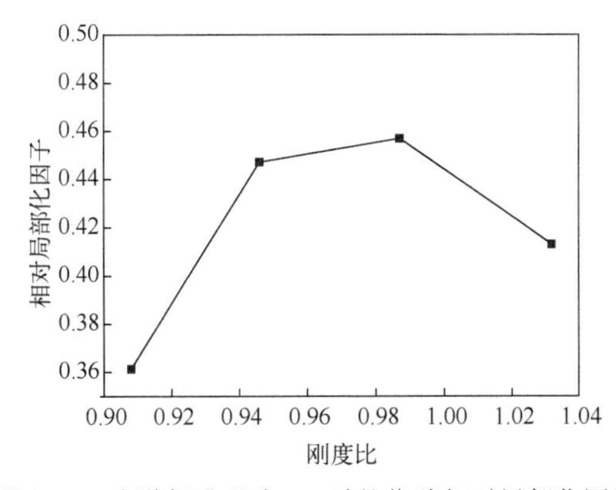

图 7.27　失谐标准差为 3%时的位移相对局部化因子

图 7.28 为不同刚度比对失谐叶盘系统应变能影响规律,从图上可以看出,不同刚度比的叶盘系统在失谐标准差为 3%时,叶片应变能相对局部化因子较小。图 7.29 选择相对局部化因子最小的 3%时,不同刚度比对相对局部化因子影响规律。从图 7.29 上还可以看出,叶片相对局部化因子随刚度比的增大而减小,当刚度比为 0.987 时达到最小值,然后开始上升。

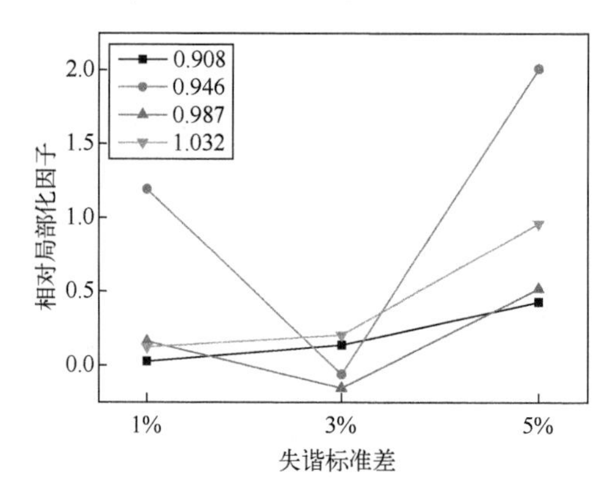

图 7.28　不同刚度比应变能相对局部化因子

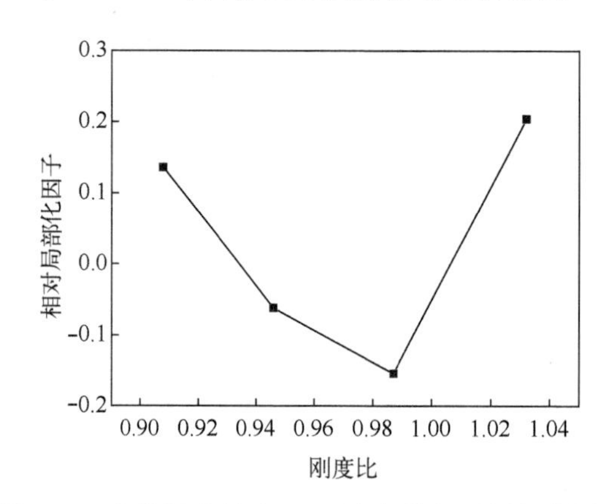

图 7.29　失谐标准差为 3%时应变能相对局部化因子

参考文献

[1]　宋兆泓. 航空燃气涡轮发动机强度设计[M]. 北京:北京航空航天大学出版社,1988.
[2]　王建军, 于长波, 姚建尧, 等. 失谐叶盘振动模态局部化定量描述方法[J]. 推进技术, 2009, 30(4): 457-461,473.
[3]　赵天宇, 袁惠群, 杨文军, 等. 非线性摩擦失谐叶片排序并行退火算[J]. 航空动力学报, 2016, 31(5): 1053-1064.
[4]　王红建, 贺尔铭, 赵志彬. 频率转向特征对失谐叶盘模态局部化的作用[J]. 中国机械工

程, 2009, 20(1): 82-85.
[5] 王红建. 复杂耦合失谐叶片-轮盘系统振动局部化问题研究[D]. 西安:西北工业大学, 2006.
[6] 李宏新, 袁惠群, 张连祥. 某级压气机叶盘系统失谐振动关键因素研究[J]. 航空动力学报, 2017, 32(05): 1082-1090.
[7] 张宏远, 袁惠群, 寇海江. 基于激励阶次的失谐叶盘振动响应局部化研究[J]. 东北大学学报(自然科学版), 2016, 03: 378-382.

第8章

模型参数对失谐叶盘系统振动响应影响分析方法

8.1 榫头榫槽接触对失谐叶盘系统振动响应的影响分析

叶片通过叶根榫头安装在轮盘上，叶根榫头与轮盘榫槽之间的接触在叶片轮盘结构中是一个不容忽视的问题。当叶片工作时，叶根榫头与轮盘榫槽相互接触，使叶片、轮盘联成为一个整体。由于叶片轮盘系统各个部分的接触状态是随着转速的变化而不断发生变化，这种状态非线性以及结构上的复杂性，都给接触问题的研究带来了很大的困难，早期研究叶片轮盘振动通常是将叶片考虑叶根固支，根据工程经验或者实验数据[1]，对频率进行修正，或考虑叶根处弹性约束利用柔度系数[2-3]处理，或适当处理叶根与轮盘的接触状态进行计算[4-5]。然而这些方法不能够准确描述叶根榫头与轮盘榫槽的接触状态对叶片及叶片轮盘系统耦合振动的影响。因此，必须将叶片榫头与轮盘榫槽的连接处理为接触问题，这样才能准确描述叶根榫头与轮盘榫槽的接触状态对叶片及叶片轮盘系统耦合振动的影响。

8.1.1 接触理论与有限元方法

接触是工程中常见的物理现象，例如航空发动机的叶片榫头与轮盘榫槽间的接触、航空发动机机匣包容叶片等。接触问题是除材料非线性和几何非线性外的第三类非线性问题，即边界非线性问题。在接触中，由于接触物体的变形，接触物体之间产生接触、滑移和分离，这些现象随着加载过程而发生变化。接触物体在边界之间产生接触、滑移和分离，表现出强烈的非线性性质，而滑移伴随摩擦力的出现，这又使得滑移过程是不可逆的。由于接触问题的高度非线性，这一领域的研究与工程应用一直难以深入。有限元法的出现，为求解复杂工程问题开辟了新的途径。在接触问题中，物体的控制方程与其他问题是一致的，但在物体的接触面，需要增加动力学条件和运动学条件。接触的两个物体必须满足不可贯穿条件，即两个物体不能互相侵入的条件。处理接触面约束条件通常采用拉格朗日乘子法、罚函数法等[6]。

1. 接触面约束条件

考虑两个物体 A 与 B 的接触问题,它们的当前构形分别记为 V_A 和 V_B,边界面分别为 Ω_A 和 Ω_B,接触面记为 $\Omega_C=\Omega_A\cap\Omega_B$。

1）运动学条件

物体 A 为主片,其接触面为主面,物体 B 为从面,其接触面为从面,A 与 B 接触时满足如下的不可贯穿或非嵌入条件：

$$V_A\cap V_B=0 \tag{8.1}$$

式(8.1)表明,物体 A 与物体 B 不能相互重叠,由于事先无法确定两个物体在哪点接触,因此在大变形问题中无法将非嵌入条件表示成位移的代数或微分方程,只能在每一时间步,对比 Ω_C 面上物体 A 与 B 对应节点的坐标,或对比如下速率来实现位移谐调条件。

$$\begin{cases}U_N^A-U_N^B=(u_N^A-u_N^B)n^A\leqslant 0\mid_{\Omega_C}\\ V_N^A-V_N^B=(v_N^A-v_N^B)n^A\leqslant 0\mid_{\Omega_C}\end{cases} \tag{8.2}$$

式中:下标 N 表示接触法线方向。

2）动力学条件

由牛顿第三定律可知,接触面力条件应满足

$$\begin{cases}t_N^A+t_N^B=0\\ t_\tau^A+t_\tau^B=0\end{cases} \tag{8.3}$$

式中:t_N^A 和 t_N^B 分别为物体 A 与物体 B 的法向接触力;t_τ^A 和 t_τ^B 分别为物体 A 与物体 B 的切向接触力(摩擦力)。

2. 摩擦模型

当接触面的摩擦力不为零时,根据接触面切向面力的描述方式,有两种摩擦模型。

1）库仑摩擦模型

库仑摩擦模型是以经典摩擦理论为基础的模型。对于物体接触面上的任一接触点,切向面力和相对切向速度需要满足

$$\|\boldsymbol{q}_T(x,t)\|<-\mu q_N(x,t),\quad \gamma_T(x,t)=0 \tag{8.4}$$

$$\|\boldsymbol{q}_T(x,t)\|=-\mu q_N(x,t),\quad \gamma_T(x,t)=-\boldsymbol{k}(x,t)q_T(x,t)\quad(\boldsymbol{k}\geqslant 0) \tag{8.5}$$

式中:μ 为摩擦系数;k 通过解动量方程确定。

两个物体在一点接触时,法向面力必须是压力。当接触点的切向面力小于临界值时,两个物体无切向相互运动,相对速度为零,表示两个物体是黏接接触。当

接触点的切向面力等于临界值时,式（8.7）表示相对切向速度的方向与切向面力的方向相反。

当接触点从黏接状态变为滑移状态时,相对切向速度产生阶跃变化,这种不连续性在数学处理上将产生困难。因此采用了一个修正的库仑摩擦模型,其公式为

$$\|q_T(x,t)\| \leqslant -\mu q(x,t)\frac{2}{\pi}\arctan\left(\frac{r_T(x,t)}{r_{T\mathrm{CONT}}}\right) \tag{8.6}$$

式中:$r_{T\mathrm{CONT}}$为发生滑动时两个接触物体之间的临界相对切向速度。

2）接触面本构方程

库仑摩擦类似于塑性力学中的刚塑性材料。若将相对切向速度看作应变,切向面力看作应力,则式(8.5)中第一式可以认为是屈服函数。当不满足屈服准则时,相对切向速度为零;当满足屈服准则时,相对切向速度的方向沿着式(8.5)中第二式确定的方向。

考虑库仑摩擦和弹塑性之间的相似性,在接触面本构方程中,将变形分为可逆分量和不可逆分量,分别对应屈服函数和流动法则。将相对切向速度分解为黏接部分和滑移部分,分别对应弹性变形和塑性变形,表示为

$$r_T = r_T^{\mathrm{adh}} + r_T^{\mathrm{slip}} \tag{8.7}$$

磨损函数定义为

$$D^C = \int_0^t (r_T^{\mathrm{adh}} \cdot r_T^{\mathrm{slip}})^{\frac{1}{2}}\mathrm{d}t \tag{8.8}$$

下面定义屈服函数$f(\boldsymbol{q})$和流动法则的势函数$h(\boldsymbol{q})$,它们都是面力$\boldsymbol{q}$的函数。对应库仑摩擦条件的屈服函数为

$$f(q_N, q_T) = \|q_T\| + \mu q_N = 0 \tag{8.9}$$

滑移的势函数为

$$h(q_N, q_T) = \|q_T\| - \beta = 0 \tag{8.10}$$

式中:β为常数。

定义相对切向速度向量和接触面向量为

$$\text{二维 } \boldsymbol{\gamma} = \begin{bmatrix} \gamma_N \\ \gamma_T \end{bmatrix}, \quad \text{三维 } \boldsymbol{\gamma} = \begin{bmatrix} \gamma_N \\ \gamma_T \end{bmatrix} = \begin{bmatrix} \gamma_N \\ \gamma_x \\ \gamma_y \end{bmatrix} \tag{8.11}$$

$$\text{二维 } \boldsymbol{Q} = \begin{bmatrix} q_N \\ q_T \end{bmatrix}, \quad \text{三维 } \boldsymbol{Q} = \begin{bmatrix} q_N \\ q_T \end{bmatrix} = \begin{bmatrix} q_N \\ q_x \\ q_y \end{bmatrix} \tag{8.12}$$

那么黏接应力应变关系为

$$Q^{\nabla}=\boldsymbol{C}^{Q}r^{\mathrm{adh}}\quad 或\quad Q_i^{\nabla}=C_{ij}^{a}r_j^{\mathrm{adh}} \tag{8.13}$$

式中：$\boldsymbol{C}^Q$ 为对角矩阵。

再由流动法则给出相对切向速度的滑移部分。考虑理想的塑性滑移，随滑移的积累，不增加切向面力

$$r^{\mathrm{slip}}=\alpha\frac{\partial h}{\partial Q}\quad 或\quad r_i^{\mathrm{slip}}=\alpha\frac{\partial h}{\partial Q_i} \tag{8.14}$$

定义

$$F=\frac{\partial f}{\partial Q},\quad H=\frac{\partial h}{\partial Q} \tag{8.15}$$

对于摩擦接触面，建立本构方程按下面各式进行。

一致性条件

$$F^{\mathrm{T}}Q=0 \tag{8.16}$$

$$Q^{\nabla}=\boldsymbol{C}^{Q}(r-r^{\mathrm{slip}}) \tag{8.17}$$

$$F^{\mathrm{T}}\boldsymbol{C}^{Q}(r-\alpha H)=0 \tag{8.18}$$

$$\alpha=\frac{F^{\mathrm{T}}\boldsymbol{C}^{Q}r}{F^{\mathrm{T}}\boldsymbol{C}^{Q}H} \tag{8.19}$$

$$Q^{\nabla}=\boldsymbol{C}^{Q}\left(r-\frac{F^{\mathrm{T}}\boldsymbol{C}^{Q}r}{F^{\mathrm{T}}\boldsymbol{C}^{Q}H}H\right) \tag{8.20}$$

其中客观率和物质率之间的关系为

$$\frac{\partial Q}{\partial t}=Q^{\nabla}+Q\cdot W \tag{8.21}$$

式中：W 为速度梯度张量的偏对称部分。

3. 接触问题的虚功原理

1）虚功原理

在求解接触问题时，常采用增量方法。为了描述方便，给出虚功原理，虚功原理是将虚功原理中的位移场用速度场代替。对于更新的拉格朗日格式，虚功原理为

$$\delta p=\delta p^{\mathrm{int}}-\delta p^{\mathrm{ext}}+\delta p^{\mathrm{kin}}=0 \tag{8.22}$$

式中：各项分别为内部虚功率、外部虚功率和惯性虚功率，可表示为

$$\delta p^{\mathrm{int}}=\int_V\delta D_{ij}\sigma_{ij}\mathrm{d}V=\int_V\delta v_{ij}\sigma_{ij}\mathrm{d}V \tag{8.23}$$

$$\delta p^{\mathrm{ext}}=\int_V\delta v_i\rho b_i\mathrm{d}V+\int_{S_q}\delta v_j q_j\mathrm{d}S \tag{8.24}$$

$$\delta p^{\mathrm{kin}}=\int_V\delta v_i\rho v_i\mathrm{d}V \tag{8.25}$$

2）接触面约束的处理

（1）拉格朗日乘子法。接触面约束可以用拉格朗日乘子引入虚功原理，这时接触面约束表示为

$$\delta G_L = \int_{SC} \delta(\lambda_N \gamma_N + \lambda_T \gamma_T) \mathrm{d}S \tag{8.26}$$

式中：λ_N 和 λ_T 为拉格朗日乘子；γ_N 和 γ_T 分别为接触面相对法向和相对切向速度。

接触问题控制方程的弱形式为

$$\delta p_L = \delta p + \delta G_L \geqslant 0 \tag{8.27}$$

对式（8.27）进行变分运算，可以得到接触问题强形式的控制方程和边界条件。对于无摩擦接触状态，拉格朗日乘子 $\lambda_T = 0$；对于黏接接触状态，拉格朗日乘子 λ_T 等于接触面切向面力；对于滑动接触状态，拉格朗日乘子 λ_T 与接触面正压力成正比，可表示为拉格朗日乘子 λ_T 的函数。

（2）罚函数法。接触面约束也可用罚函数法引入虚功原理，相应罚函数的弱形式接触面约束为

$$\delta G_p = \int_{SC} \left[\frac{\beta_N}{2} \delta(\gamma_N^2) + \frac{\beta_{T_\alpha}}{2} \delta(\gamma_{T_\alpha}^2) \right] \mathrm{d}S \tag{8.28}$$

式中：β_N 和 β_{T_α}（α 取 1 和 2）为罚函数；γ_{T_α} 为相对切向速度。

接触问题的控制方程的弱形式为

$$\delta p_p = \delta p + \delta G_p = 0 \tag{8.29}$$

对式（8.29）变分，得到接触问题的强形式的控制方程和边界条件。

4. 有限元离散

采用拉格朗日格式进行网格划分和有限元离散。如果采用完全拉格朗日格式，必须在当前构形下施加接触面约束条件。在接触的物体中，速度场可近似为

$$\begin{cases} v_i^A(X,t) = \sum\limits_{I \in V_A} N_I(X) v_{iI}^A(t) \\ v_i^B(X,t) = \sum\limits_{I \in V_B} N_I(X) v_{iI}^B(t) \end{cases} \tag{8.30}$$

两个物体也可以统一离散，速度场则可表示为

$$v_i(X,t) = \sum_{I \in V_A \cup V_B} N_I(X) v_{iI}(t) \tag{8.31}$$

1）拉格朗日乘子法

接触面处的拉格朗日乘子近似表示为

$$\lambda_i(x,t) \sum N_{\lambda I}(x) \lambda_{iI}(t) \tag{8.32}$$

式中：λ_i 为接触面切向和法向的拉格朗日乘子函数。

对式（8.31）和式（8.26）进行变分得

$$\begin{cases}\delta v_i(X)=N_I(X)\delta v_{iI}\\ \delta\lambda_i(X)=N_{\lambda I}(X)\delta\lambda_{iI}\end{cases}\tag{8.33}$$

将式(8.33)代入到式(8.27),经过推导,对于无摩擦接触状态得到矩阵形式表达的运动方程和不可贯穿条件为

$$M\ddot{d}+f^{\text{int}}-f^{\text{ext}}+G^{\mathrm{T}}\lambda_N=0\tag{8.34}$$

$$Gv\leqslant 0\tag{8.35}$$

式中:G 由式(8.26)右端积分中的第一项得到。

对于黏接接触和滑动接触状态,可以得到相应的运动方程和接触面条件。

2) 罚函数法

在罚函数法中,只需要速度场的近似,两个物体之间的连续性是由罚函数强制引入。对于无摩擦接触状态,罚函数法的离散形式运动方程为

$$M\ddot{d}+f^{\text{int}}-f^{\text{ext}}+f^{P}=0\tag{8.36}$$

式中:f^P 由式(8.27)右端积分第一项得到。

对于黏接接触和滑动接触状态,可以得到相应的运动方程。

拉格朗日乘子法中没有人为设置参数,当节点相邻,接触约束几乎可以精确满足;当节点不相邻时,可能会违背不可贯穿条件,但不像罚函数法那样明显。对于高速碰撞,拉格朗日乘子法常常会导致不稳定的结果,因此,拉格朗日乘子法只适用于静态和低速问题。

罚函数法中不可贯穿条件是人为近似的,取决于罚函数的选择。如果罚函数太小,就会发生过量的相互穿透,在碰撞问题中,小的罚函数会减小最大的计算应力。因此,适当选择罚函数的大小是非常重要的。

5. 接触问题的求解算法

1) 显式算法

显式算法采用显式时间积分处理接触问题,通常用中心差分法进行计算,在中心差分法中,加速度和速度都可以用位移表示:

$$a^n=\ddot{d}^n=\frac{1}{(\Delta t^n)^2}(d^{n-1}-2d^n+d^{n+1})\tag{8.37}$$

$$v^n=\dot{d}^n=\frac{1}{2\Delta t^n}(d^{n+1}-d^{n-1})\tag{8.38}$$

将式(8.37)和式(8.38)代入运动微分方程式(8.34)或式(8.36)中,若已经求得第$(n-1)$步和第 n 步的位移,则可以进一步解出第$(n+1)$步的位移。

为了保持计算的稳定性,显式解法的时间步长必须小于有限元网格的最小固有周期:

$$\Delta t \leqslant \frac{2}{\omega_{\max}} \tag{8.39}$$

式中：$\omega_{\max}$为有限元网格的最大自然角频率。

显式解法求解接触问题和非接触问题的差别在于：在第 n 时间步计算结束和第$(n+1)$时间步计算开始前，需要检测两个接触物体的接触状态，包括从不接触到发生接触，是黏接接触还是滑移接触，以及从接触到分离等状态。

2）隐式算法

隐式算法采用隐式时间积分处理接触问题，通常采用纽马克(Newmark)法进行计算。纽马克法的基本公式为

$$d^{n+1}=d^{n}+v^{n}\Delta t+\left[\left(\frac{1}{2}-\beta\right)a^{n}+\beta a^{n+1}\right]\Delta t^{2} \tag{8.40}$$

$$v^{n+1}=v^{n}+\left[(1-\gamma)a^{n}+\gamma a^{n+1}\right]\Delta t \tag{8.41}$$

$$a^{n+1}=\frac{1}{\beta\Delta t^{2}}(d^{n+1}-d^{n})-\frac{1}{\beta\Delta t}v^{n}-\left(\frac{1}{2\beta}-1\right)a^{n} \tag{8.42}$$

将式(8.40)~式(8.42)代入到动量方程式(8.36)或式(8.38)中，可以求得第$(n+1)$步的位移。

隐式算法无条件地稳定，时间步长取决于需要的精度。对于非线性问题，为了保证解的收敛，在每个增量步内要进行多次迭代。收敛的速度根据问题的不同而不同。有时可能由于不收敛而导致求解失败。

8.1.2 榫接触对谐调叶盘系统振动响应分析算例

图 8.1、图 8.2 分别为考虑叶片榫头与轮盘榫槽接触摩擦、绑定接触的谐调叶盘系统各叶片无量纲幅频曲线图。图 8.3、图 8.4 分别为考虑叶片榫头与轮盘榫槽接触摩擦、绑定接触的谐调叶盘系统无量纲幅频曲线。图 8.5、图 8.6 分别为考虑叶片榫头与轮盘榫槽接触摩擦、绑定接触的谐调叶盘系统共振频率下各叶片的无量纲幅值。由图可知：当无量纲激励频率为 1.1856 时，考虑叶片榫头与轮盘榫槽接触的叶盘系统每个叶片都出现共振，有 8 个叶片的幅值较大，这是由于尾流的激励阶次为 4，谐调叶盘系统呈现 4 节径振动所致。当无量纲激励频率为 1.20552 时，少数几个叶片出现共振。与绑定接触谐调叶盘系统动态响应结果对比，标准接触谐调叶盘系统最大幅值共振频率变小(左移)，系统幅频曲线出现双共振峰，且最大幅值变小。这是由于标准接触的接触刚度小于绑定接触，使得标准接触谐调叶盘系统的刚度小于绑定接触谐调叶盘系统的刚度，进而造成最大幅值共振频率变小；系统幅频曲线出现双共振峰，主要是由于接触非线性的影响。

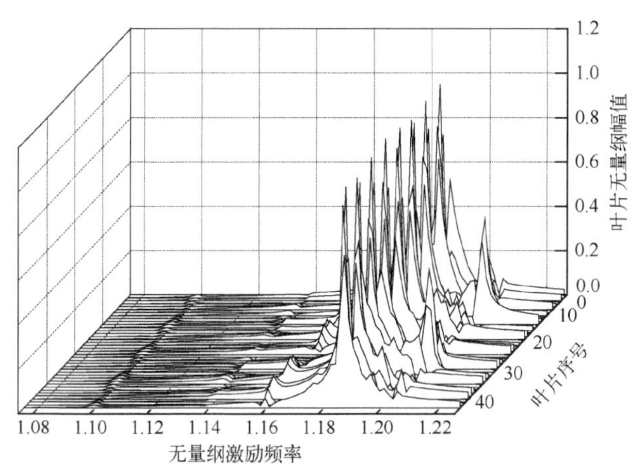

图 8.1　考虑叶片榫头与轮盘榫接触摩擦的谐调叶盘系统各叶片无量纲幅频曲线

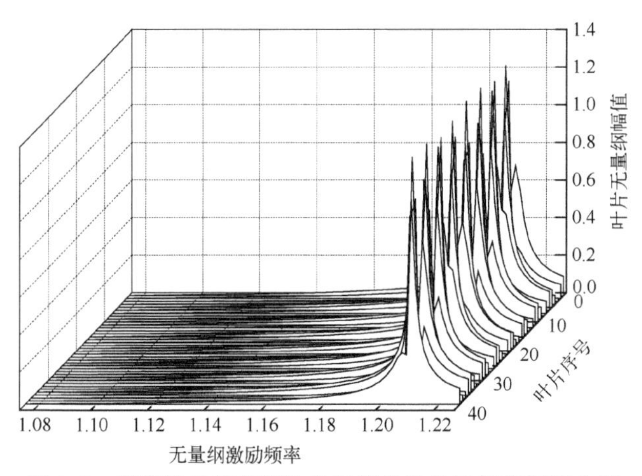

图 8.2　绑定接触的谐调叶盘系统各叶片无量纲幅频曲线

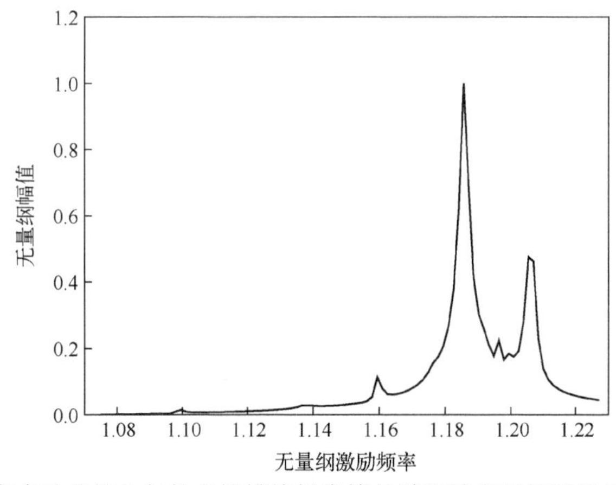

图 8.3　考虑叶片榫头与轮盘榫槽接触摩擦的谐调叶盘系统无量纲幅频曲线

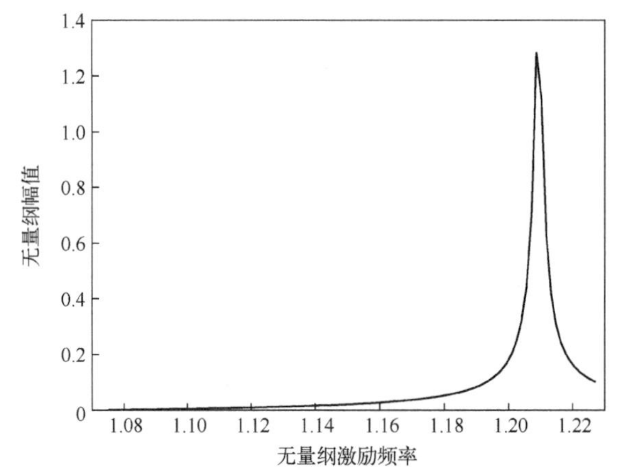

图 8.4　绑定接触的谐调叶盘系统无量纲幅频曲线

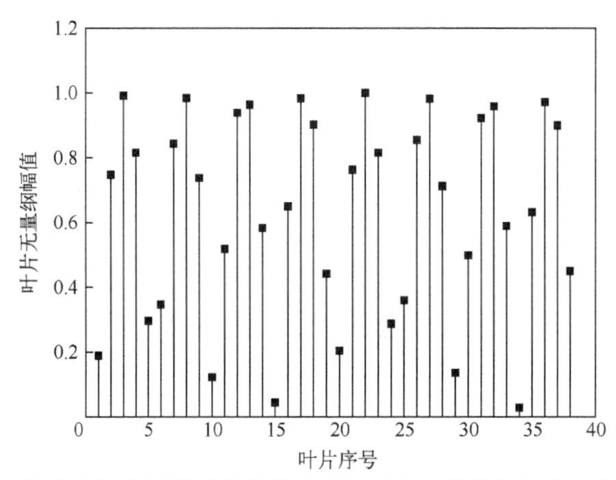

图 8.5　考虑叶片榫头与轮盘榫槽接触摩擦的谐调叶盘系统共振频率下各叶片无量纲幅值

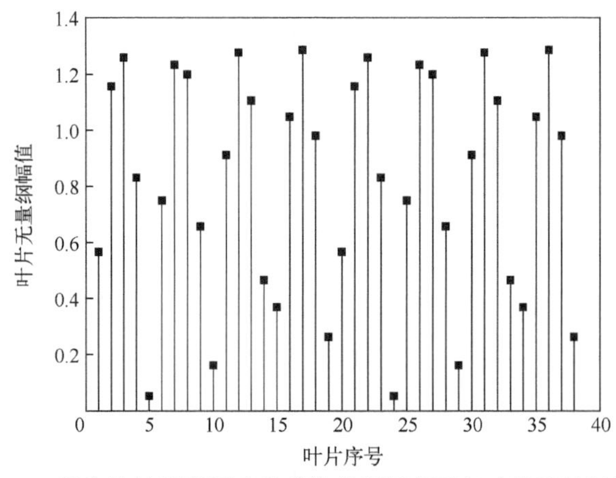

图 8.6　绑定接触的谐调叶盘系统共振频率下各叶片无量纲幅值

8.1.3 榫接触对失谐叶盘系统振动响应分析算例

1. 失谐 1

图 8.7、图 8.8 分别为考虑叶片榫头与轮盘榫槽接触摩擦、绑定接触的失谐 1 叶盘系统各叶片无量纲幅频曲线。图 8.9、图 8.10 分别为考虑叶片榫头与轮盘榫槽接触摩擦、绑定接触的失谐 1 叶盘系统无量纲幅频曲线。图 8.11、图 8.12 分别为考虑叶片榫头与轮盘榫槽接触摩擦、绑定接触的失谐 1 叶盘系统共振频率下各叶片的无量纲幅值。由图可知:当无量纲激励频率为 1.1779 时,叶盘系统每个叶片都出现共振,有 8 个叶片的幅值较大,这是由于尾流的激励阶次为 4,失谐 1(小频差)叶盘系统各叶片失谐差异很小,呈现近似 4 节径振动所致。当无量纲激励频率为 1.19632 时,少数几个叶片出现共振。

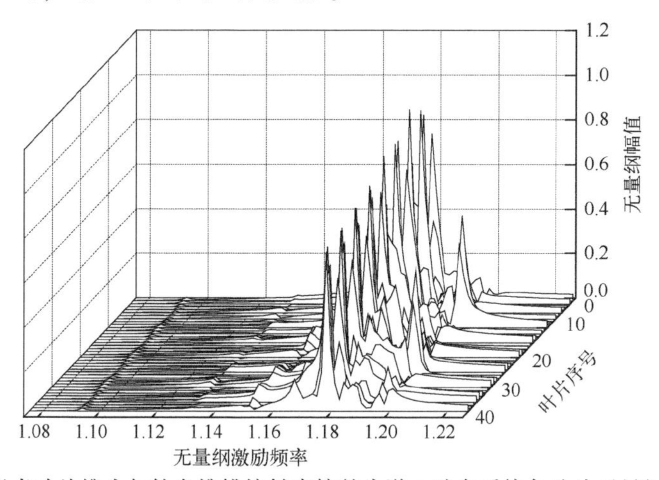

图 8.7 考虑叶片榫头与轮盘榫槽接触摩擦的失谐 1 叶盘系统各叶片无量纲幅频曲线

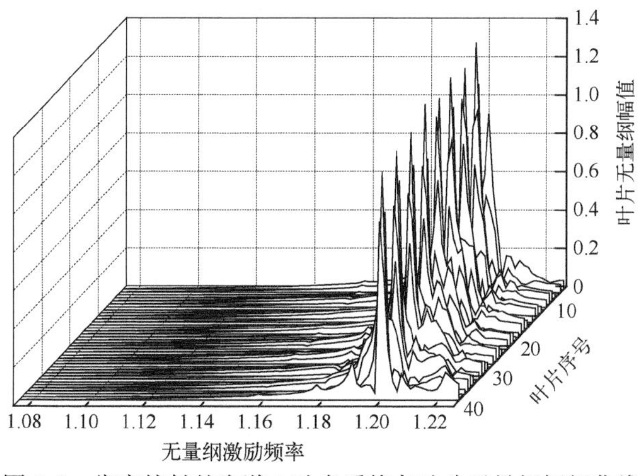

图 8.8 绑定接触的失谐 1 叶盘系统各叶片无量纲幅频曲线

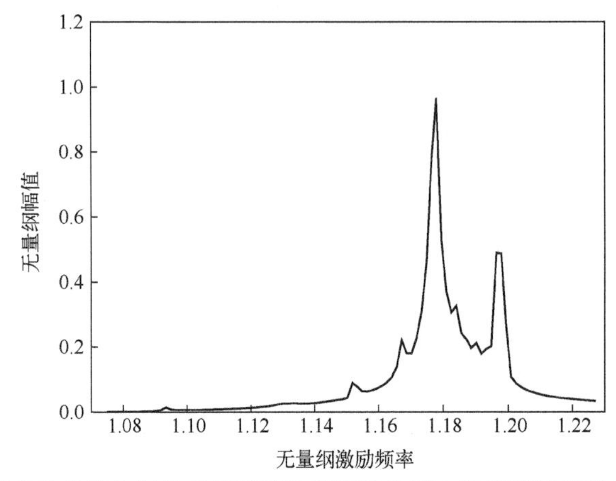

图 8.9 考虑叶片榫头与轮盘榫槽接触摩擦的失谐 1 叶盘系统无量纲幅频曲线

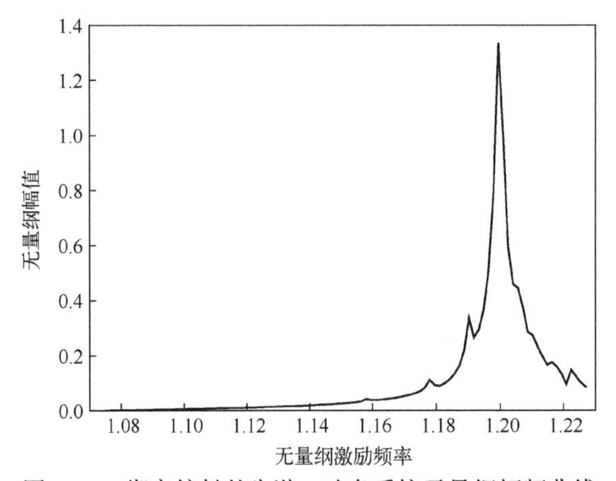

图 8.10 绑定接触的失谐 1 叶盘系统无量纲幅频曲线

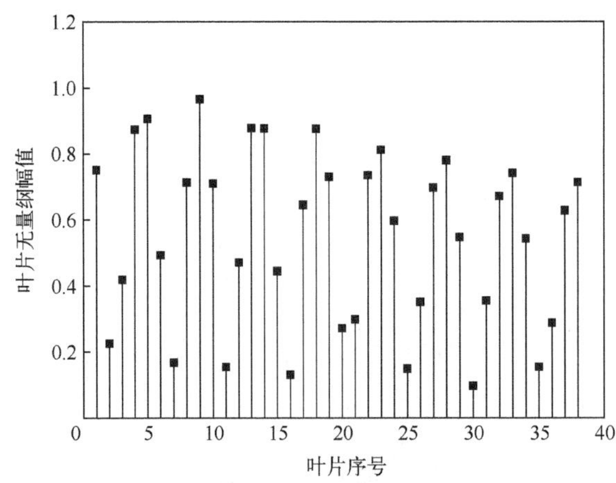

图 8.11 考虑叶片榫头与轮盘榫槽接触摩擦的失谐 1 叶盘系统共振频率下各叶片无量纲幅值

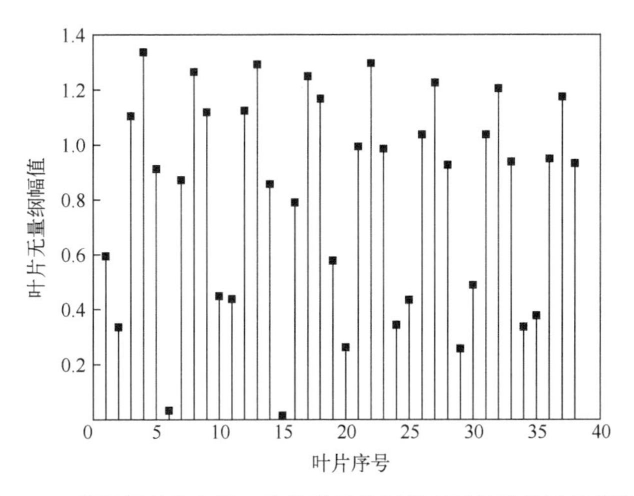

图 8.12　绑定接触的失谐 1 叶盘系统共振频率下各叶片无量纲幅值

2. 失谐 2

图 8.13、图 8.14 分别为考虑叶片榫头与轮盘榫槽接触摩擦、绑定接触的失谐 2 叶盘系统各叶片无量纲幅频曲线。图 8.15、图 8.16 分别为考虑叶片榫头与轮盘榫槽接触摩擦、绑定接触的失谐 2 叶盘系统无量纲幅频曲线。图 8.17、图 8.18 分别为考虑叶片榫头与轮盘榫槽接触摩擦、绑定接触的失谐 2 叶盘系统共振频率下各叶片的无量纲幅值。由图可知：当无量纲激励频率为 1.1396 时，叶盘系统 1 个叶片出现共振，叶片的幅值最大，由于失谐 2(大频差) 叶盘系统各叶片失谐量差异较大，因此系统不再呈现 4 节径振动，各叶片共振无量纲频率不同，不存在相同的无量纲共振频率，叶盘系统共振频带变宽。

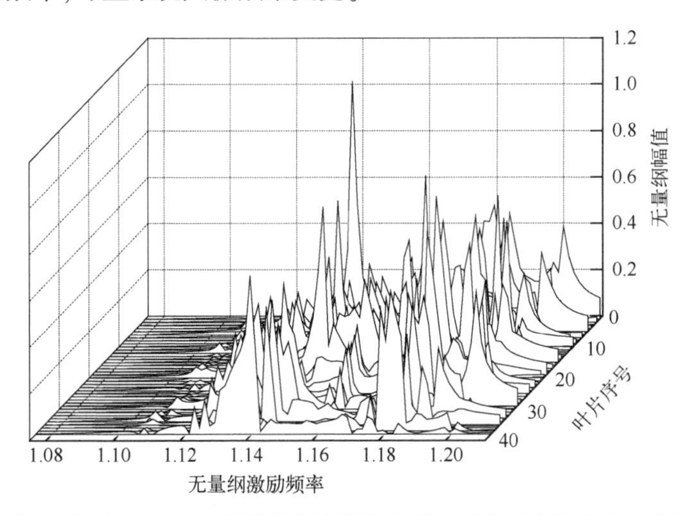

图 8.13　考虑叶片榫头与轮盘榫槽接触摩擦的失谐 2 叶盘系统各叶片无量纲幅频曲线

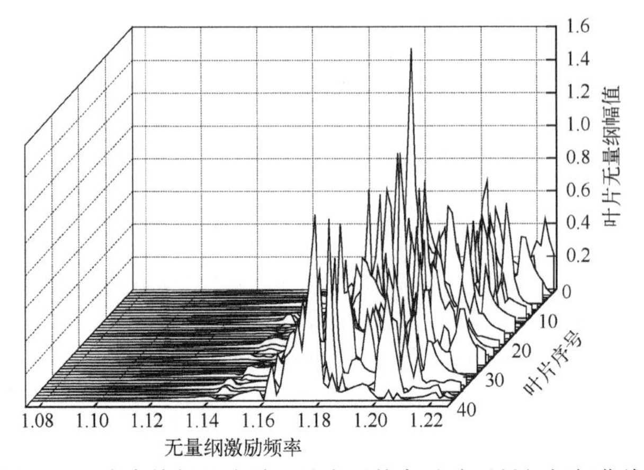

图 8.14　绑定接触的失谐 2 叶盘系统各叶片无量纲幅频曲线

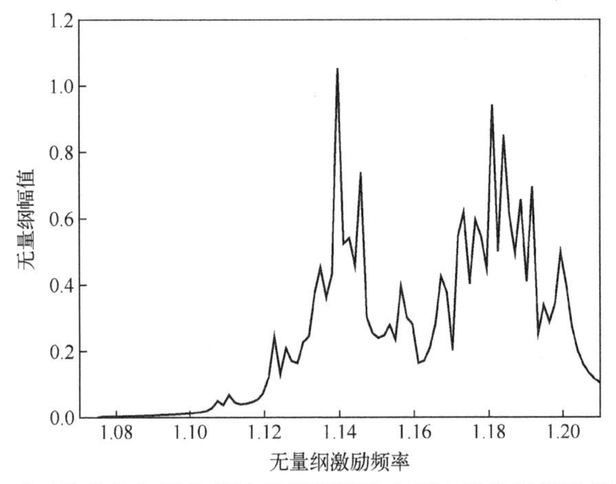

图 8.15　考虑叶片榫头与轮盘榫槽接触摩擦的失谐 2 叶盘系统无量纲幅频曲线

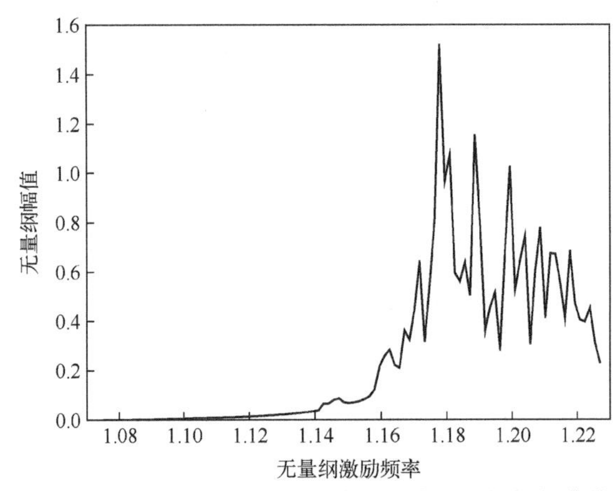

图 8.16　绑定接触的失谐 2 叶盘系统无量纲幅频曲线

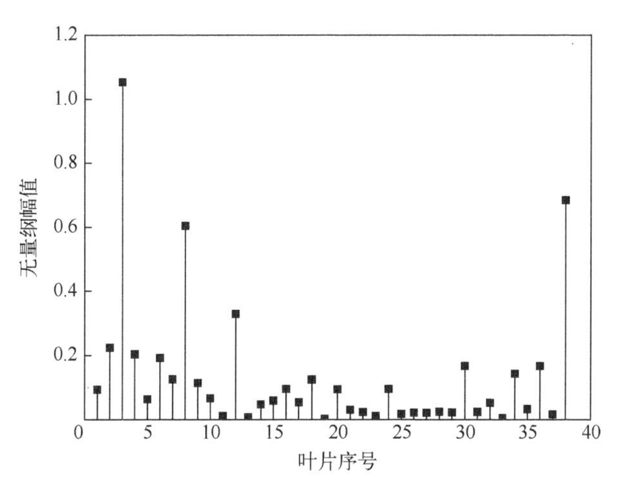

图 8.17　考虑叶片榫头与轮盘榫槽接触摩擦的失谐 2 叶盘系统共振频率下各叶片无量纲幅值

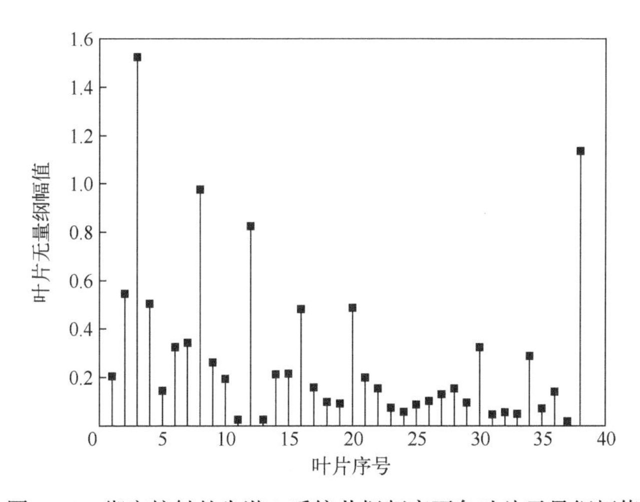

图 8.18　绑定接触的失谐 2 系统共振频率下各叶片无量纲幅值

与绑定接触失谐叶盘系统动态响应结果对比，标准接触失谐叶盘系统最大幅值变小，共振频率变小（左移），这是由于标准接触的接触刚度小于绑定接触，使标准接触失谐叶盘系统的刚度小于绑定接触失谐叶盘系统的刚度，进而造成最大幅值共振频率变小。

叶盘系统（谐调、失谐）的振动幅值大小与下列因素有关：激励力幅值、共振频率、叶片刚度差异性程度、系统的刚度及阻尼。激励力幅值越大，振动幅值越大；共振频率越大，振动幅值越大；系统振动局部化程度越高，振动幅值越大；系统刚度越大，振动幅值越小；系统阻尼越大，振动幅值越小。本书中激励力幅值相同，叶片失谐形式相同，叶盘的接触形式不同，由于绑定叶盘系统的接触刚度大于接触叶盘系统的接触刚度,因此,绑定系统的共振频率大于接触系统的共振频率,存在系统共振频率与刚度及阻尼的耦合作用,由于共振频率在耦合作用中占主导地位,所以,接触叶盘系统的最大振动幅值小于绑定叶盘系统。

图 8.19 为叶片榫头与轮盘榫槽绑定(谐调、失谐 1、失谐 2)叶盘系统幅频曲线对比图。由于将叶片榫头与轮盘榫槽绑定,绑定叶盘系统是一个线性系统,系统的最大振动幅值随着失谐量的增加呈线性变化。图 8.20 为考虑叶片榫头与轮盘榫槽接触摩擦的(谐调、失谐 1、失谐 2)叶盘系统幅频曲线对比图。由于叶片榫头与轮盘榫槽接触非线性的影响,系统的最大振动幅值随着失谐量的增加呈非线性变化。

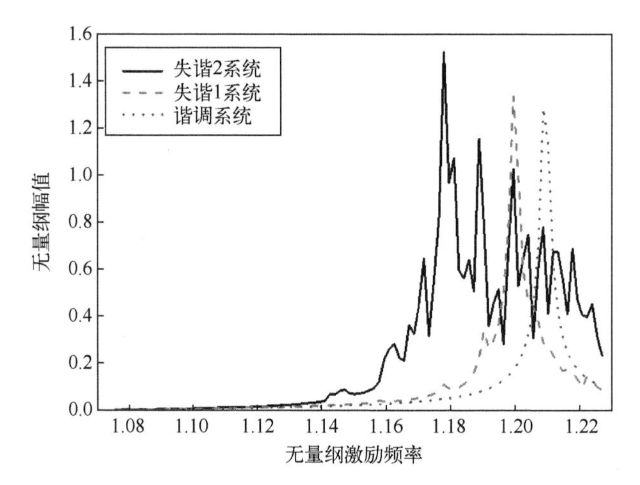

图 8.19　绑定叶盘系统无量纲幅频曲线对比图

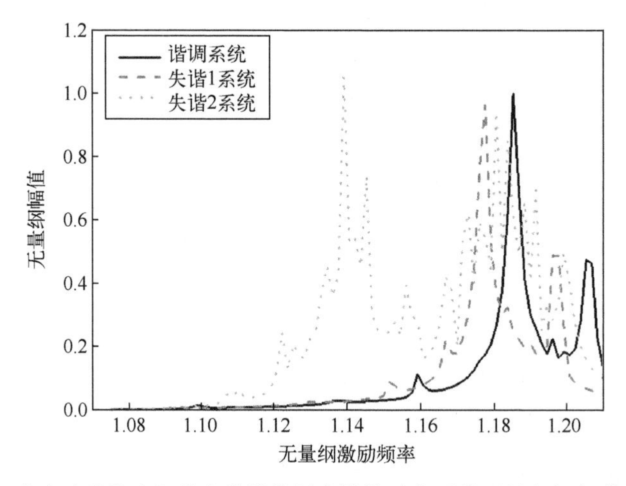

图 8.20　考虑叶片榫头与轮盘榫槽接触摩擦的叶盘系统无量纲幅频曲线比较图

8.2　频率转向对失谐叶盘系统振动响应的影响分析

8.2.1　谐调叶盘系统频率转换特性

频率转向,即系统特征值轨迹随着一些参数先汇集却不相交,然后再分开的现象。频率转向现象转子动力学及动力机械振动领域普遍存在。航空发动机等动力机械叶盘系统的频率转向和节径密切相关,叶片占优模态族和轮盘占优模态族相互耦合导致了频率转向。叶片占优模态族的应变能主要集中在叶片上,对系统动频影响较小;轮盘占优模态族的应变能主要集中在轮盘上,并对系统动频影响较大。

采用有限元软件计算了压气机叶盘系统前 150 阶模态,获得的叶盘系统无量纲动频与阶次的关系如图 8.21 所示。从图 8.21 可以看出,固有频率基本上可以由三个近似水平和两个上升区域构成,在频率密集的水平区域主要为叶片振动模态,在爬升区域主要为轮盘振动模态。

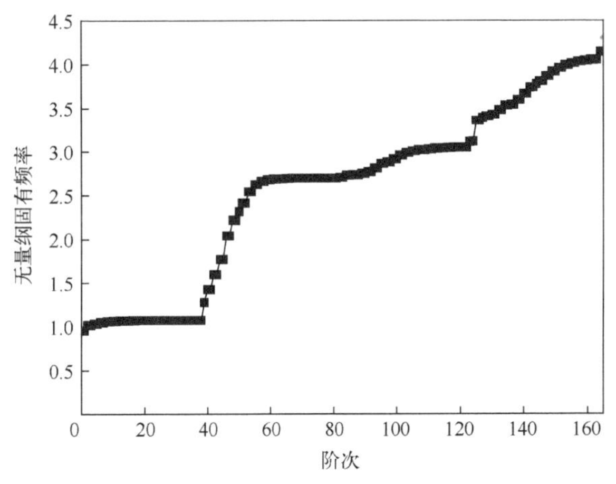

图 8.21　叶盘系统无量纲动频

图 8.22 为谐调叶盘系统的频率转向特性,将叶盘系统固有频率按照节径排列,可以大致分成六个模态族。图中的谐调叶盘系统的频率转向区域由模态族Ⅱ和模态族Ⅲ的 0~6 节径构成。

由图 8.23 可知模态族Ⅰ的曲线频率变化量较小近似水平,由表 3.5 可知模态族Ⅰ叶盘的应变能主要集中在叶片上,因此节径数的变化对叶盘的动频影响很小,模态族Ⅰ的模态为叶片模态占优;由图 8.23 和表 8.1 可知模态族Ⅱ曲线的 0~6 节径部分表示叶盘的振动能量主要集中在轮盘上,轮盘的刚度会随着节径数的增加而改变,所以节径数的变化对叶盘的动频影响较大,模态族Ⅱ的模态主要为轮盘模态占优;同理可知,模态族Ⅲ的 0~6 节径为叶片模态占优。

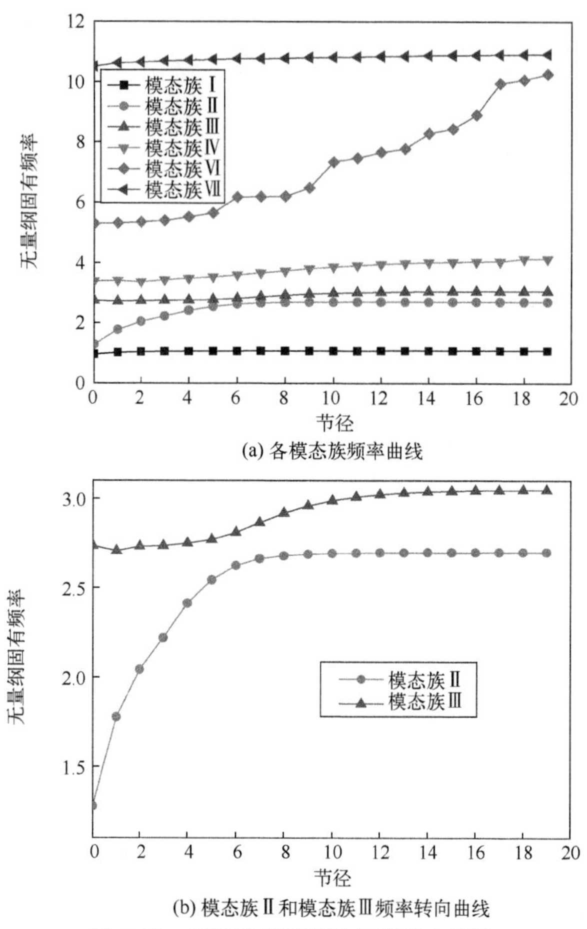

(a) 各模态族频率曲线

(b) 模态族Ⅱ和模态族Ⅲ频率转向曲线

图 8.22　谐调叶盘系统的频率转向特性

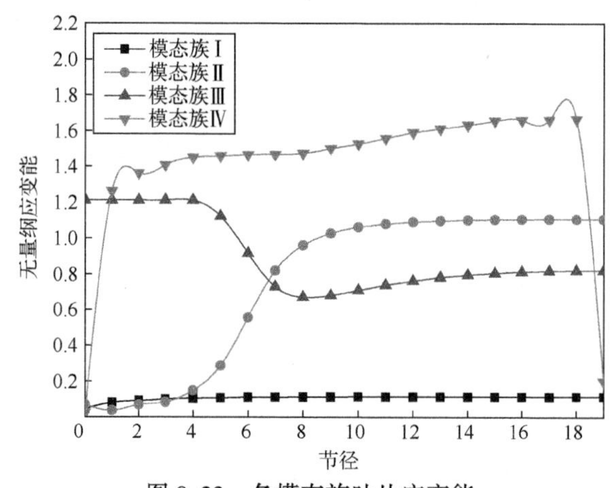

图 8.23　各模态族叶片应变能

表 8.1　各模态族叶片应变能占整个叶盘系统应变能百分数

节　径	模态族Ⅰ	模态族Ⅱ	模态族Ⅲ	模态族Ⅳ
0	10	9	86	1
1	58	6	86	63
2	63	9	86	67
3	68	10	86	69
4	70	14	86	69
5	71	25	79	66
6	71	45	63	66
7	72	63	49	63
8	72	73	44	60
9	73	77	43	60
10	73	80	44	58
11	73	81	46	58
12	73	81	47	58
13	73	82	48	58
14	73	82	49	58
15	73	82	49	58
16	73	82	49	58
17	73	82	50	58
18	73	83	50	58
19	73	83	50	6

图 8.24 以模态族Ⅱ为例说明谐调叶盘系统频率转向区域(0~6 节径)的应变能分布情况。从图 8.24 可用看出,模态族Ⅱ在频率转向区域(0~6 节径)应变能主要集中在轮盘上,此时为轮盘模态占优。节径数的增大对轮盘的刚度和叶盘的频率影响较大,逐渐转变成叶片占优模态。

图 8.25 和图 8.26 为谐调叶盘系统模态族Ⅱ在频率转向区域的振动特性,选择节径数为 1~7 节径和激励阶次为 1~6 时叶盘系统振幅和应变能分布,从图上可知,在频率转向区域(0~6 节径)随着节径数的增大,叶片的振幅和应变能都随之增大,在节径数为 6 时达到最大,当超过频率转向区域,即节径数为 7 时,叶盘系统的振幅和应变能大幅度降低;当相同的节径对应不同的激励阶次时,节径数与激励阶次相同时叶盘系统的振幅和应变能最大,比如图中当节径为 3、激励阶次为 3 时的振幅和应变能,这一结论符合三重点原理[7];随着激励阶次和节径数的增大,当激励阶次和节径数同为 6 时谐调叶盘系统的振幅和应变能最大。

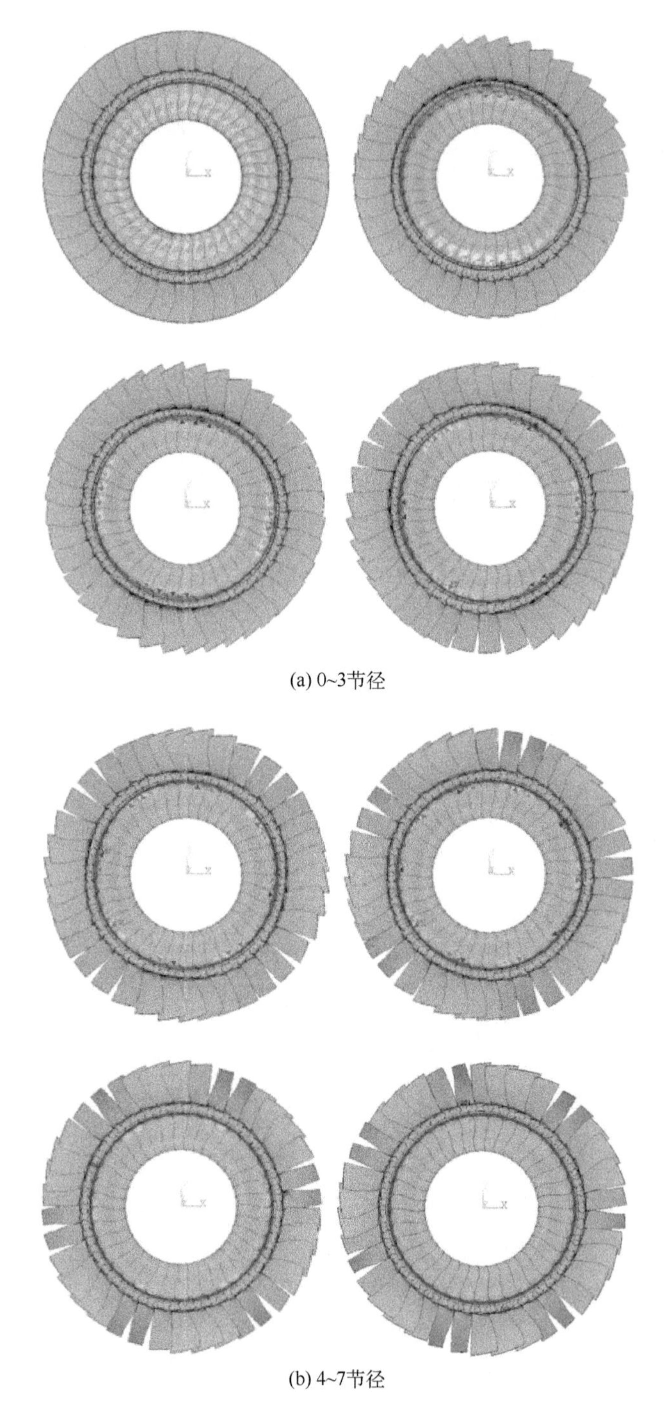

(a) 0~3节径

(b) 4~7节径

图 8.24 谐调叶盘系统模态族Ⅱ 0~7 节径应变能分布

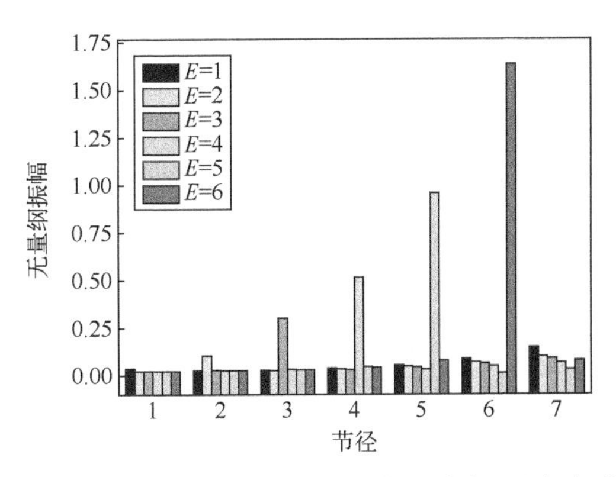

图8.25　模态族Ⅱ在频率转向区域振幅分布(见书末彩图)

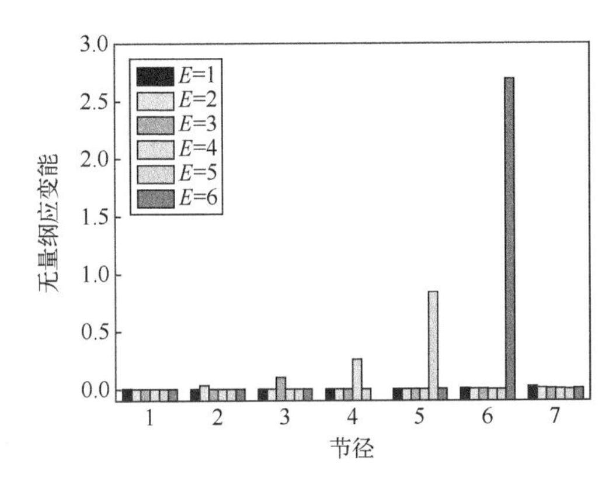

图8.26　模态族Ⅱ在频率转向区域应变能分布(见书末彩图)

8.2.2　频率转向间隙

在频率转向区域,节径数的变化对于叶盘系统模态振动局部化影响显著,为了分析相邻模态族叶片应变能对叶盘系统振动贡献度的影响,引入了频率转向间隙[8],相对频率间隙 d 计算公式为

$$d=\left[\frac{(f_2-f_1)_p}{f_{2\max}-f_{1\min}}\right]_{\min} \tag{8.43}$$

式中:下标 p 表示频率曲线间隙处的节径数 f_{I} 为模态族Ⅰ的频率;f_{II} 为模态族Ⅱ的频率;$f_{\mathrm{I}\min}$ 为模态族Ⅰ的最小频率;$f_{\mathrm{II}\max}$ 为模态族Ⅱ的最大频率。

由表8.2可知,随着节径数的增加,频率转向间隙呈现先减小再增加的趋势,频率转向间隙最小值0.071在6节径处达到最小值。当节径数大于10,频率转向间隙变化幅度减小,趋于平稳。

表 8.2　频率转向区域频率转向间隙

节　径	模态族Ⅱ	模态族Ⅲ	频率转向间隙
0	1.278	2.736	0.824
1	1.776	2.708	0.525
2	2.042	2.733	0.338
3	2.219	2.736	0.233
4	2.414	2.750	0.139
5	2.544	2.771	0.089
6	2.624	2.810	0.071
7	2.663	2.865	0.076
8	2.680	2.918	0.089
9	2.689	2.960	0.101
10	2.693	2.989	0.110
11	2.696	3.009	0.116
12	2.697	3.023	0.121
13	2.698	3.032	0.124
14	2.699	3.038	0.126
15	2.699	3.042	0.127
16	2.699	3.044	0.128
17	2.700	3.046	0.128
18	2.700	3.047	0.129
19	2.700	3.047	0.129

8.2.3　叶片对失谐叶盘系统振动响应贡献度

1. 贡献度因子

从谐调叶盘系统模态振型转换特性可知,在频率转向区域,叶盘系统的振幅和应变能随着节径数的变化呈现一定的规律性,为了评价在频率转向区域叶片对失谐叶盘系统振动局部化的影响,从模态应变能角度定义了贡献度因子。

叶片贡献度因子[9]为

$$C_{\mathrm{b}} = \frac{\left|\sum_{i=1}^{38} E_{\mathrm{b}i}\right|}{\left|\sum_{i=1}^{38} E_{\mathrm{b}i} + E_{\mathrm{d}i}\right|} \tag{8.44}$$

式中:C_{b} 为叶片贡献度因子;$E_{\mathrm{b}i}$为第 i 个扇区叶片应变能;$E_{\mathrm{d}i}$为第 i 个扇区轮盘应变能。

2. 失谐叶盘系统模态振动局部化贡献度

对于工程实际叶盘系统,失谐破坏了循环对称性,造成了各叶片的刚度和频率的不同，对于给定叶片频率分布，如何正确识别失谐参数对于失谐叶盘系统分析就显得尤为重要。采用有限元模型进行研究时，大部分学者都采用叶片弹性模量失谐的形式来达到叶片刚度的失谐，当考虑了叶片旋转带来的预应力的影响，叶片由于质量失谐会导致不平衡效应，这时如果单纯以弹性模量失谐来模拟叶片失谐，显然是不准确的。由此，本书提出一种基于质量失谐和刚度失谐相结合的失谐模式对叶片进行失谐模拟，其基本思想是：首先通过测得的叶片质量对叶片进行密度失谐处理，然后根据实验测得的叶片频率，采用叶片静频和有限元分析相结合的方法，实现叶片弹性模量的失谐识别[10-11]。叶片密度失谐量如图8.27所示。

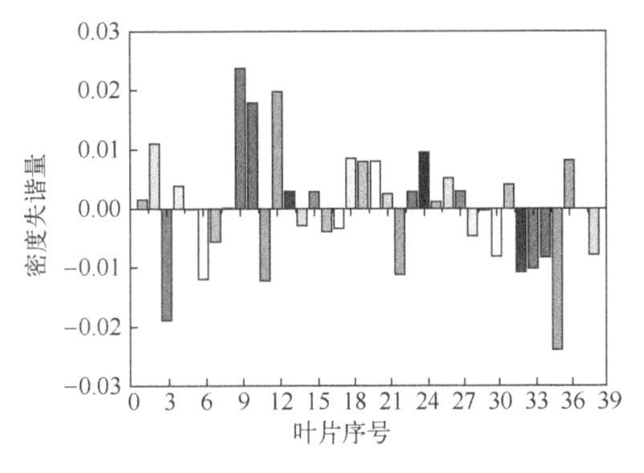

图8.27　叶片密度失谐量

对于失谐参数的识别，本书采用基于叶片静频试验、二分法以及模态分析相结合的方法：首先，对某压气机叶盘系统各叶片进行静频试验获得各叶片一弯静频，已知叶片频率试验数据如表8.3所列；其次，通过引入不同的扰动系数 P_j，应用二分法与模态分析相结合的方法识别出叶片试验一弯静频所对应的失谐弹性模量。通过失谐识别获得的叶片一弯静频对应的弹性模量失谐量如图8.28所示。

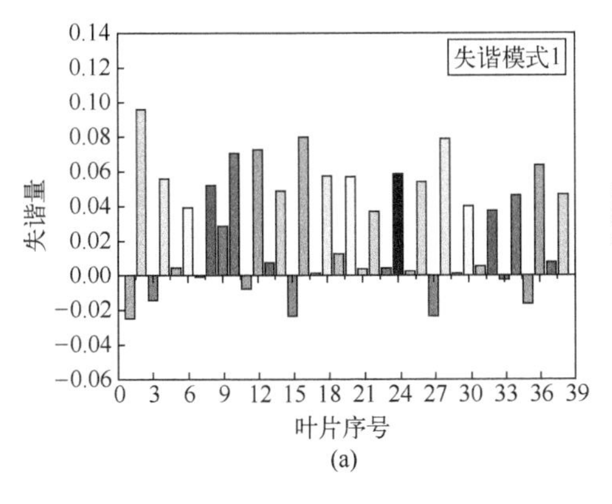

(a)

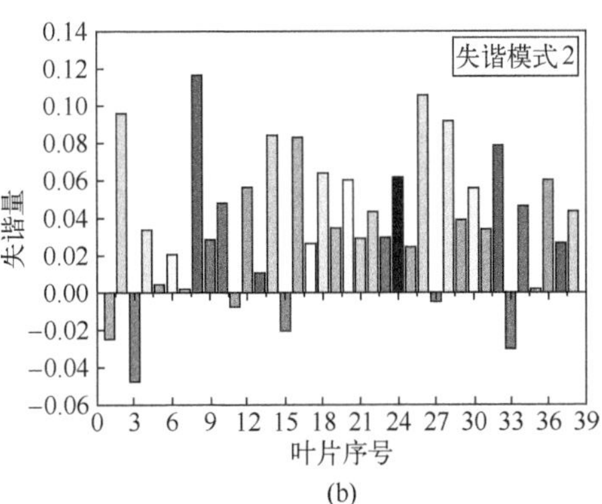

(b)

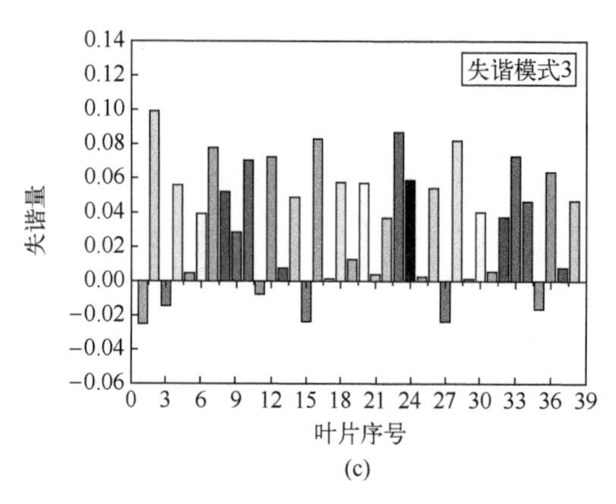

(c)

图 8.28 叶片弹性模量失谐量

表 8.3 失谐叶片无量纲试验频率

叶片序号	失谐模式 1	失谐模式 2	失谐模式 3
1	0.969466	0.969466	0.969466
2	1.022901	1.022901	1.024427
3	0.967939	0.967939	0.984733
4	0.996947	0.996947	1.007634
5	0.984733	0.984733	0.984733
6	0.998473	0.998473	1.007634
7	0.98626	0.98626	1.022901
8	0.998473	1.038168	1.007634
9	0.984733	0.984733	0.984733
10	0.996947	0.996947	1.007634
11	0.984733	0.984733	0.984733
12	1.000000	1.000000	1.007634
13	0.98626	0.98626	0.984733
14	1.024427	1.024427	1.007634
15	0.970992	0.970992	0.969466
16	1.024427	1.024427	1.024427
17	0.996947	0.996947	0.984733
18	1.00916	1.00916	1.006107
19	0.99542	0.99542	0.984733
20	1.007634	1.007634	1.006107
21	0.99542	0.99542	0.983206
22	1.00916	1.00916	1.006107
23	0.99542	0.99542	1.022901
24	1.007634	1.007634	1.006107
25	0.993893	0.993893	0.983206
26	1.030534	1.030534	1.006107
27	0.978626	0.978626	0.969466

续表

叶片序号	失谐模式 1	失谐模式 2	失谐模式 3
28	1.029008	1.029008	1.024427
29	1.001527	1.001527	0.983206
30	1.01374	1.01374	1.006107
31	0.996947	0.996947	0.983206
32	1.010687	1.025954	1.006107
33	0.99542	0.972519	1.022901
34	1.00916	1.00916	1.00916
35	0.99542	0.99542	0.98626
36	1.007634	1.007634	1.00916
37	0.99542	0.99542	0.98626
38	1.007634	1.007634	1.00916

对于失谐叶盘系统,通过对三种失谐模式进行模态分析,提取模态族Ⅱ在频率转向区域叶片的应变能,计算叶片贡献度因子,获得图 8.29 所示的失谐叶盘系统模态振动下叶片贡献度因子随激励频率的变化情况。从图 8.29 可知,在频率转向区域范围内,随着激励频率的增加,叶片贡献度因子呈现逐渐增大的趋势。当无量纲激励频率为 2.5~3.0 时,叶片贡献度因子变化较剧烈,从表 8.3 可知,这个区间是模态族Ⅱ向模态族Ⅲ频率转向。

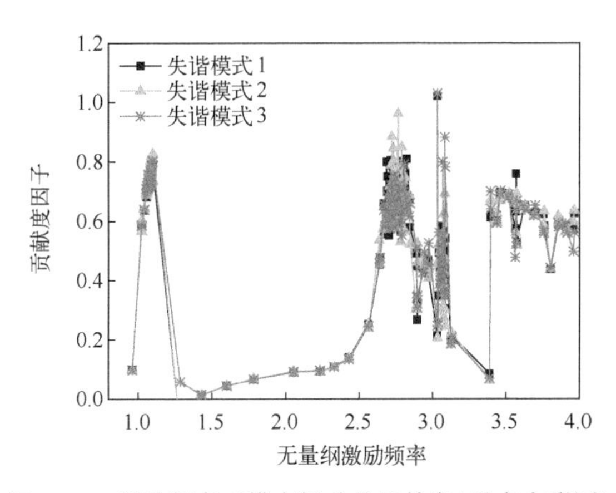

图 8.29　激励频率对模态振动的贡献度(见书末彩图)

叶片刚度失谐后会使叶盘系统模态振型出现较大改变,各叶片的振动能量也不同,当较大的振动能量集中在几个叶片上时就会导致模态振动局部化现象,为了定量描述叶盘系统振动局部化程度,引入了文献[12]定义的局部化因子,该局部化因子的定义式为

$$L=\sqrt{\left(E_{\mathrm{bj}}^{2}-\frac{1}{N-1}\sum_{i=1,i\neq j}^{N}E_{\mathrm{bi}}^{2}\right)\Bigg/\left(\frac{1}{N-1}\sum_{i=1,i\neq j}^{N}E_{\mathrm{bi}}^{2}\right)} \tag{8.45}$$

式中:L 为局部化因子;N 为叶片个数,$N=38$;E_{bi} 为第 i 个扇区的叶片应变能;E_{bj} 为所有叶片中的最大应变能。

通过计算三种失谐模式下叶盘系统在频率转向区域的局部化因子,获得如图 8.30 所示的局部化因子随激励频率的变化情况。

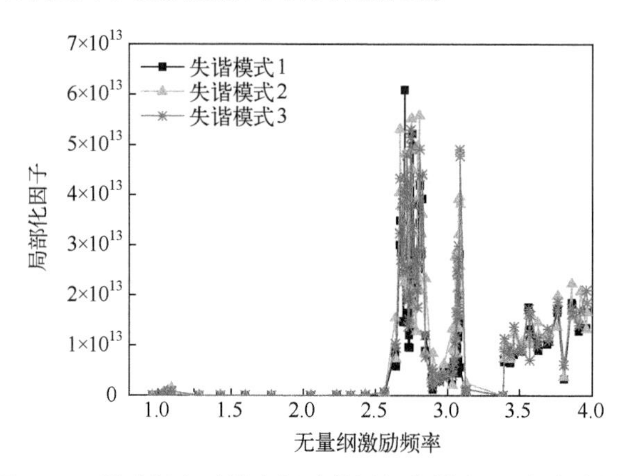

图 8.30　激励频率对模态振动的局部化影响(见书末彩图)

如图 8.30 所示,随着激励频率的增加,叶盘系统局部化因子在无量纲激励频率为 2.5 时开始急剧增加,在频率转向区域,激励频率对模态族Ⅱ和模态族Ⅲ的局部化程度影响显著。如图 8.31 所示,谐调叶盘系统应变能分布均匀,没有发生局部化现象,失谐叶盘系统在频率转向区域发生了明显的局部化现象。

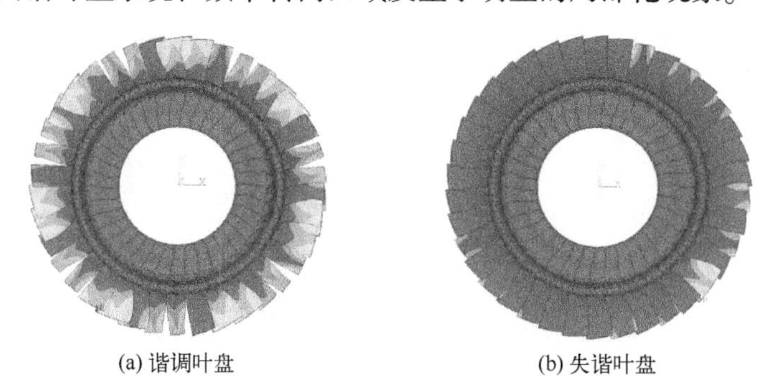

(a) 谐调叶盘　　(b) 失谐叶盘

图 8.31　叶盘系统振动局部化现象

3. 失谐叶盘系统受迫振动响应局部化贡献度

在频率转向区域,对失谐叶盘系统进行受迫振动分析,计算三种失谐模式下频率转向间隙对应模态族Ⅱ的叶片贡献度因子和局部化因子,频率转向间隙对失谐叶盘系统振动受迫响应贡献度如图 8.32 所示，从图上可知，随着频率转向间隙的增大，叶片贡献度因子逐渐减小，在最小频率转向间隙处三种失谐模式的叶片贡献度因子最小，其中失谐模式 2 的叶片贡献度因子最小。图 8.33 分析了叶片贡献度因子与叶盘系统局部化因子的关系，从图上可知，随着叶片贡献度因子的增大，局部化因子增大，叶盘系统局部化程度逐渐增加。

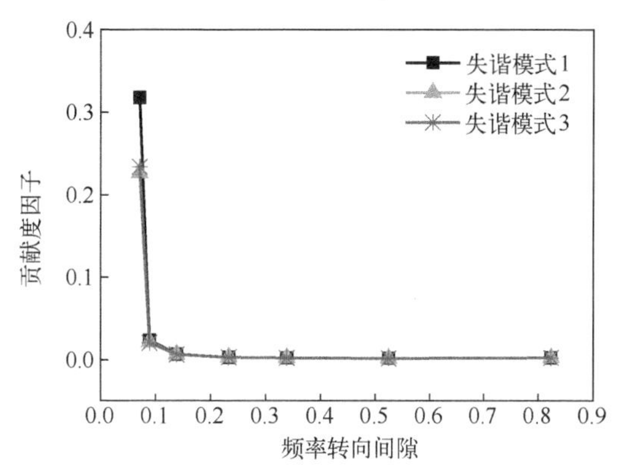

图 8.32　频率转向间隙对受迫振动响应的贡献度

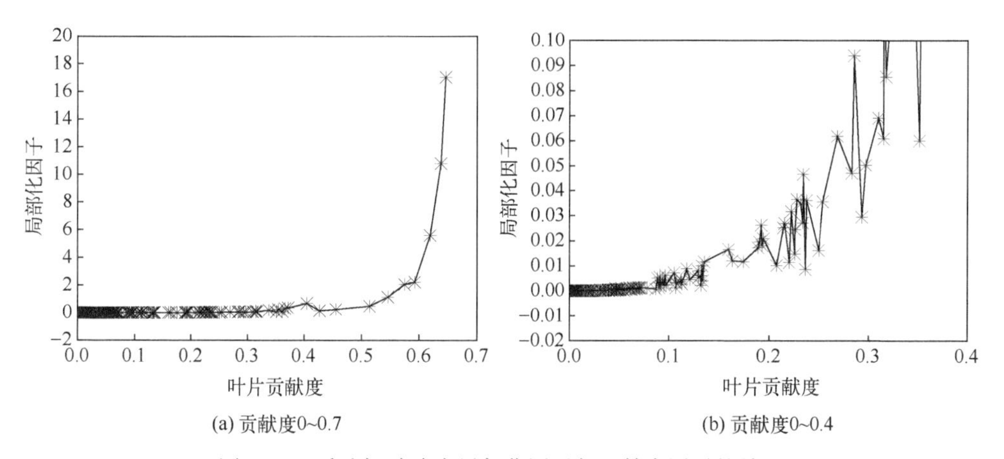

图 8.33　受迫振动响应局部化因子与贡献度因子的关系

8.3　叶片平均频率对失谐系统叶盘振动响应的影响分析

8.3.1　叶片平均频率对谐调叶盘系统振动响应分析

由图 8.34 可知，当平均频率为 0.9956 时，无量纲激励频率为 1.07 时，叶盘系统发生共振，只有一个峰值，最大振幅为 1.1033。当平均频率为 1.0 时，无量纲激励频率为 1.072 时,叶盘系统发生共振,只有一个峰值,最大振幅为 1.0433。当平均频率为 1.0044 时,无量纲激励频率为 1.072 时,叶盘系统发生共振,只有一个峰值,最大振幅为 0.8867。当平均频率为 1.0088 时,无量纲激励频率为 1.074 时,叶盘系统发生共振,只有一个峰值,最大振幅为 1.133。从图上可以看出,叶盘系统的振幅在平均频率为 0.9956 时达到最大,然后随着平均频率的增大而降低,在平均频率为 1.0044 时最大幅值最小,然后又开始增大;随着平均频率的增大,叶盘系统的刚度增大,发生共振的频率也逐渐增大。

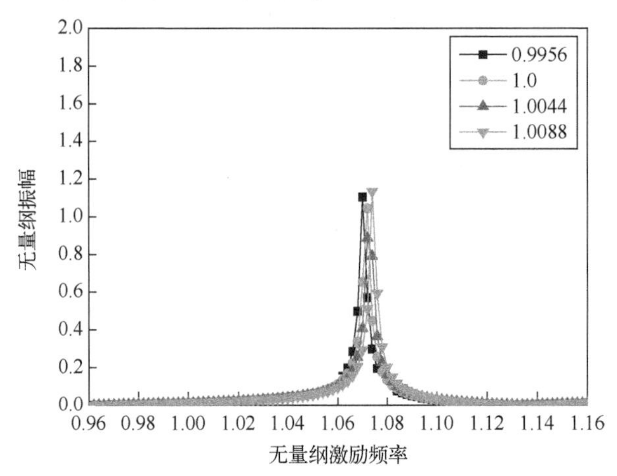

图 8.34　不同平均频率下谐调叶盘系统幅频特性(见书末彩图)

从图 8.35 可以看出,随着平均频率的增大,叶片应变能先降低,在平均频率为 1.0044 时达到最小,然后再升高,在平均频率为 0.9956 时叶片应变能为 2.095,在平均频率为 1.0088 时,叶片最大应变能为 2.265。在平均频率为 1.0044 时,应变能最小。

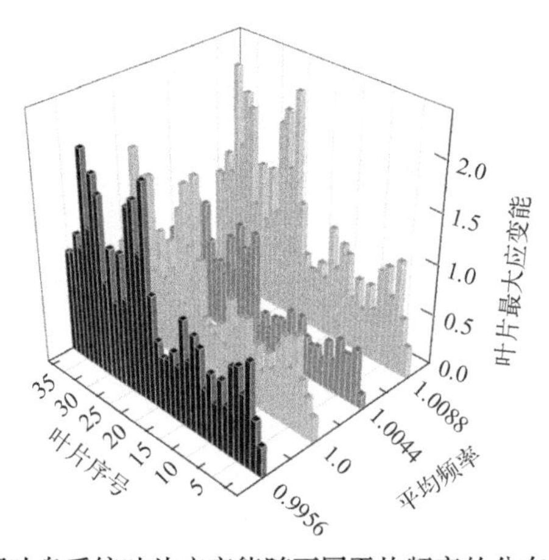

图 8.35　谐调叶盘系统叶片应变能随不同平均频率的分布(见书末彩图)

8.3.2 叶片平均频率对失谐叶盘系统振动响应分析

1. 标准差为1%时，不同平均频率对失谐叶盘系统幅值特性影响

选择分析模型的静子叶片数 $N_s=42$，转子叶片数 $N=38$，激励阶次 $E=4$，对标准差分别为1%、5%和8%情况下，分析平均频率对失谐叶盘系统幅值的影响。平均频率由弹性模量比值确定，即平均频率分别为0.9956、1.0、1.0044、1.0088。当失谐标准差为1%时，平均频率分别为0.9956、1.0、1.0044、1.0088时失谐叶盘系统叶片的弹性模量如表8.4所列，不同平均频率下叶盘系统幅频特性如图8.36所示，失谐叶盘系统1%标准差下叶片应变能随不同平均频率的分布如图8.37所示。

表8.4 失谐标准差为1%时不同平均频率下失谐叶盘系统的弹性模量失谐量

(Pa)

叶片序号	0.9956 失谐量	1.0 失谐量	1.0044 失谐量	1.0088 失谐量
1	-4.33×10^8	-2.96×10^8	-5.20×10^8	1.90×10^9
2	-2.16×10^9	5.03×10^8	3.34×10^7	9.97×10^8
3	-2.34×10^9	4.45×10^8	3.17×10^8	1.11×10^9
4	-2.72×10^9	-1.42×10^9	9.67×10^8	5.67×10^8
5	2.44×10^9	$-1.0^8\times10^9$	-5.86×10^8	$-6.9^8\times10^8$
6	5.99×10^8	-8.41×10^8	8.62×10^8	9.50×10^8
7	-2.10×10^8	-5.76×10^8	5.89×10^8	2.10×10^9
8	-1.60×10^9	-3.64×10^8	2.01×10^9	2.99×10^9
9	-1.80×10^9	1.42×10^7	2.57×10^8	5.07×10^8
10	1.19×10^8	-3.44×10^9	3.47×10^8	-8.63×10^8
11	1.27×10^9	-5.19×10^8	-8.35×10^8	1.19×10^9
12	-2.41×10^9	1.41×10^9	-1.08×10^9	1.43×10^9
13	-1.01×10^9	-1.21×10^9	8.54×10^8	7.40×10^8
14	-5.95×10^8	1.06×10^9	2.16×10^8	-3.16×10^8
15	-2.75×10^9	3.98×10^8	1.07×10^9	3.32×10^9
16	4.51×10^8	-3.29×10^7	-5.18×10^8	-1.70×10^9
17	-9.69×10^8	2.07×10^8	2.68×10^9	4.16×10^8
18	1.66×10^9	-1.78×10^9	6.39×10^8	-5.13×10^8
19	-9.42×10^8	-9.60×10^7	1.69×10^9	2.72×10^8
20	-3.76×10^7	1.82×10^9	2.41×10^8	1.36×10^9
21	-1.79×10^9	1.12×10^8	3.15×10^8	1.16×10^9

续表

叶片序号	0.9956 失谐量	1.0 失谐量	1.0044 失谐量	1.0088 失谐量
22	-1.21×10^9	4.70×10^7	1.29×10^9	1.86×10^8
23	-1.82×10^9	-8.33×10^8	1.13×10^9	1.89×10^9
24	-5.64×10^7	-3.50×10^7	-7.77×10^8	1.71×10^9
25	9.71×10^8	2.64×10^8	-1.25×10^9	1.74×10^9
26	-1.17×10^9	4.84×10^8	-7.52×10^8	5.13×10^8
27	-6.90×10^6	-4.23×10^8	-1.11×10^9	2.20×10^9
28	-1.07×10^9	-2.68×10^8	5.68×10^8	1.76×10^9
29	-3.85×10^8	2.30×10^9	3.12×10^7	3.87×10^9
30	8.52×10^8	-2.56×10^9	8.05×10^7	2.22×10^9
31	-3.64×10^8	2.53×10^9	-1.05×10^9	2.32×10^9
32	-1.67×10^9	3.83×10^8	1.39×10^9	1.06×10^9
33	-1.47×10^9	1.14×10^9	1.00×10^9	-4.75×10^8
34	-6.92×10^8	-1.89×10^9	3.98×10^8	5.75×10^8
35	-7.17×10^8	-6.70×10^8	1.66×10^9	1.32×10^8
36	-1.48×10^9	-3.16×10^8	-4.96×10^8	3.54×10^8
37	-2.96×10^8	4.80×10^8	9.73×10^8	1.64×10^9
38	9.31×10^8	-1.90×10^9	8.97×10^8	3.62×10^8

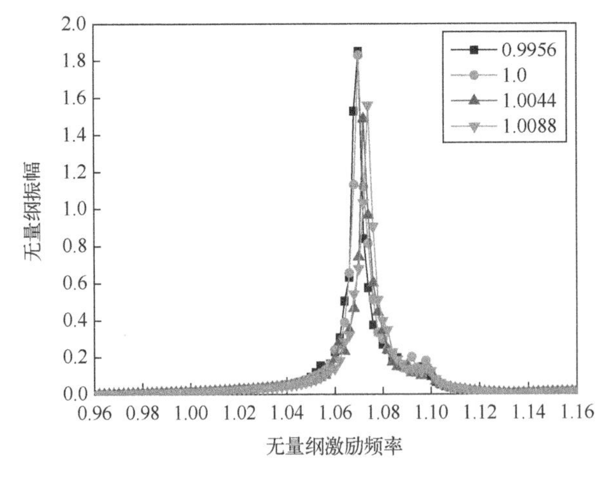

图 8.36 标准差为 1%时不同平均频率下叶盘系统幅频特性(见书末彩图)

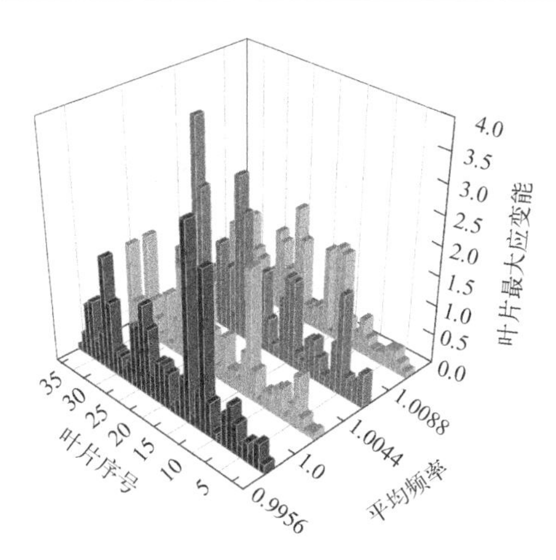

图 8.37　失谐叶盘系统 1%标准差下叶片应变能随不同平均频率的分布(见书末彩图)

图 8.36 中当平均频率为 0.9956 时,无量纲激励频率为 1.07 时,叶盘系统发生共振,只有一个峰值,最大振幅为 1.85。当平均频率为 1.0 时,无量纲激励频率为 1.07 时,叶盘系统发生共振,只有一个峰值,最大振幅为 1.83。当平均频率为 1.0044 时,无量纲激励频率为 1.072 时,叶盘系统发生共振,只有一个峰值,最大振幅为 1.48667。当平均频率为 1.0088 时,无量纲激励频率为 1.074 时,叶盘系统发生共振,只有一个峰值,最大振幅为 1.56。从图上可以看出,随着平均频率的增大,叶盘系统的振幅在平均频率为 0.9956 时达到最大,在平均频率为 1.0044 时最大幅值最小。

从图 8.37 可以看出,随着平均频率的增大,在平均频率为 0.9956 时,叶片 12 和 14 的应变能较大,分别为 2.67 和 3.25,局部化程度较高;在平均频率为 1.0 和 1.0088 时,叶片应变能大幅度下降,在平均频率为 1.0088 时,叶片最大无量纲应变能值最小,小于 2.0。

2. 标准差为 5%时,不同平均频率对失谐叶盘系统幅值特性影响

当失谐标准差为 5%时,平均频率分别为 0.9956、1.0、1.0044、1.0088 时失谐叶盘系统叶片的弹性模量失谐量如表 8.5 所列。

表 8.5　标准差为 5%时不同平均频率下的弹性模量失谐量　(Pa)

叶片序号	0.9956 失谐量	1.0 失谐量	1.0044 失谐量	1.0088 失谐量
1	-7.63×10^{9}	-1.11×10^{9}	2.49×10^{9}	1.86×10^{9}
2	5.77×10^{9}	-1.23×10^{9}	-3.66×10^{9}	9.04×10^{9}
3	-6.09×10^{9}	-1.72×10^{9}	2.36×10^{9}	6.92×10^{9}
4	-1.08×10^{10}	1.31×10^{8}	-2.43×10^{9}	2.67×10^{9}

续表

叶片序号	0.9956 失谐量	1.0 失谐量	1.0044 失谐量	1.0088 失谐量
5	7.32×10^{9}	2.91×10^{8}	-4.61×10^{9}	-3.45×10^{9}
6	-8.54×10^{8}	4.69×10^{9}	-6.36×10^{9}	4.24×10^{9}
7	2.04×10^{9}	8.67×10^{9}	6.42×10^{9}	-6.92×10^{9}
8	-2.55×10^{9}	2.65×10^{9}	-4.32×10^{9}	2.40×10^{9}
9	-6.27×10^{9}	-1.19×10^{9}	-4.86×10^{8}	5.63×10^{9}
10	-1.79×10^{10}	3.55×10^{9}	-6.39×10^{9}	2.22×10^{9}
11	3.04×10^{9}	1.04×10^{9}	-1.19×10^{9}	6.04×10^{9}
12	-2.12×10^{9}	-5.84×10^{9}	-1.79×10^{10}	1.27×10^{10}
13	-1.61×10^{9}	5.39×10^{9}	-5.70×10^{9}	6.29×10^{9}
14	1.79×10^{9}	1.74×10^{9}	-7.63×10^{9}	2.53×10^{9}
15	-8.52×10^{9}	7.67×10^{8}	-5.28×10^{9}	4.67×10^{9}
16	-4.62×10^{9}	2.92×10^{9}	-7.16×10^{8}	3.44×10^{9}
17	5.98×10^{9}	1.48×10^{9}	-1.35×10^{9}	-6.53×10^{9}
18	2.88×10^{9}	-5.34×10^{9}	1.16×10^{10}	-1.38×10^{9}
19	-7.74×10^{9}	-9.21×10^{8}	-2.76×10^{9}	8.01×10^{9}
20	-1.29×10^{10}	-8.29×10^{8}	-9.25×10^{8}	7.50×10^{8}
21	-3.73×10^{9}	-3.02×10^{9}	-8.45×10^{9}	4.33×10^{9}
22	7.09×10^{8}	9.55×10^{9}	-2.22×10^{9}	-4.76×10^{9}
23	4.82×10^{9}	-4.97×10^{9}	-7.13×10^{9}	1.37×10^{9}
24	2.95×10^{7}	-2.75×10^{9}	6.73×10^{8}	4.44×10^{9}
25	-6.84×10^{9}	-4.04×10^{9}	5.36×10^{9}	-6.79×10^{9}
26	1.23×10^{9}	-6.66×10^{9}	2.80×10^{9}	2.99×10^{9}
27	-7.12×10^{9}	-1.09×10^{9}	-3.49×10^{9}	-4.11×10^{7}
28	-5.93×10^{9}	-1.56×10^{9}	-8.79×10^{9}	-4.38×10^{9}
29	-4.19×10^{9}	8.68×10^{9}	8.82×10^{9}	7.85×10^{8}
30	-7.45×10^{9}	-1.41×10^{9}	1.22×10^{10}	-9.86×10^{9}
31	-2.03×10^{9}	-6.04×10^{9}	1.19×10^{9}	-1.12×10^{10}
32	-5.58×10^{9}	9.10×10^{9}	-5.14×10^{9}	-5.74×10^{9}
33	-2.11×10^{9}	7.01×10^{9}	7.33×10^{9}	-4.67×10^{9}
34	-3.11×10^{9}	-1.30×10^{9}	-2.88×10^{9}	-5.72×10^{9}
35	-2.82×10^{9}	-8.55×10^{9}	-2.18×10^{9}	-8.88×10^{9}
36	-3.34×10^{9}	-2.52×10^{9}	5.55×10^{9}	2.65×10^{9}
37	6.47×10^{9}	-8.85×10^{8}	-7.40×10^{9}	-8.13×10^{9}
38	2.95×10^{9}	1.57×10^{9}	-1.07×10^{10}	1.63×10^{9}

从图 8.38 可以看出，当失谐标准差增大到 5%时，叶盘系统的共振带变宽，带宽达到 0.08，共振幅值大幅度下降，只有当平均频率为 1.0088 时幅值大于 1.6。

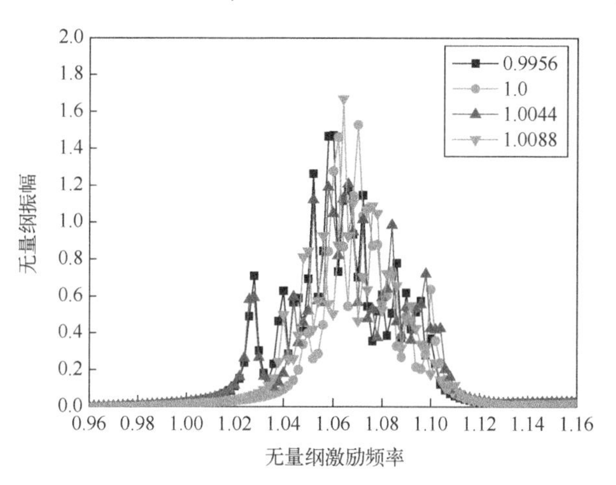

图 8.38　标准差为 5%时不同平均频率下叶盘系统幅频特性(见书末彩图)

从图 8.39 可以看出，在平均频率为 0.9956 时，25 号叶片应变能达到最大为 4.09；随着平均频率的增大，叶片应变能大幅度下降，在平均频率为 1.0044 时，叶片最大应变能值最小，只有两个叶片的应变能大于 1.5，没有局部化现象，其他三个平均频率都有局部化现象出现。

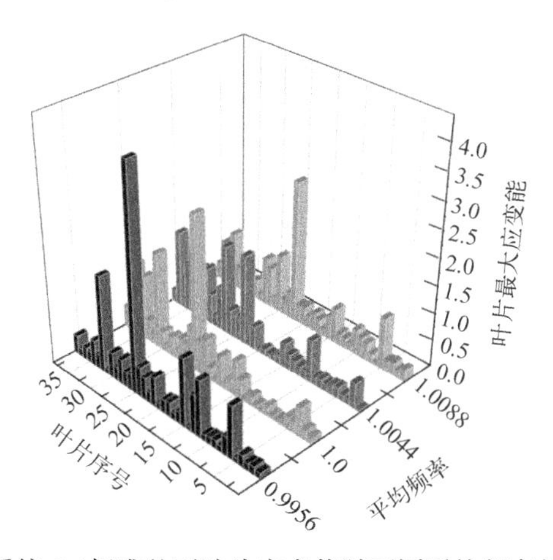

图 8.39　失谐叶盘系统 5%标准差下叶片应变能随不同平均频率的分布(见书末彩图)

3. 标准差为 8%时，不同平均频率对失谐叶盘系统幅值特性影响

当失谐标准差为 8%时，平均频率分别为 0.9956、1.0、1.0044、1.0088 时失谐叶盘系统叶片的弹性模量失谐量如表 8.6 所列。

表 8.6　标准差为 8%时不同平均频率下的弹性模量失谐量　(Pa)

叶片序号	0.9956 失谐量	1.0 失谐量	1.0044 失谐量	1.0088 失谐量
1	5.48×10^{9}	-3.16×10^{8}	4.34×10^{9}	1.04×10^{10}
2	1.88×10^{10}	-7.25×10^{9}	4.15×10^{9}	1.44×10^{10}
3	4.39×10^{9}	9.25×10^{9}	1.37×10^{9}	1.43×10^{9}
4	-1.44×10^{10}	-1.21×10^{9}	5.03×10^{9}	1.70×10^{10}
5	-2.34×10^{9}	-6.49×10^{9}	1.04×10^{10}	2.42×10^{9}
6	-5.02×10^{9}	1.23×10^{10}	9.35×10^{9}	-1.03×10^{10}
7	2.96×10^{9}	-2.04×10^{9}	-4.69×10^{9}	-1.91×10^{10}
8	3.22×10^{9}	-5.35×10^{9}	7.89×10^{9}	-2.05×10^{9}
9	3.17×10^{9}	-2.67×10^{9}	2.08×10^{9}	7.54×10^{9}
10	-3.79×10^{9}	-7.70×10^{9}	-4.11×10^{9}	3.91×10^{9}
11	-5.92×10^{9}	-1.02×10^{10}	-1.04×10^{10}	4.79×10^{9}
12	-5.83×10^{9}	2.29×10^{10}	6.40×10^{9}	-4.29×10^{9}
13	7.22×10^{9}	1.50×10^{10}	-2.73×10^{9}	2.32×10^{9}
14	-1.73×10^{10}	2.79×10^{9}	9.23×10^{8}	-1.40×10^{10}
15	-2.37×10^{9}	-1.14×10^{10}	-6.73×10^{9}	-5.96×10^{9}
16	1.94×10^{9}	-7.86×10^{9}	-1.36×1010	-6.50×10^{9}
17	-6.40×10^{9}	-1.60×10^{9}	2.06×10^{9}	5.76×10^{9}
18	3.81×10^{9}	7.19×10^{9}	-6.67×10^{7}	8.70×10^{8}
19	-1.14×10^{9}	-1.21×10^{10}	1.14×10^{10}	-9.58×10^{9}
20	-8.98×10^{9}	-2.12×10^{10}	7.81×10^{9}	9.13×10^{8}
21	9.59×10^{8}	-1.32×10^{10}	1.01×10^{10}	-5.32×10^{9}
22	-2.92×10^{9}	3.03×10^{9}	-6.33×10^{9}	-5.11×10^{9}
23	-4.21×10^{9}	3.55×10^{9}	-8.04×10^{9}	8.92×10^{9}
24	-6.93×10^{9}	4.10×10^{9}	-1.11×10^{10}	2.04×10^{9}
25	5.55×10^{7}	-1.18×10^{9}	5.04×10^{9}	4.65×10^{9}
26	-1.72×10^{10}	1.67×10^{9}	2.59×10^{10}	9.10×10^{9}
27	-4.10×10^{9}	-4.32×10^{9}	7.14×10^{9}	2.65×10^{9}
28	-5.41×10^{9}	7.83×10^{9}	-6.55×10^{9}	6.05×10^{9}
29	-8.74×10^{9}	-1.24×10^{10}	8.13×10^{9}	7.26×10^{9}
30	5.40×10^{9}	4.13×10^{9}	-9.79×10^{9}	1.17×10^{10}
31	-7.14×10^{9}	-7.71×10^{9}	-1.25×10^{10}	5.36×10^{9}
32	4.39×10^{9}	-3.04×10^{9}	7.04×10^{9}	1.39×10^{10}
33	8.32×10^{9}	5.02×10^{9}	-6.59×10^{9}	1.21×10^{9}
34	-1.92×10^{9}	9.43×10^{9}	3.38×10^{9}	5.62×108
35	2.01×10^{9}	-1.01×10^{10}	1.33×10^{10}	1.66×10^{10}
36	5.28×10^{9}	1.14×10^{10}	4.16×10^{9}	-3.67×10^{9}
37	-1.23×10^{9}	5.99×10^{9}	8.98×10^{9}	9.74×10^{8}
38	4.39×10^{9}	-6.16×10^{8}	-1.41×10^{10}	9.43×10^{9}

由图 8.40 可知，当失谐标准差增大到 8%时，叶盘系统的共振带变宽，带宽达到 0.1，共振幅值大幅度下降，只有当平均频率为 0.9956 时幅值大于 1.6。

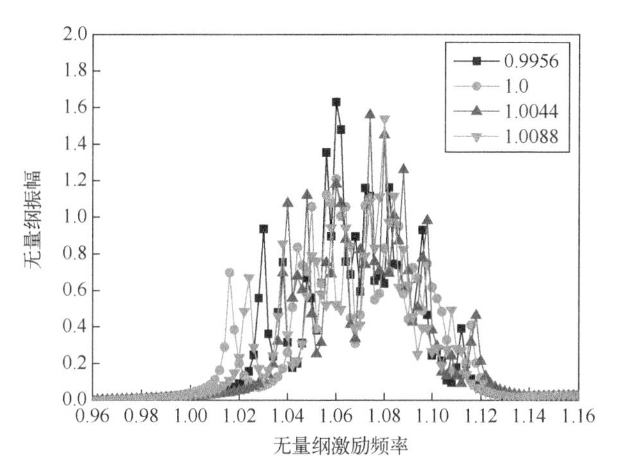

图 8.40　标准差为 8%时不同平均频率下叶盘系统幅频特性(见书末彩图)

从图 8.41 和图 8.42 可以看出，随着平均频率的增大，大部分叶片应变能大幅度下降；总体趋势上来看，随着失谐标准差的增大，大部分叶片的应变能也是呈下降趋势，但是随着失谐标准差的增大，应变能集中在少数叶片上，局部化现象较严重。

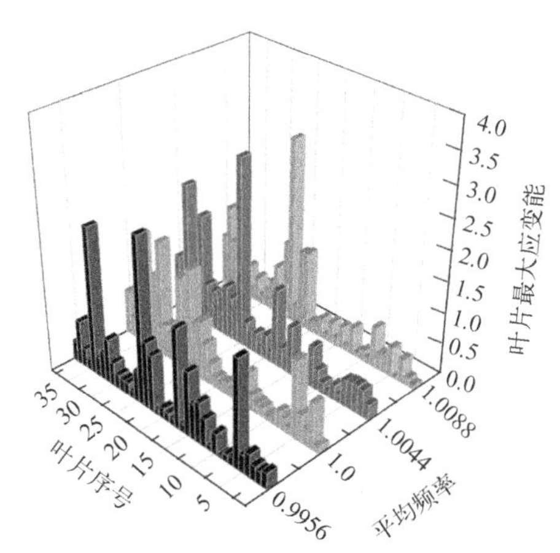

图 8.41　失谐叶盘系统 8%标准差下叶片应变能随不同平均频率的分布(见书末彩图)

从图 8.43 可以看出，在不同失谐标准差下，叶盘系统应变能相对局部化因子变化趋势大体相同，在 1.0044 出现了严重的局部化现象；在失谐标准差为 5%情况下，叶盘系统应变能相对局部化因子变化较小，相对比较平坦，由此可以说明在失谐标准差为 5%情况下，叶盘系统的应变能分布较好。

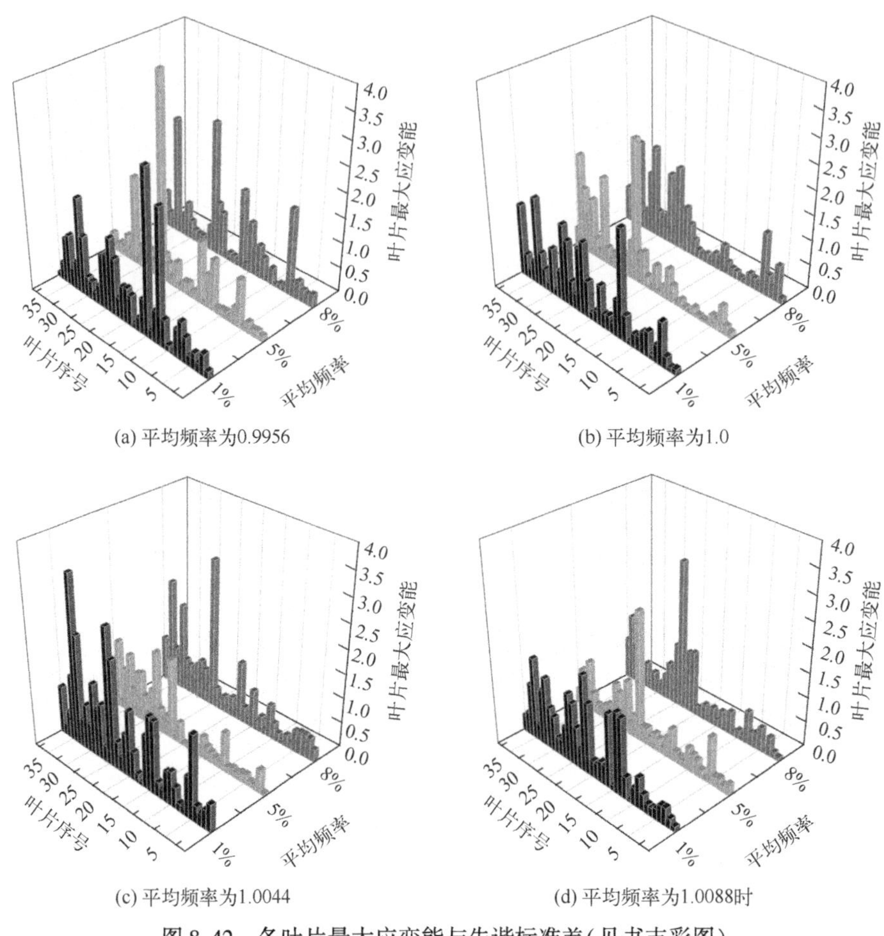

图 8.42　各叶片最大应变能与失谐标准差(见书末彩图)

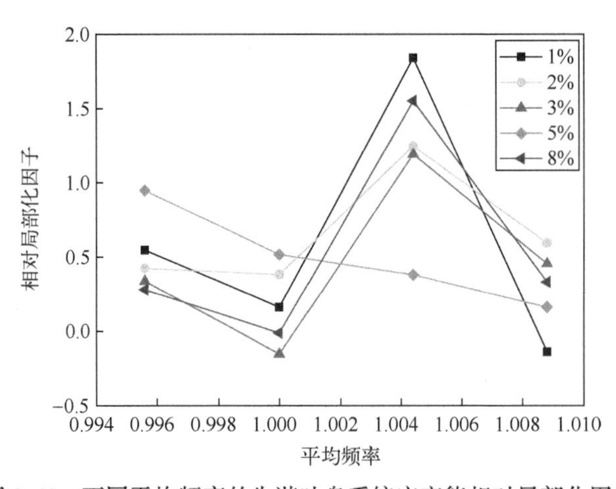

图 8.43　不同平均频率的失谐叶盘系统应变能相对局部化因子

参考文献

[1]　黄保海,白玉,牛卫东．汽轮机原理与构造[M]．北京:中国电力出版社,2001.

[2]　叶世俭,严宏强．考虑叶根柔度的汽轮机叶片组的振动分析[J]．动力工程,1988,10(6):33-38.

[3]　LIN S M,LEE S Y,WANG W R. Dynamic Analysis of Rotating Damped Beamswith an Elastically Restrained Root[J]. Mechanical Sciences,2004,(46):673-693.

[4]　陈龙江,盛德仁,陈坚红．汽轮机 T 型叶根有限元模态分析边界条件的研究[J]．动力工程,2004,24(4):510-513.

[5]　肖俊峰,朱宝田．汽轮机叶片振动特性对叶根约束条件感性的研究[J]．热力发电,1999,28(1):29~32.

[6]　岳承熙,等．航空涡轮、涡扇发动机结构设计准则[R]．北京:中国航空工业总公司系统工程局,1997.

[7]　宋兆泓．航空燃气涡轮发动机强度设计[M]．北京:北京航空航天大学出版社,1988.

[8]　王红建,贺尔铭,赵志彬．频率转向特征对失谐叶盘模态局部化的作用[J]．中国机械工程,2009,20(1):82-85.

[9]　ZHANG H Y,YUAN H Q,YANG W J,et al. Study on Localization Influences of Frequency Veering on Vibration of Mistuned Bladed Disk[J]. Journal of mechanical science and technology,2017,31(11)5173-5184.

[10]　张亮,李欣,等．基于近似 CMS 法及模态测试的失谐叶盘结构动力学特性研究[J]．中国测试,2016,42(6):117-121.

[11]　张亮,李欣,袁惠群．基于模态测试及有限元法的叶片失谐参数识别[J]．中国测试,2015(11):16-19.

[12]　王红建．复杂耦合失谐叶片-轮盘系统振动局部化问题研究[D]．西安:西北工业大学,2006.

[13]　王红建,贺尔铭,赵志彬．叶盘系统频率转向与模态耦合特性分析[J]．航空动力学报,2008,24(12):2214-2218.

[14]　张宏远,袁惠群,杨文军,等．基于叶片贡献度的叶盘系统频率转向特性研究[J]．振动、测试与诊断,2019,39(2):334-339.

[15]　ZHANG H Y,YUAN H Q,YANG W J,et al. Research on vibration localization of mistuned bladed disk system[J],Journal of Vibroengineering,2017,19(5):3296-3312.

[16]　孙红运,袁惠群,赵天宇．基于 PIHISCMSM 失谐叶盘振动特性研究[J]．东北大学学报(自然科学版),2020,41(12):1733-1740.

[17]　赵志彬,贺尔铭,王红建．叶盘振动失谐敏感性与频率转向特性内在关系研究[J]．机械科学与技术,2010,(12):1606-1611.

[18]　赵志彬,贺尔铭,陈熠,等．叶盘结构受迫振动响应特性和主动失谐技术实验研究[J]．西北工业大学学报,2011,29(6):892-897.

[19]　赵志彬,贺尔铭,王红建,等．叶盘结构频率转向特征及失谐敏感性实验研究[J]．中国

机械工程,2013,24(1):73-77.

[20] 王建军,卿立伟,李其汉. 旋转叶片频率转向与振型转换特性[J]. 航空动力学报,2007,22(1):8-11.

[21] 崔韦,王建军. 裂纹叶片频率转向和振型转换特性研究[J]. 推进技术,2015,36(4):614-621.

[22] 任兴民,南国防,秦洁,等. 航空发动机叶片"频率转向"特性研究[J]. 西北工业大学学报,2009,27(2):269-273.

[23] 王培屹,李琳. 叶盘结构盘片耦合振动特性的参数敏感性[J]. 航空动力学报,2014,29(01):81-90.

[24] 张俊红,杨硕,刘海,等. 裂纹参数对航空发动机叶片频率转向特性影响研究[J]. 振动与冲击,2014,33(20):7-11.

[25] 李宏新,袁惠群,张连祥. 某级压气机叶盘系统失谐振动关键因素研究[J]. 航空动力学报,2017,32(05):1082-1090.

[26] 张宏远,袁惠群,孙红运. 叶片平均频率对失谐叶盘振动局部化影响研究[J]. 航空发动机,2019,45(6):41-45.

第9章

基于智能算法的失谐叶盘系统减振优化方法

目前国内对于发动机叶片排序的研究多数是从预防颤振的角度对叶片进行错频排序优化,但是没有对错频后的振动局部化进行分析,而错频正是引入振动局部化的因素之一。文献[1]用振动局部化参数来表征失谐系统振动局部化程度大小,提出遗传算法和蚁群算法对叶片安装排序进行优化来降低系统振动局部化程度,但未考虑工程中的错频要求。在文献[2]的基础上引入对质量失谐的讨论并对叶片排布进行优化分析,同时考虑错频和振动局部化对叶片排布的影响,引入罚函数法兼顾错频和减振,并将离散粒子群算法(DPSO)与标准遗传算法相结合,解决了标准遗传算法收敛速度慢、计算效率低、编码复杂等缺点,取得较好的优化结果。

9.1 叶盘系统动力学分析

为了便于分析叶片排布对受迫振动幅值和各叶片振动幅值的影响,建立叶盘系统集中参数模型,如图9.1所示。模型失谐因素只考虑叶片质量失谐。取叶片个数 $n=38$,叶片质量 $m_b=0.11$kg,轮盘单一扇区质量 $m_d=48.86$kg,叶片刚度 $k_b=4.5\times10^5$N/m,轮盘刚度 $k_d=4.95\times10^5$N/m,各扇区间耦合刚度 $k_t=3.89\times10^5$N/m。将系统参数无量纲化,令叶片质量 $m_b=1$,叶片刚度 $k_b=1$,轮盘单一扇区质量 $m_d=426$,轮盘刚度 $k_d=1.1$,各扇区间耦合刚度 $k_t=0.86$。以下分析均采用无量纲化参数。

不考虑非线性影响因素,叶盘系统受迫振动方程为

$$\boldsymbol{M}\ddot{\boldsymbol{q}}+\boldsymbol{C}\dot{\boldsymbol{q}}+\boldsymbol{K}\boldsymbol{q}=\boldsymbol{F} \tag{9.1}$$

式中:$\boldsymbol{M}$、$\boldsymbol{K}$、$\boldsymbol{C}$、$\boldsymbol{q}$ 和 $\boldsymbol{F}$ 分别为叶盘系统的质量矩阵、刚度矩阵、阻尼矩阵、位移矩阵和激励力列矩阵,具体为

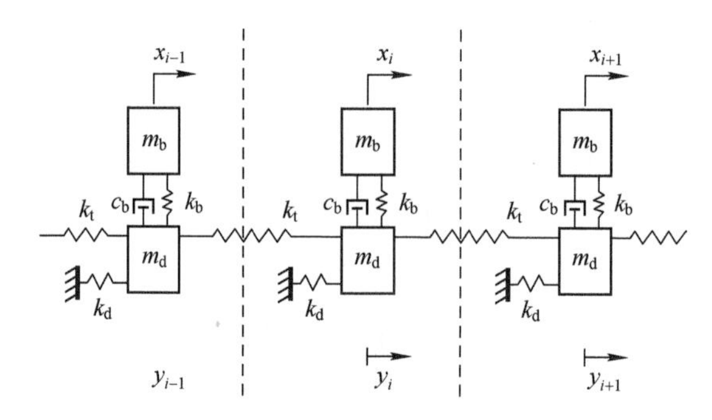

图 9.1　叶盘集中参数模型

$$\boldsymbol{M}=\begin{bmatrix} m_b^{(1)}+\Delta m & 0 & 0 & \cdot & 0 \\ 0 & m_d^{(1)} & 0 & \cdot & 0 \\ 0 & 0 & \cdot & \cdot & \cdot \\ \cdot & \cdot & \cdot & m_b^{(n)}+\Delta m & 0 \\ 0 & \cdot & 0 & 0 & m_d^{(n)} \end{bmatrix}$$

$$\boldsymbol{K}=\begin{bmatrix} k_b^{(1)} & -k_b^{(1)} & 0 & 0 & \cdot & 0 \\ -k_b^{(1)} & k_b^{(1)}+k_d^{(1)}+2k_t & 0 & -k_t & \cdot & -k_t \\ 0 & 0 & k_b^{(2)} & \cdot & \cdot & \cdot \\ \cdot & \cdot & \cdot & \cdot & k_b^{(n)} & -k_b^{(n)} \\ 0 & -k_t & 0 & \cdot & -k_b^{(n)} & k_b^{(n)}+k_d^{(n)}+2k_t \end{bmatrix}$$

$$\boldsymbol{C}=\begin{bmatrix} c_b^{(1)} & 0 & 0 & \cdot & 0 \\ 0 & 0 & 0 & \cdot & 0 \\ 0 & 0 & \cdot & \cdot & \cdot \\ \cdot & \cdot & \cdot & c_b^{(n)} & 0 \\ 0 & \cdot & 0 & 0 & 0 \end{bmatrix}$$

$$\boldsymbol{q}=[x_1 \quad y_1 \quad \cdots \quad x_n \quad y_n]^{\mathrm{T}}$$

$$\boldsymbol{F}=\{f_j(t)\}=\{\mathrm{e}^{\mathrm{i}(\omega t+\theta_j)}\} \quad (j=0,1,2,\cdots,n-1)$$

式中:下标 j 表示所施加激振力的叶片位置;ω 为激振频率;$\theta_j=\dfrac{2\pi Ej}{n}$为相角,$n$ 为叶片数,E 为激振力阶次,取为 6。通过自由振动方程求得系统的模态振型和固有频率,将系统的模态振型作为列向量按固有频率从小到大依次排列,形成系统的模态矩阵 $\boldsymbol{U}$。

$$\boldsymbol{q}=\boldsymbol{U}\boldsymbol{X} \tag{9.2}$$

$$E\ddot{X}+C_n\dot{X}+AX=U^{\mathrm{T}}F \tag{9.3}$$

式中：A 为以系统各阶固有频率平方为元素的对角矩阵，此时系统的动力学方程转化为一系列解耦的关于 X 的单自由度受迫振动微分方程。其受迫振动的振幅为

$$B_i=\frac{h_i}{\sqrt{(\omega_{ni}^2-\omega^2)^2+(2n\omega)^2}} \tag{9.4}$$

式中：$h_i=U_if$，f 为 F 幅值；$n=\frac{c_b}{2m_b}$，最终失谐叶片轮盘系统受迫振动响应幅值为

$$\Psi=UB \tag{9.5}$$

9.2　叶片排布次序对失谐叶盘系统振动响应的影响

在航空发动机叶盘结构中，叶片刚度的微小偏差可导致失谐，实际上，叶片的质量和阻尼在制造加工过程中同样存在较小差异，这种失谐强度通常在5%以下。失谐量通过对叶片质量的随机正态分布引入，并随机选取正态分布中的样本进行分析，同样考虑三种失谐强度，其标准差分别为1%、2%和5%，定义为失谐模式1、失谐模式2和失谐模式3，各叶片具体的质量失谐量 Δm 列于表9.1、表9.2和表9.3中。

表9.1　失谐模式1叶片质量失谐表

叶片编号	质量失谐量	叶片编号	质量失谐量	叶片编号	质量失谐量
1	-0.00019789558	14	0.0061446305	27	0.0042818327
2	-0.001567173	15	0.0050774079	28	0.0089563847
3	-0.016040856	16	0.016924299	29	0.0073095734
4	0.0025730423	17	0.0059128259	30	0.0057785735
5	-0.010564729	18	-0.0064359520	31	0.0004031403
6	0.014151415	19	0.0038033725	32	0.0067708919
7	-0.008050904	20	-0.010091155	33	0.0056890021
8	0.0052874301	21	-0.00019510670	34	-0.0025564542
9	0.0021932067	22	-0.00048220789	35	-0.0037746896
10	-0.0092190162	23	0.00000043818	36	-0.0029588711
11	-0.021706745	24	-0.0031785945	37	-0.014751345
12	-0.00059187825	25	0.010950037	38	-0.0023400405
13	-0.010106337	26	-0.018739903		

表 9.2　失谐模式 2 叶片质量失谐表

叶片编号	质量失谐量	叶片编号	质量失谐量	叶片编号	质量失谐量
1	0.002889873	14	-0.013899078	27	-0.028653601
2	-0.027431815	15	0.025504011	28	-0.071115778
3	0.017765639	16	-0.019103798	29	0.001615804
4	-0.052920445	17	-0.02861836	30	0.028858772
5	-0.007772357	18	-0.006244432	31	0.004762321
6	-0.012041122	19	0.041144423	32	0.002454421
7	0.014210754	20	-0.005340612	33	0.016906669
8	0.008137298	21	-0.015033475	34	-0.006829921
9	0.011900376	22	0.000214574	35	-0.012152568
10	-0.010093007	23	0.004511374	36	0.005412015
11	0.037108591	24	-0.005872114	37	0.014514527
12	-0.009499758	25	0.009651789	38	0.021203814
13	0.00006922314	26	-0.030831521		

表 9.3　失谐模式 3 叶片质量失谐表

叶片编号	质量失谐量	叶片编号	质量失谐量	叶片编号	质量失谐量
1	0.054032461	14	0.060543462	27	-0.013279245
2	0.027061253	15	-0.042215671	28	0.031727001
3	0.030244259	16	0.1095839	29	-0.077942201
4	-0.084851699	17	-0.009091868	30	0.048001797
5	-0.026259481	18	-0.048570886	31	-0.051521538
6	-0.011196043	19	-0.067654805	32	-0.042559864
7	0.077259455	20	-0.01565037	33	0.050628468
8	0.009443108	21	0.002424201	34	0.086259438
9	-0.078673046	22	-0.019068411	35	-0.021053557
10	0.082190579	23	-0.035597258	36	0.010585118
11	0.024763224	24	0.028379565	37	-0.059885844
12	0.000787796	25	-0.038650767	38	-0.080524253
13	-0.024159309	26	0.013813193		

随机打乱失谐模式 1、失谐模式 2 和失谐模式 3 的叶片安装顺序，通过式(9.1)求得它们在对应频率下的响应幅值，并与失谐模式 1、失谐模式 2 和失谐

模式 3 按叶片编号顺次排列的结果进行比较。随机打乱叶片安装顺序后，叶片位置对应的叶片编号列于表 9.4。

表 9.4　随机叶片排列顺序

叶片位置	叶片编号	叶片位置	叶片编号	叶片位置	叶片编号	叶片位置	叶片编号
1	33	11	35	21	10	31	6
2	12	12	32	22	30	32	15
3	21	13	23	23	18	33	29
4	25	14	22	24	1	34	34
5	26	15	31	25	3	35	9
6	5	16	20	26	17	36	19
7	37	17	11	27	8	37	7
8	4	18	24	28	14	38	36
9	16	19	38	29	28	—	—
10	27	20	13	30	2	—	—

图 9.2 为失谐模式 1 叶片按编号依次排列时叶盘系统受迫振动最大振幅图，图 9.2(a)为激振频率从 0.9 到 1.1 变化时各叶片的最大振幅，图 9.2(b)为各叶片振幅在对应激振频率下的最大值，且两图中各量均为无量纲量，下文相同。该叶片排序下各叶片振幅最大值为 332.8643，各叶片最大振幅的方差为 2561.6。

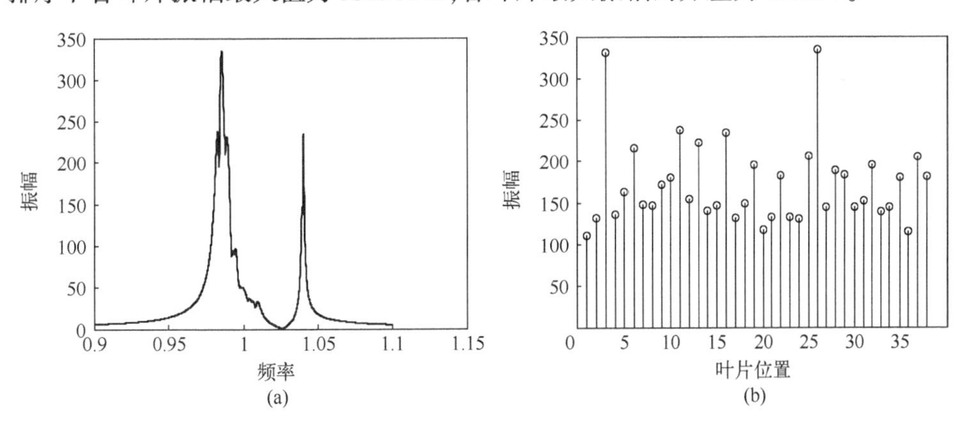

图 9.2　失谐模式 1 叶片按编号依次排列时叶盘系统受迫振动最大振幅图

图 9.3 为失谐模式 1 叶片随机打乱排列系统受迫振动最大振幅图，该叶片排序下各叶片振幅最大值为 340.9934，各叶片最大振幅的方差为 2018.6。

图 9.4 为失谐模式 2 按叶片编号顺次排列受迫振动最大振幅图，该叶片排序下各叶片振幅最大值为 399.7352，各叶片最大振幅的方差为 4289.4。

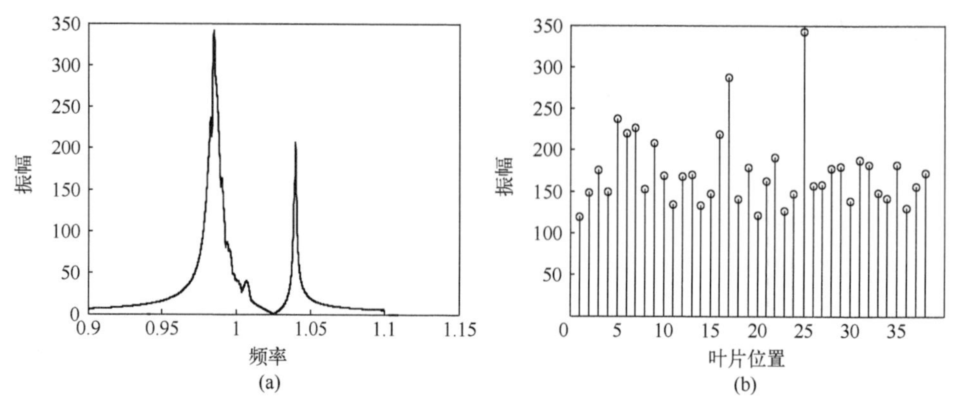

图 9.3 失谐模式 1 叶片随机打乱排列系统受迫振动最大振幅图

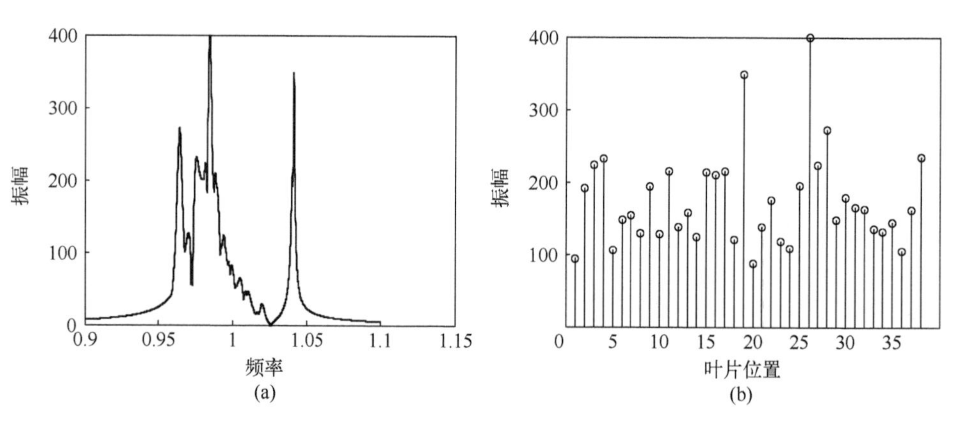

图 9.4 失谐模式 2 按叶片编号顺次排列受迫振动最大振幅图

图 9.5 为失谐模式 2 叶片随机打乱排列受迫振动最大振幅图，该叶片排序下各叶片振幅最大值为 351.7727，各叶片最大振幅的方差为 3499.9。

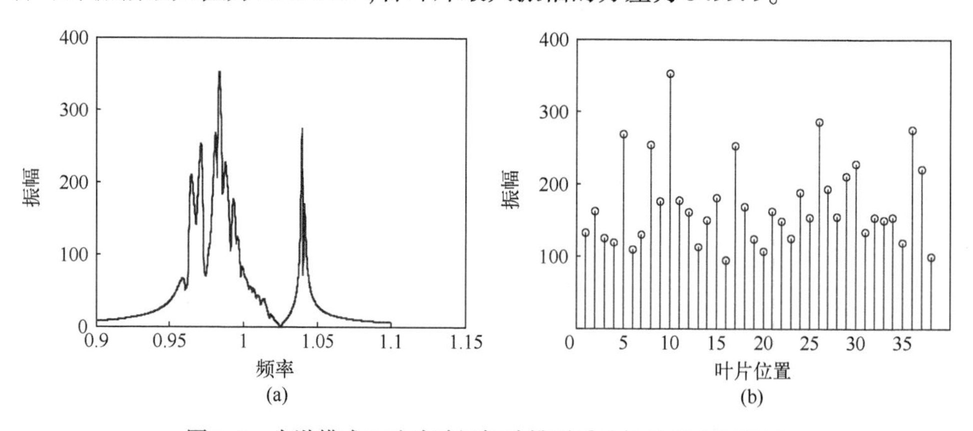

图 9.5 失谐模式 2 叶片随机打乱排列受迫振动最大振幅图

图 9.6 为失谐模式 3 按叶片编号顺次排列受迫振动最大振幅图,该叶片排序下各叶片振幅最大值为 478.3506,各叶片最大振幅的方差为 8097.2。

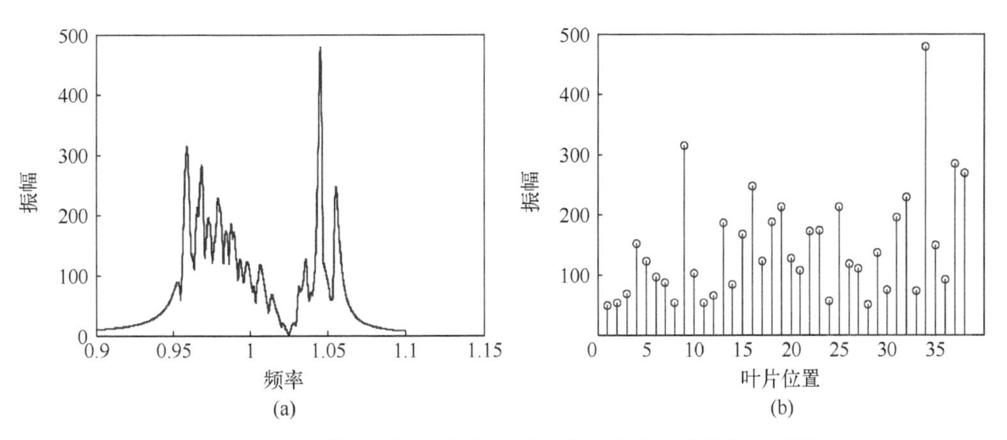

图 9.6　失谐模式 3 按叶片编号顺次排列受迫振动最大振幅图

图 9.7 为失谐模式 3 叶片随机打乱排列受迫振动最大振幅图,该叶片排序下各叶片振幅最大值为 359.2366,各叶片最大振幅的方差为 5605.1。

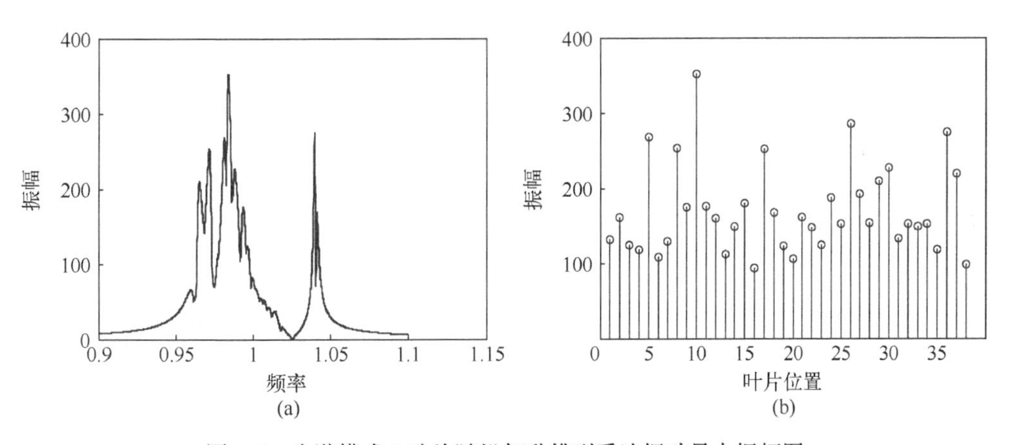

图 9.7　失谐模式 3 叶片随机打乱排列受迫振动最大振幅图

由以上结果可知,在一组固定叶片失谐数据下,改变航空发动机叶片的安装顺序能够显著改变影响整个叶盘系统的振动情况,可以预见,一定存在一种或几种叶片安装顺序,能够使一组失谐叶片达到这组叶片的最佳振动,本书将采用多种优化方法对叶片排列顺序进行优化,找到降低叶盘系统受迫振动幅值并减轻系统振动局部化程度的叶片排布。

9.3 基于改进离散粒子群算法的叶盘系统减振优化方法

9.3.1 标准粒子群算法

粒子群(PSO)算法是一种基于迭代的优化工具。其将需优化问题的潜在解作为一个粒子,首先初始化一群随机粒子,所有粒子都有一个由被优化的函数决定的适应度值,每个粒子有一个速度决定它们飞翔的方向和距离,在个体极值和群体极值的吸引下飞向较优区域最终找到最优解。

n 维空间第 i 个粒子的位置和速度为 $\boldsymbol{X}^i=(x_{i,1},x_{i,2},\cdots,x_{i,n})$ 和 $\boldsymbol{V}^i=(v_{i,1},v_{i,2},\cdots,v_{i,n})$,在每一次迭代中粒子通过跟踪两个最优解来更新自己,第一个就是粒子本身所找到的最优解,即个体极值 pbest,另一个是整个种群目前找到的最优解,即全局最优解 gbest。在找到这两个最优解时,粒子根据如下公式来更新自己的速度和新的位置。

$$V_i=\omega\times V_i+c_1\times\text{rand}(\,)\times(\text{pbest}_i-x_i)+c_2\times\text{rand}(\,)\times(\text{gbest}_i-x_i) \tag{9.6}$$

$$x_i=x_i+V_i \tag{9.7}$$

式中:V_i为粒子的速度;pbest 和 gbest 如前定义;rand( )为介于(0,1)之间的随机数;X_i为粒子的当前位置;c_1和 c_2为学习因子。在粒子群优化算法为在 n 维空间中 m 个粒子组成的粒子群,每个粒子都是 n 维空间中的一个可能解。

9.3.2 离散遗传粒子群算法模型的建立

粒子群算法是一种基于迭代的优化工具。其将需优化问题的潜在解作为一个粒子,在每一次迭代中粒子通过跟踪局部最优解和全局最优解来更新自己[47-48],具有算法规则简单容易实现、收敛速度快、有很多措施可以避免陷入局部最优、可调参数少等优点[49-50],在连续求解空间总表现不俗。而发动机叶片排布问题属于离散领域问题,原始粒子群算法的式(9.6)不能满足离散变量的更新,因此在基本粒子群算法的基础上引入离散粒子群算法,式(9.6)、式(9.7)重新定义为

$$V_{i+1}=V_i+\alpha\otimes(\text{pbest}_i\oplus x_i)+\beta\otimes(\text{gbest}_i\oplus x_i) \tag{9.8}$$

$$x_{i+1}=x_i+V_{i+1} \tag{9.9}$$

其中,速度 $\boldsymbol{V}$ 的作用依然是改变粒子的位置,定义速度为交换的列表,交换的具体方式是交换位置中的两个元素。粒子的位置变动表达式不变,但是含义变成依次用速度 $\boldsymbol{V}$ 中的交换去处理 $\boldsymbol{X}$。α、β 为(0,1)之间的随机数具有概率的含义,在计算 V_{i+1}时对于 V_i 生成一个随机数 rand,如果 rand 大于等于 α、β 则调用$\otimes$算子,否则不变。由于速度的定义转换,位置运动是直接到位,因此取消了原有的惯性因

子 ω。但惯性因子是扰动粒子保持种群多样性的关键，取消后容易使算法早熟，在此引入遗传算法（GA）的变异算子，使算法在迭代的后期依然能够保持良好的变异进化能力，很好地避免了算法陷入局部最优。

（1）编码：采用顺序编码，以 x 轴重合方向为起点（位置 1）顺时针方向为叶片排布方向，依次填入叶片编码形成的向量为一个排布。如[8 6 3 2 1 5 4 7]为 8 号叶片安装在 1 号位置，6 号叶片安装在 2 号位置。

（2）交叉算子⊕：个体通过与个体极值和群体极值交叉来更新，交叉方法采用整数交叉法。首先选取 2 个交叉位置，然后把个体与个体极值或个体与全局极值进行交叉，假定随机选取的交叉位置为 2 和 4，操作方法为

$$\begin{matrix}\text{个体} & [8\ 6\ 3\ 2\ 1\ 5\ 4\ 7] \\ \text{个体极值} & [6\ 4\ 2\ 3\ 5\ 1\ 8\ 7]\end{matrix} \xrightarrow{\text{交叉}} [8\ 4\ 2\ 3\ 1\ 5\ 4\ 7]$$

产生的个体如果存在重复位置则进行调整，调整方法为用新个体中没包含的叶片代替重复的叶片。

$$[8\ 4\ 2\ 3\ 1\ 5\ 4\ 7] \xrightarrow{\text{调整}} [8\ 6\ 2\ 3\ 1\ 5\ 4\ 7]$$

对得到的新个体采用保留优秀个体的策略，只有当适应度值好于旧的粒子时才更新粒子。

（3）变异算子⊗：变异方法采用个体内部两随机位互换的方法，首先随机选择变异位置 position1 和 position2，然后把两个变异位置的叶片互换，假设选择的是位置 3 和位置 6，变异方法为

$$[8\ 4\ 2\ 3\ 1\ 5\ 4\ 7] \xrightarrow{\text{变异}} [8\ 6\ 5\ 3\ 1\ 2\ 4\ 7]$$

对得到的新个体采用保留优秀个体的策略，只有当适应度值好于旧的粒子时才更新粒子（图 9.8）。

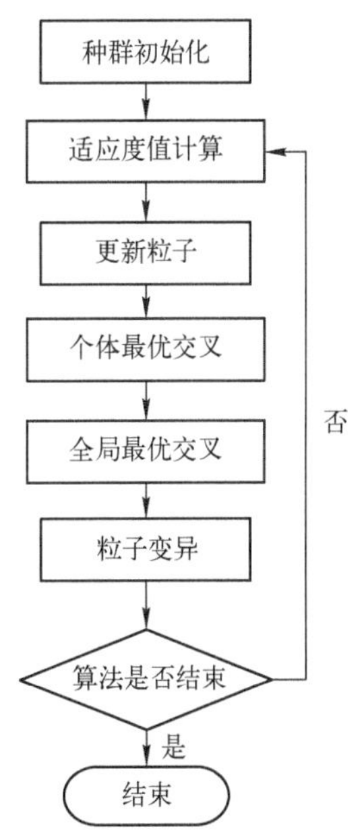

图 9.8　遗传粒子群算法优化叶片排列顺序流程图

（4）适应度函数设计：采用叶片振幅最大值作为评价指标，为综合考虑各叶片最大振幅平均振动和各叶片最大振幅差异，以叶片最大振幅的均值和方差为指标来构造适应度函数，即

$$L=\text{mean}\boldsymbol{X}\times\text{var}\boldsymbol{X}+rP(\boldsymbol{X}) \tag{9.10}$$

式中：$\boldsymbol{X}$ 为各叶片最大振幅向量；mean$\boldsymbol{X}$ 为各叶片最大振幅平均值；var$\boldsymbol{X}$ 为各叶片最大振幅方差；r 为罚函数尺度系数，在这里取为 1；$P(\boldsymbol{X})$ 为罚函数。

（5）罚函数设计：罚函数的基本思想是根据约束条件的特点将其转化为某种惩罚函数加到目标函数中，从而将约束优化问题转化为无约束优化问题来求

解。在此处错频的约束条件为各个叶片频率 f_i 应呈一大一小锯齿形分布，在算法中认为叶片质量和频率之间存在相关关系，质量较大的叶片频率较小，质量和频率间的这种关系是可以相互证明的，因此约束条件可以转化为叶片质量的锯齿形分布。$P(x)=n\times M$，M 为充分大的常数，本书中取 $M=1000$，n 为不满足约束条件的叶片个数。如果在优化需求需优先考虑错频，则增大 M 的数值，反之则减小 M 的数值。如需增加其他约束条件，只需将其影响量化后添加入罚函数中即可。

9.3.3 优化结果与讨论

对失谐 1 叶片进行优化，不考虑错频的叶片最佳排布为[35,36,33,7,27,37,32,4,20,11,2,18,25,8,24,15,17,12,3,13,5,6,28,10,16,14,38,31,9,23,21,29,19,34,22,26,1,30]。该叶片排序下各叶片振幅最大值为 224.3008，各叶片最大振幅的方差为 548.9923。在满足错频条件下得到的最佳排布为[24,1,32,14,23,21,11,38,31,37,3,10,4,8,36,6,7,22,28,19,17,13,18,16,9,2,30,25,15,27,26,5,33,29,20,35,34,12]，振幅最大值为 258.3538，各叶片最大振幅方差为 948.8334。不论是系统受迫振动的振幅最大值还是各叶片最大振幅的方差都有很大程度的减小。图 9.9 为叶片排序优化后受迫振动最大振幅，经叶片排布优化后的叶盘系统受迫振动幅值要明显小于按叶片序号顺次排列和随机排列的叶盘系统受迫振动幅值；但与谐调系统相比仍然存在振动局部化现象。优先考虑错频时振动局部化要高于不考虑错频，但是仍然有了明显降低。

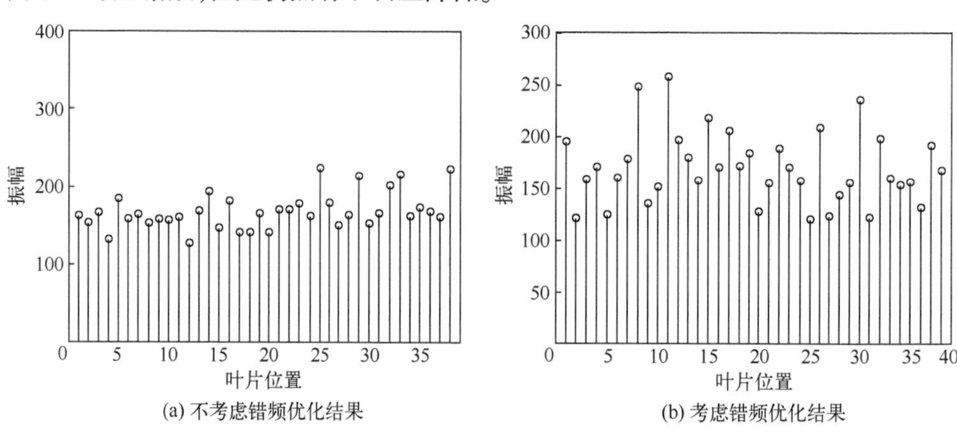

(a) 不考虑错频优化结果　　(b) 考虑错频优化结果

图 9.9　叶片排序优化后受迫振动最大振幅

在相同适应度函数的情况下分别用本书算法（图 9.10(a)）和蚁群算法（图 9.10(b)）对上文的失谐叶片进行排序，本书所用方法适应度函数最小值为 2.1573×10^5，有向最优解聚拢过程，可移植性、可扩充性较好，而蚁群算法为 2.8401×10^5，最优解跳跃幅度较大。

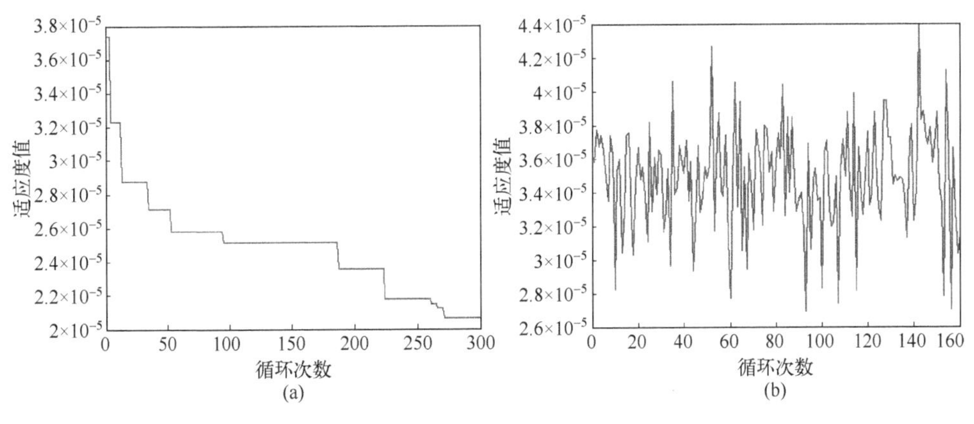

图9.10　寻优过程对比

9.4　基于禁忌遗传猫群算法的失谐叶盘系统减振优化方法

9.4.1　禁忌遗传猫群算法

猫群(CSO)算法是通过将猫的搜寻和跟踪两种行为结合起来,提出的一种解决复杂优化问题的方法。针对大规模优化问题,猫群算法在计算速度、收敛性及初值敏感性方面具有明显优势。在猫群算法中,猫即为待求优化问题的可行解。猫群算法将猫的行为分为两种模式:一种就是猫在懒散、环顾四周状态时的模式,称为搜寻模式;另一种是在跟踪动态目标时的状态,称为跟踪模式。猫群算法中,一部分猫执行搜寻模式,剩下的则执行跟踪模式,两种模式通过结合率(mix ture ratio,MR)进行交互,结合率表示执行跟踪模式下的猫的数量在整个猫群中所占的比例。

搜寻模式用来模拟猫的当前状态,分别为休息、四处查看、搜寻下一个移动位置。针对失谐叶片排序优化问题表示为随机地生成新的排布。由于随机过程有时会重复生成已经计算过的排布,使其解的质量改善非常迟缓,因此引入禁忌搜索中的禁忌表作为算法短期记忆存储,防止算法循环搜索。

跟踪模式用来模拟猫跟踪目标时的情况。通过改变猫的每一维的速度(即特征值)来更新猫的位置,速度的改变是通过增加一个随机的扰动来实现的。但针对失谐叶片排序这种典型组合优化问题,需要结合启发式算法避免优化问题陷入局部最优。本书通过引入遗传算法的变异算子与交叉算子不断改善解群体,这样在解群体空间进行搜索可以快速收敛到全局最优解,在解的选择中结合猫群算法的速度与位置更新过程,此时更新公式重新定义为

$$
\begin{cases}
V_i(t+1) = V_i(t) + r \otimes [X_{\text{best}}(t) \oplus x_i(t)] \\
x_i(t+1) = x_i(t) + V_i(t+1)
\end{cases}
\tag{9.11}
$$

式中：$X_{\text{best}}(t)$ 为猫群中当前具有最好适应度值的猫的位置；$V_i(t)$ 和 $x_i(t)$ 为第 i 只猫在 t 时刻的速度和位置，速度作用是改变猫的位置，将其定义为交换的列表，猫位置变动的含义是用速度中交换处理 x。r 为(0,1)之间的随机数，具有概率的含义，在计算 $V_{i+1}(t)$ 时对于 $V_i(t)$ 生成一个随机数，如果大于等于 r 则调用遗传算子，否则保持不变。引入遗传(GA)算法可以使算法在迭代的后期依然保持良好的变异进化能力，有效地避免算法早熟，其中交叉算子和变异算子起到了扰动猫群保持种群多样性的关键作用。

为简要说明交叉和变异过程，先随机生成两个 10 个失谐叶片的安装顺序为

$$[9,5,3,7,10,1,4,2,6,8], \quad [10,8,2,6,1,5,4,3,9,7]$$

$\oplus$(交叉)算子采用整数交叉法，首先随机选取 2 个交叉位置，然后把个体和最优解进行交叉，假定随机选取的交叉位置为 1 和 5，操作方法为

$$
\begin{matrix}
\text{个体} & [\underline{9},5,3,7,\underline{2},10,4,1,6,8] \\
\text{最优解} & [\underline{3},8,2,6,\underline{1},5,4,10,9,7]
\end{matrix}
\rightarrow [\underline{3},5,3,7,\underline{1},10,4,1,6,8]
$$

产生的个体存在重复位置需要进行调整，调整方法为用新个体中没包含的叶片按编码顺序代替重复的叶片。

$$[3,5,\underline{3},7,1,10,4,\underline{1},6,8] \rightarrow [3,5,\underline{2},7,1,10,4,\underline{9},6,8]$$

$\otimes$(交叉)算子采用个体内部两随机位互换的方法，首先随机选择变异位置，然后把两个变异位置的叶片互换，假设选择的是位置 2 和位置 9，变异方法为

$$[3,\underline{5},2,7,1,10,4,9,\underline{6},8] \rightarrow [3,\underline{6},2,7,1,10,4,9,\underline{5},8]$$

对得到的新个体采用保留优秀个体的策略，只有当新个体的适应度值好于旧的个体的时候才会更新。

综上所述，基于禁忌遗传猫群算法失谐叶片排序优化的基本流程如图 9.11 所示。

其中，采用各叶片最大振幅作为评价指标，综合考虑平均振动、振动幅值及振动差异，以叶片最大振幅的均值、最大值及方差为指标来构造适应度函数，即

$$L = [C_1 \text{mean}\boldsymbol{X} + C_2 \text{max}\boldsymbol{X}][C_3 \text{var}\boldsymbol{X} + C_4] \tag{9.12}$$

式中：$\boldsymbol{X}$ 为各叶片最大振幅向量；mean$\boldsymbol{X}$、max$\boldsymbol{X}$ 和 var$\boldsymbol{X}$ 分别为各叶片最大振幅平均值、最大值和方差；$C_1 \sim C_4$ 为由失谐量决定的常数。

另外，因搜寻模式中新位置生成的随机性，出现重复的概率很大。通过禁忌表实现的短期记忆功能，更新过程可以避免重新访问已经搜索过的解，搜索过程的速度可以得到一定程度的提高。在此取其长度为 25×2 的数组，25 行为记忆表的容量，2 列的第 1 列为排布方案，第 2 列为该排列方案下的适应度值。

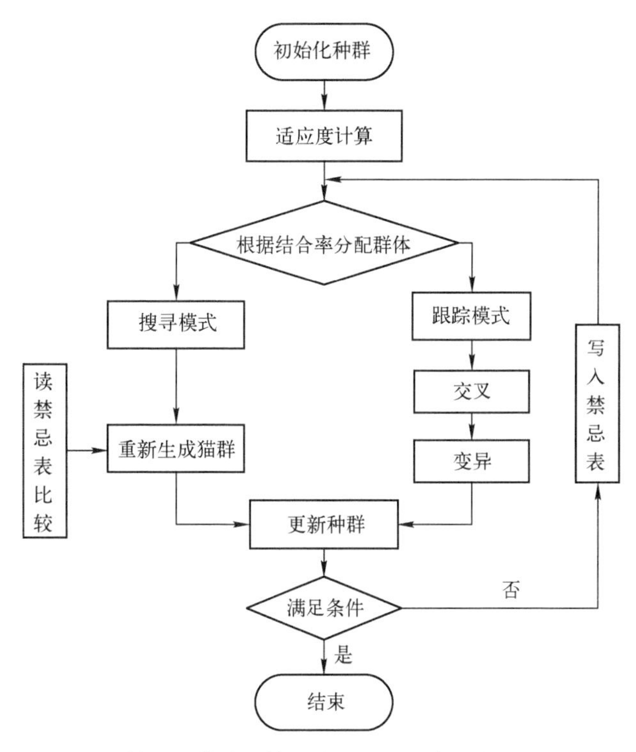

图9.11 禁忌遗传猫群算法失谐叶片排序优化的基本流程

9.4.2 优化结果分析

采用禁忌遗传猫群算法对本书中提出的失谐模式1、失谐模式2与失谐模式3三种情况进行优化排序,得到的最佳排布分别为

失谐模式1优化后排序→[28,37,6,8,38,14,3,27,18,35,31,21,12,20,25,4,30,15,13,19,34,5,29,26,9,22,32,7,23,10,11,33,2,17,36,24,16,1]

失谐模式2优化后排序→[20,19,15,4,1,10,27,29,9,25,28,16,2,32,21,30,34,36,8,14,33,12,13,31,24,6,26,22,7,35,38,18,5,11,17,3,23,37]

失谐模式3优化后排序→[4,36,20,23,5,12,6,38,2,35,10,31,13,26,15,8,3,14,34,22,1,30,37,24,33,17,32,19,25,9,18,11,21,7,16,28,29,27]

根据上述不同失谐强度下最优排布,可以通过求解最优响应,并与谐调系统响应及失谐系统顺序排布响应进行对比。通过图9.12可以看出,经过排序优化后整体叶盘系统的振动有明显的降低,但仍然比谐调系统受迫振动幅值大。优化前后系统共振区宽度差异较小,优化后各叶片最大振幅较优化前相对集中,更加贴近谐调系统振动幅值上下限,系统振动局部化程度降低。

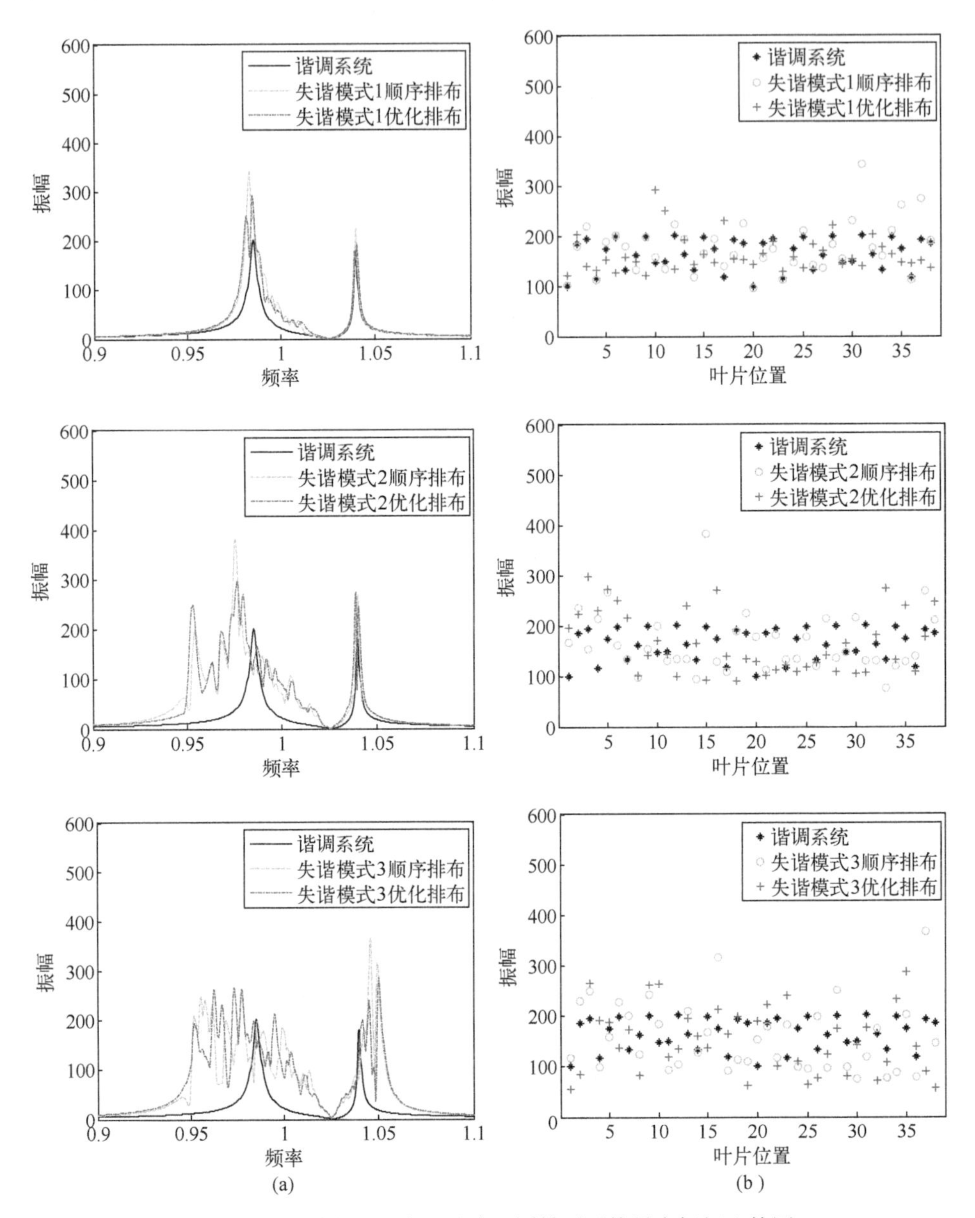

图 9.12　不同失谐强度下叶片不同排列系统最大振幅比较图

参考文献

[1] BYEONG K C. Pattern optimization of intentional blade mistuning for the reduction of the forced response using genetic algorithm [J]. Journal of Mechanical Science and Technology, 2003, 17(7):966-977.

[2] RAHIMI M,ZIAEI R S. Uncertainty treatment in forced response calculation of mistuned bladed disk[J]. Mathematics and Computers in Simulation,2009,7(2):1-12

[3] SEVER I A,PETROV E P,EWINS D J. Experimental and Numerical Investigation of Rotating Bladed Disk Forced Response Using Underplatform Friction Dampers[J]. Journal of Engineering for Gas Turbines and Power,2008,130:042503-1-11.

[4] NIKOLIC M,PETROV E P,EWINS D J. Robust Strategies for Forced Response Reduction of Bladed Disks Based on Large Mistuning Concept[J]. Journal of Engineering for Gas Turbines and Power,2008,130:022501-1-11.

[5] PETROV E P. Reduction of Forced Response Levels for Bladed Discs by Mistuning:Overview of the Phenomenon[C]//Proceedings of ASME Turbo Expo 2010:Power for Land,Sea and Air, June 14-18,2010,Glasgow,UK. GT2010-23299.

[6] PETROV E P. A Method for Forced Response Analysis of Mistuned Bladed Disks With Aerodynamic Effects Included[J]. Journal of Engineering for Gas Turbines and Power,2010,132:062502-1-10.

[7] 袁惠群,杨少明,吴震宇,等. 基于蚁群算法和模态局部化参数的失谐叶盘减振研究[J]. 东北大学学报(自然科学版),2010,31(11):1611-1614.

[8] 袁惠群,张亮,韩清凯. 航空发动机转子失谐叶片减振安装优化分析[J]. 振动、测试与诊断,2011,31(5):647-651.

[9] 袁惠群,张亮,韩清凯,等. 基于蚁群算法的航空发动机失谐叶片减振排布优化分[J]. 振动与冲击,2012,31(11):169-172.

[10] 李岩,袁惠群,梁明轩. 基于改进DPSO算法的航空发动机失谐叶片排序[J]. 振动、测试与诊断,2013,33(s1):149-153.

[11] 赵天宇,袁惠群,杨文军,等. 非线性摩擦失谐叶片排序并行退火算法[J]. 航空动力学报,2016,31(5):1053-1064.

[12] YUAN H,ZHAO T,YANG W,et al. Annealing evolutionary parallel algorithm analysis of optimization arrangement on mistuned blades with non-linear friction[J]. Journal of Vibroengineering,2015,17(8):4078-4095.

[13] ZHAO T Y,YUAN H Q,YANG W J,et al. Genetic particle swarm parallel algorithm analysis of optimization arrangement on mistuned blades [J]. Engineering Optimization,2017,49(12):2095-2116.

[14] ZHAO T,LI H,SUN H. Parallel intelligent algorithm analysis of optimization arrangement on mistuned blades based on compute unified device architecture[J]. Proceedings of the Institution of Mechanical Engineers, Part G: Journal of Aerospace Engineering, 2019, 233(6): 2207-2218.

第 10 章

非线性失谐叶盘系统减振优化方法

针对失谐而做的叶片排布是典型的组合优化问题。文献[1]考虑利用主动失谐来降低叶盘对随机失谐的敏感性，选用遗传算法对 A、B 两种主动失谐叶片进行了优化排列。文献[2]用启发式算法从静力学配平的角度对叶片排布进行了优化。文献[3]讨论了水平和扭转方向的耦合刚度对振动局部化的影响，并应用遗传算法结合梯度搜索对子结构的振幅进行优化。文献[4-6]用智能算法以减轻振动局部化为目的对叶片排布进行了优化。而航空发动机叶片在大的共振应力下常常发生疲劳断裂故障，为了避免故障的发生，常常采用增加叶片阻尼的方法。上述文献均未考虑叶片阻尼。利用摩擦增加叶片阻尼由于不受温度限制、结构简单、有效而得以广泛应用，如阻尼围带、摩擦凸肩、缘板阻尼块等。本章将主要讨论考虑失谐叶片轮盘系统附加缘板阻尼减振器时的叶片排布优化方法及规律，这里的叶片的排列组合是典型的组合优化问题中的二次分配问题，属于 NP 难问题，解的空间大、计算量大，要求寻优算法兼顾时间复杂度、收敛速度、优化精度及跳出局部最优能力。采用常用的遗传算法、模拟退火算法等解决此类问题效率不佳，而对非线性阻尼失谐叶盘系统的优化存在局部最优解，这时采用第 8 章的离散粒子群算法寻优时为避免局部最优解会反复计算适应度函数，从而消耗大量时间，计算效率不高。为此，本章提出了一种应用退火进化算法附加禁忌记忆表的方法，来对含非线性摩擦阻尼的叶盘失谐系统进行优化，取得较好的优化效果。本章采用的是第 2 章的叶盘微动滑移摩擦阻尼模型。

10.1 基于禁忌退火进化算法的失谐叶盘系统减振优化方法

10.1.1 基于禁忌退火进化算法的叶片排布优化模型

当考虑非线性摩擦阻尼时型复杂度有所提升，计算量大幅增大，每次计算适应度函数的时间变长，这就要求在寻优算法的设计上，要注重尽量降低寻优算法的时间复杂度与收敛速度,同时兼顾跳出局部最优解的能力。对失谐叶片的安装的排序是典型的二次分配问题,二次分配问题是经典的组合优化问题,已经被证明是 NP 完全问题,无法寻找求解的多项式时间算法。且问题规模 $n>20$ 时很难求得最优解,为求解二次分配的应用问题,目前多采用启发式算法求解:如模拟退火(SA)算法、遗传算法(GA)等。但模拟退火在全局搜索能力方面不足,效率不高,遗传算法在局部搜索能力方面不足且易早熟。本书结合两者的优点构建禁忌退火进化(TAEA)算法,通过遗传算法的变异算子与选择算子不断改善解群体,在解群体空间进行并行搜索以快速收敛到全局最优解,在解的选择中沿用退火算法的 Metropolis 过程,可避免陷入局部最优解,易于向全局极小值快速收敛。

引入禁忌搜索中的禁忌表作为算法短期记忆存储,防止算法循环搜索。由于退火算法的退火的概率回溯特性,可以一定程度避免循环,但因没有存储记忆功能来记录访问过的解集来避免循环搜索,在退火过程中有时会重复求解已经计算过的解,使其解的质量改善非常迟缓。

算法中的设定如下:

(1) 编码:采用顺序编码,以 x 轴重合方向为起点(记为位置 1)顺时针方向为叶片排布方向,依次填入叶片编码形成的向量为一个排布。

(2) 交叉算子:个体通过与个体极值和群体极值交叉来更新,交叉方法采用整数交叉法。首先选取 2 个交叉位置,然后把个体与个体极值或个体与全局极值进行交叉。

(3) 变异算子:变异方法采用个体内部两随机位互换的方法,首先随机选择变异位置 pos1 和 pos2,然后把两个变异位置的叶片互换。

(4) 禁忌表:因交叉算子与变异算子仅仅是通过染色体位移动实现,所以出现重复染色体的概率很大。通过禁忌表实现的短期记忆功能,退火过程可以避免重新访问已经搜索过的解,搜索过程的速度可以得到一定程度的提高。在此取其长度为 25×2 的数组,25 行为记忆表的容量,2 列的第 1 列为排布方案,第 2 列为该排列方案下的适应度值(图 10.1)。

算法求解过程如下:

(1) 初始化算法基本参数:如进化代数、种群初值、初始温度、变异概率等。

(2) 评价当前群体的适应度。

(3) 个体交叉、变异操作。

(4) 由模拟退火状态函数产生新个体。

(5) 个体模拟退火操作(Metropolis 准则接受新解,遍历禁忌记忆表,如有重复或者比禁忌表中的最小适应度值大则返回(4),否则继续执行(3))。

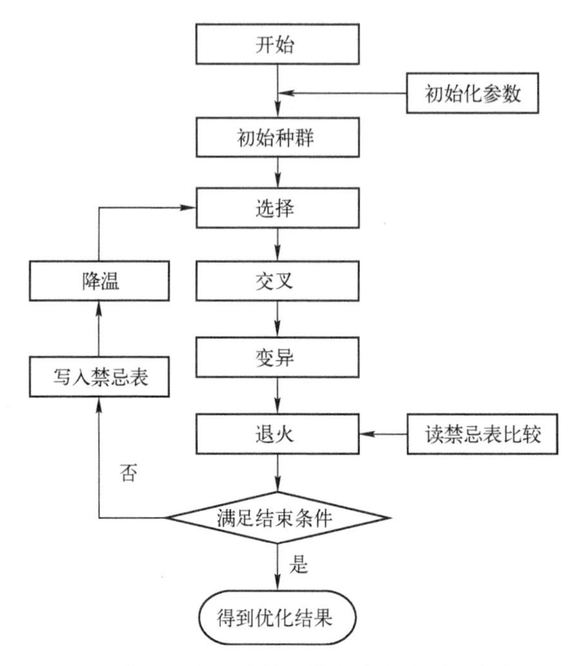

图 10.1　禁忌退火进化算法优化叶片排列顺序流程图

(6) 判断模拟退火抽样是否稳定,若不稳定,则返回(4);若稳定,则在将当前解写入禁忌表后往下执行降温操作。

(7) 个体复制操作,由择优选择模型保留最佳种群。

(8) 终止条件判断,若不满足终止条件,则转到(2);若满足终止条件,则输出当前最优个体,结束算法。

10.1.2　优化目标与适应度函数

假设叶片刚度失谐量 Δk_{bi} 随机分布,本文取其均值为 0,取失谐量标准差为 2% 的一个随机样本,各叶片对应的刚度失谐量 Δk_{bi} 列于表 10.1。

设系统只存在叶片刚度失谐,各叶片刚度失谐量见表 10.1。取无量纲化系统参数:各叶片等效质量 $m_i^1 = m_1 = 1$,各叶片根部等效质量 $m_i^2 = m_2 = 1$,轮盘扇区等效质量 $m_i^3 = m_3 = 425$,谐调叶片等效刚度 $k_l = 1$,隼槽等效刚度 $k_{bdi} = k_{bd} = 9.1$,轮盘等效刚度 $k_{di} = k_d = 1.1$。摩擦阻尼器缘板抗拉刚度 $EA = 1.344$,摩擦阻尼器缘板长 $l = 25$,泊松比 $\mu = 0.27$。各叶片激振力幅值 $P_i = P = 1$,摩擦阻尼器正压力取最佳正压力 $q_0 = 395P$,$q_2 = q_0/3$。激振力阶次 E 的取值为 6,无量纲激振频率 ω 的取值范围为 0.90~1.20。

表 10.1　叶片刚度失谐表

叶片编号	刚度失谐量	叶片编号	刚度失谐量	叶片编号	刚度失谐量
1	-0.006809052	14	0.029026722	27	-0.028964412
2	0.007900342	15	0.027558307	28	-0.025190763
3	-0.008525943	16	0.022174474	29	0.009061367
4	0.003676119	17	-0.029370237	30	0.000497666
5	0.011540090	18	-0.016269568	31	-0.019030036
6	0.026761424	19	0.016782972	32	-0.002504029
7	0.018478929	20	-0.015963311	33	-0.008224357
8	-0.048891974	21	-0.008701510	34	-0.014414437
9	0.008896630	22	0.016813699	35	0.008170166
10	0.019561428	23	0.003661878	36	-0.026117825
11	0.003106187	24	0.024250316	37	0.009450495
12	0.020199457	25	-0.023186361	38	-0.036679228
13	0.018549427	26	0.012724950		

为了量化增加叶根摩擦阻尼对失谐叶盘系统振动局部化程度的影响，引入振动局部化因子

$$L = \sqrt{\frac{|x|_{\max}^2 - \dfrac{1}{n-1}\sum\limits_{i=1,i\neq j}^{n} x_i^2}{\dfrac{1}{n-1}\sum\limits_{i=1,i\neq j}^{n} x_i^2}} \tag{10.1}$$

式中：n 为叶片数；j 为具有最大幅值的叶片序号，其最大幅值为 $|x|_{\max}$。

为兼顾降低总体振幅与振动局部化程度，首先粗略计算并绘制单个叶片的幅频曲线，参照其在激振频率范围内取 $\boldsymbol{N}$ 个幅值变化明显的关键点，计算每个点叶片振幅均值与该点振动局部化因子的乘积的值并累加，设计适应度函数为

$$F = \sum_{1}^{N} \mathrm{mean}\boldsymbol{X} \times L \tag{10.2}$$

式中：$\boldsymbol{X}$ 为各叶片振幅构成的一维向量；$\mathrm{mean}\boldsymbol{X}$ 为各叶片振幅平均值；L 为叶片振动局部化因子。这样定义适应度函数兼顾了系统的总体振动与振动局部化。取其最小值的叶片排布顺序为最优排布方案。

图 10.2 为分别用模拟退火算法、遗传算法和本书算法对叶片排布方案进行寻优的适应度值变化曲线图，从中可以看出，三种方法开始寻优时的适应度值比较接近，当使用模拟退火算法时所得到的最优解较差，收敛速度也较慢；而使用遗传算

法时算法收敛速度稍好,但是在 110 次迭代之后陷入局部最优解,发生“早熟”现象;使用本书算法时用禁忌表有效避免了重复查找,仅 65 次迭代之后算法就收敛于一个较优解,能够满足应用条件,且在三种算法优化后得到的最终解中最为理想。可见本书算法从效率和精度上都较常用普通算法得到了显著提高。

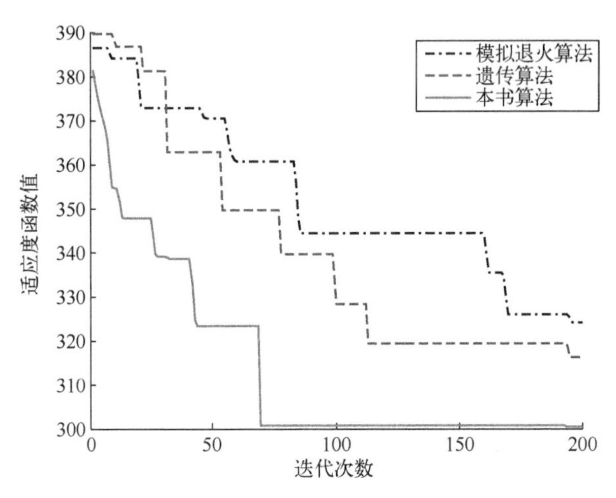

图 10.2　寻优过程对比

10.1.3　优化结果分析

通过模拟退火算法优化,得到的失谐叶片最佳排列顺序见表 10.2。

表 10.2　失谐叶片排序优化后排列顺序

叶片位置	叶片编号	叶片位置	叶片编号	叶片位置	叶片编号	叶片位置	叶片编号
1	27	11	2	21	21	31	6
2	23	12	16	22	30	32	14
3	29	13	13	23	38	33	26
4	3	14	7	24	8	34	10
5	4	15	19	25	34	35	28
6	12	16	31	26	9	36	22
7	17	17	1	27	24	37	5
8	35	18	15	28	20	38	37
9	33	19	18	29	25	—	—
10	11	20	36	30	32	—	—

取轮盘上各叶片对应叶尖处的振幅描述叶片模态振型,图 10.3 为失谐情况下系统各叶片幅值图、幅频特性曲线图与优化后结果的对比。其中图 10.3(a)为取振动幅度较大的激振频率 1.058 按照 1~38 顺序安装叶片时的振动幅值图绘制的幅值图,图中横轴为叶片位置,纵轴为无量纲振幅;图 10.3(b)为其幅频曲线瀑布图,图中横轴为无量纲频率,即激振频率与线性系统第一阶固有频率比值,纵轴为无量纲振幅。图 10.3(c)与图 10.3(d)则是对应的优化后的幅值图与幅频瀑布图。

由图 10.3(a)可见,第 25、28 两叶片的幅值较大,符合振动局部化描述。图 10.3(c)为采用优化后的排布方案计算得到的幅值,其最大幅值仅为 66.5970,较随机排布的最大幅值 80.1158 降低了 15%。而图 10.3(b)体现了全工作频段的振动情况,对比图 10.3(b)、(d)两图易见图 10.3(b)在多处激振频率上有少数振幅突出,存在振动局部化现象,且整体振幅高于图 10.3(d),而图 10.3(d)也存在类似现象,但是出现的频率段很窄,局部化程度较弱。

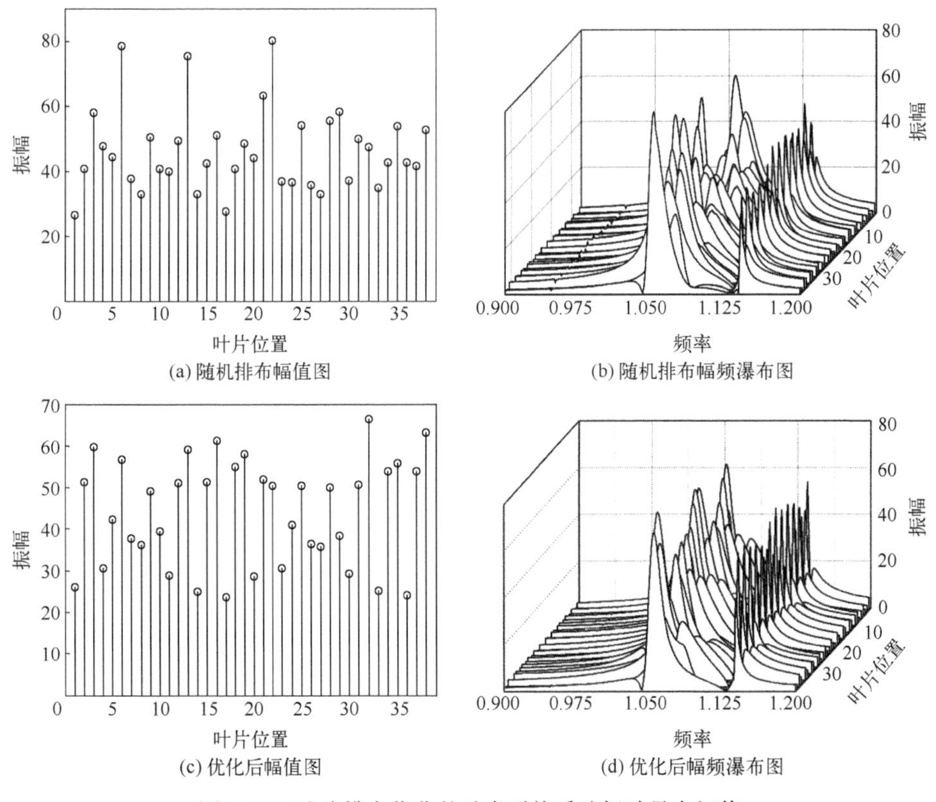

(a) 随机排布幅值图　(b) 随机排布幅频瀑布图

(c) 优化后幅值图　(d) 优化后幅频瀑布图

图 10.3　叶片排布优化的叶盘系统受迫振动最大幅值

图 10.4 为按位置 1~38 顺序排布叶片绘制叶片振动最大振幅的幅频曲线图与优化后的排序方案的幅频曲线相对比,同时绘制了考虑阻尼与不考虑阻尼时的谐调系统的幅频曲线图做对比参考线。可见经排布优化后的叶盘系统的振幅在激振频率下明显小于顺序排布,考虑摩擦阻尼的振动要远低于不考虑摩擦阻尼时的振动程度,甚至低于不考虑摩擦阻尼时的谐调系统的振幅。当然,四条曲线中振动程度最低的是考虑摩擦阻尼的谐调系统,按优化后排序叶片的系统的幅频曲线仅仅在 1.04~1.06 频段高于谐调系统,但低于按位置顺序排列时的振动程度,而其他频段十分接近谐调系统的振动程度。

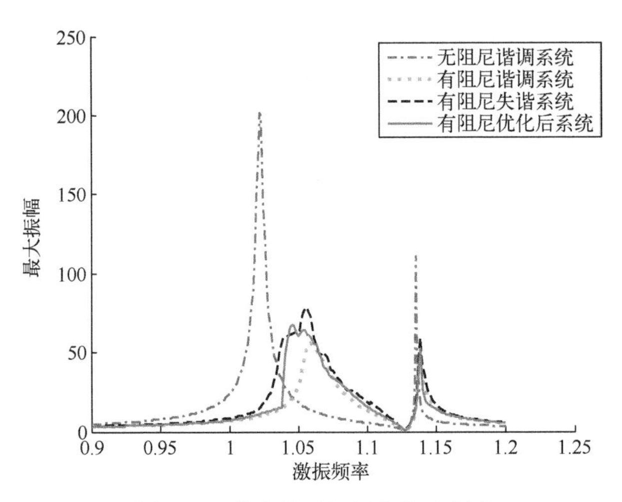

图 10.4　优化前后幅频曲线对比图

由图 10.3、图 10.4 及表 10.3 可知:附加非线性摩擦阻尼可以有效降低系统的振动幅度,在此之上对叶片进行优化排布,进一步改善系统振动局部化现象,很容易满足工程需求。通过禁忌退火进化算法可以对失谐叶盘系统叶片进行合理排布,可以较大程度降低叶盘系统振动,并使失谐叶盘系统振动局部化程度大幅降低,与谐调系统相比,仍存在微弱局部化现象,但很难对叶盘系统的振动特性造成很大影响。

表 10.3　各叶片排布叶盘系统振动情况比较

叶片排布	平均值	方差	各叶片最大振幅最大值
失谐系统未优化排列结果	47.4164	160.9875	80.1158
失谐系统优化排列结果	46.6697	138.2108	66.5970
谐调系统结果	45.7344	76.0922	55.7577

10.2 基于统一计算设备架构并行退火进化算法的失谐叶盘系统减振优化方法

由于考虑了非线性摩擦阻尼对叶盘新系统振动情况的影响,使用优化算法对叶盘系统集中参数模型进行优化时的适应度函数的计算时间成倍提高。即使使用计算效率较高的 10.1 节的算法优化的次循环步长也超过了 120s,因此同样可以利用统一计算设备架构(Compute Unified Device Architecture,CUDA)的多线程并行机制对算法进行改造创新,突破 CPU 的串行机制计算瓶颈,从而提高解的质量以及求解运算速度。

10.2.1 基于统一计算设备架构的禁忌退火进化算法

因非线性摩擦阻尼时模型计算量很大,要求在寻优算法设计尽量降低寻优算法的时间效率与避免早熟兼顾。模拟退火算法对于局部搜索有天然优势,并且马尔可夫链在退火算法恒温过程中具有无后效性,因此模拟退火算法非常适合并行性改造。据此本书设计了基于 CUDA 的并行退火进化算法(cuda based parallel annealing evolution algorithm,CPAEA)。

首先随机产生规模为 N 的初始解,并计算这些初始解的适应度值,然后多个 CUDA 块并行运算,在解的取值范围内,按照 10.1.1 节中方式分别为每个初始解产生一个新的解,再次计算适应度函数值。而后各自按照 Metropolis 准则判断是否可以接受新的解,如接受则用新解代替初始解成为当前解,否则仍然保持当前解不变作为下次求解时的初始解。重复上述过程直到当前温度下的所有种群抽样稳定达到马尔可夫链长度以后,再次使用 10.1.1 节中的交叉变异算子对各个种群的最优解进行交叉变异操作,取适应度值最高的前 N 个解作为降温后下次循环的初始解,将适应度值最好的最优解保存在全局内存中的禁忌表中,重复上述操作第二次循环开始,若当前循环的最优解优于全局内存中的禁忌表内的全局最差解则将其替换,若禁忌表尚未填充满则将此次的全局最优解追加在禁忌表的最后位置。

但是不同于 8.3 节中所用的模式,即将一个粒子对应一个线程进行计算,在同一线程块内的线程构成一个种群并因共享内存的访问速度极快,从而提高算法效率,模拟退火的恒温过程要经过一个马尔可夫链长度的循环,如果一个线程对应一个初始解的进化全程,则无法使这个线程的循环运算并行化,只能串行运行,严重影响算法的效率。

因此本书选择使用一个线程块对应一个初始解的寻优,这个初始解对应的马尔可夫链的循环计算是完全可以并行的,可以调度线程块内的多个线程同时并行计算。同时将大量频繁读写的临时结果储存在访问速度较快的共享内存中,可以消除访问速度的瓶颈,从而更好发挥 GPU 运算优势。基于 CUDA 的改进禁忌遗传退火算法流程图如图 10.5 所示,单个线程流程图如图 10.6 所示。

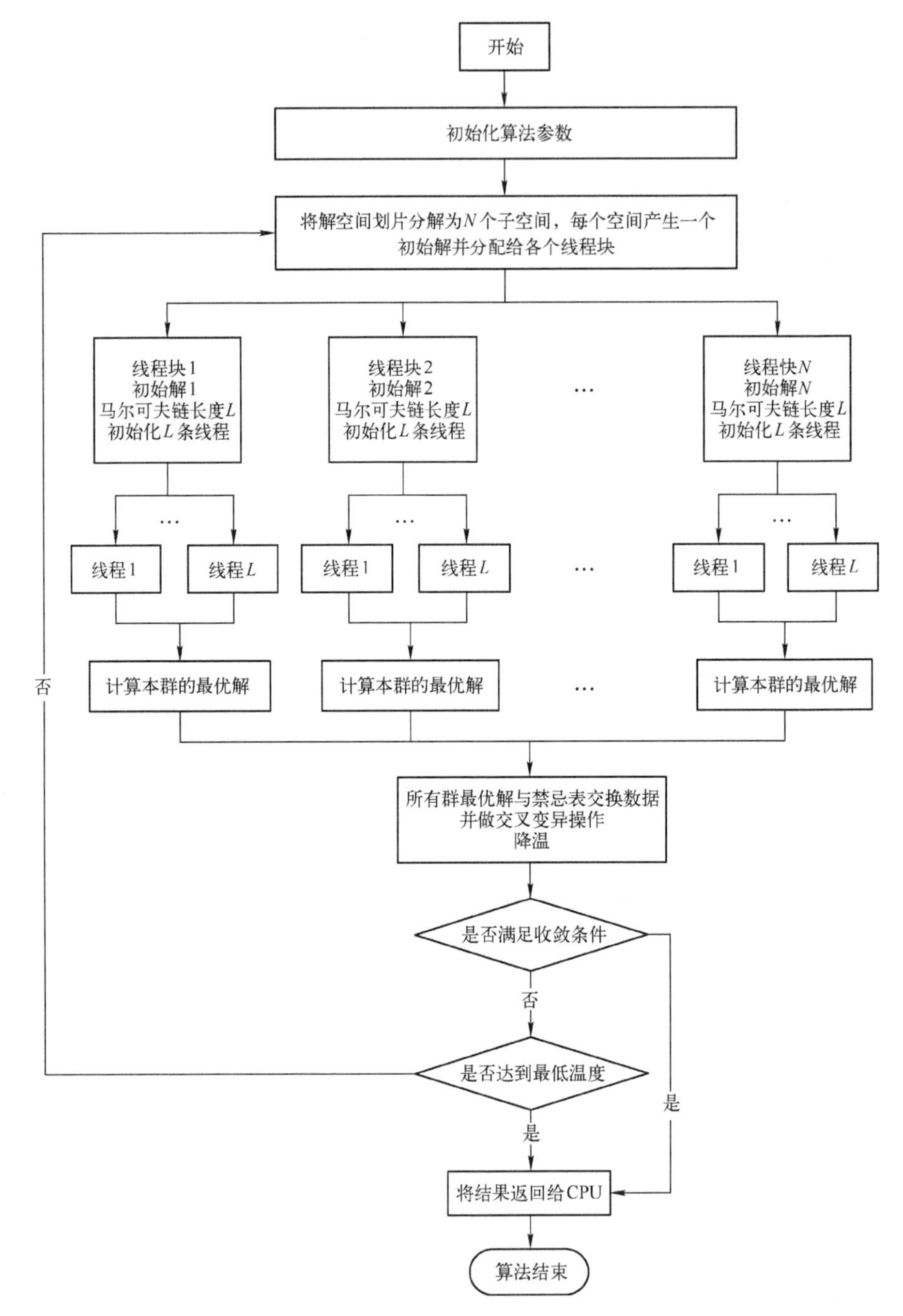

图 10.5　基于 CUDA 的改进禁忌遗传退火算法流程图

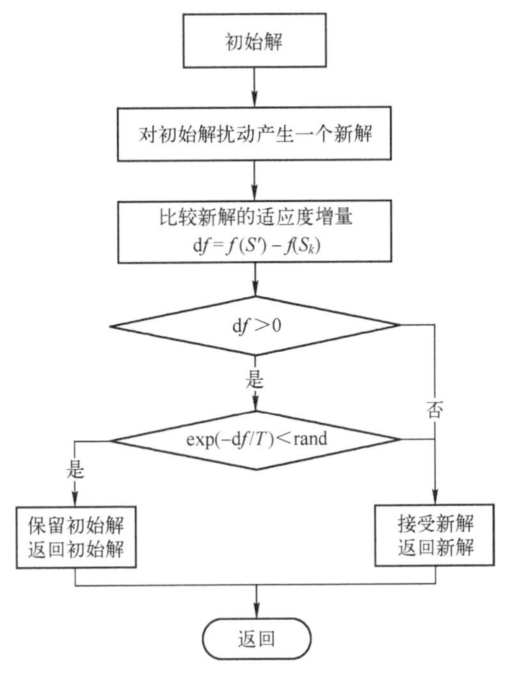

图 10.6　算法单个线程流程图

从图 10.6 可以看出单个线程仅负责等温过程的马尔可夫链中的一环，整个过程相当于标准模拟退火算法中的等温流程的循环求解中的一次循环，全程无嵌套计算，无循环仅有两次判断，图 10.5 中所有线程运算过程与其相同。每个线程块中的共享内存储存马尔可夫链数组，并求得此初始解下的最优解，不同于 10.1 节算法，禁忌表是储存在全局内存之中的。CUDA 的内存模型见图 10.7。

算法的详细步骤描述如下：

(1) 初始化变量：取初始温度 T_0，令 $T=T_0$，确定每个 T 时刻的迭代次数，即马尔可夫链长度 L，任取 N 个初始解 $S_k(k=1,2,\cdots,N)$，作为 N 个子群的运算起始点。

传统的模拟退火算法根据解决问题的规模来确定 L，如果解决问题规模不大则选取 L 较小，而本算法因 L 的规模仅确定线程块的数量，而线程块的数量在低端的 Compute Capability 1.0 的 GPU 上，每个 grid 也可以允许 65535×65535 个内存块并行运算，完全不会成为瓶颈，对于小规模的问题也可以选择较大的 L，从而提高计算精度。

(2) 对当前温度 T 时的各个线程块同时并行执行步骤(3)和(4)。

(3) 扰动产生一个新解 S'，根据目标函数计算出当前解 S_k 与新解 S' 所对应的适应度函数值并做差，并计算增量 $df=f(S')-f(S_k)$。对于离散问题的求解可采用 10.1 节中的交叉、变异算子进行扰动产生新解。

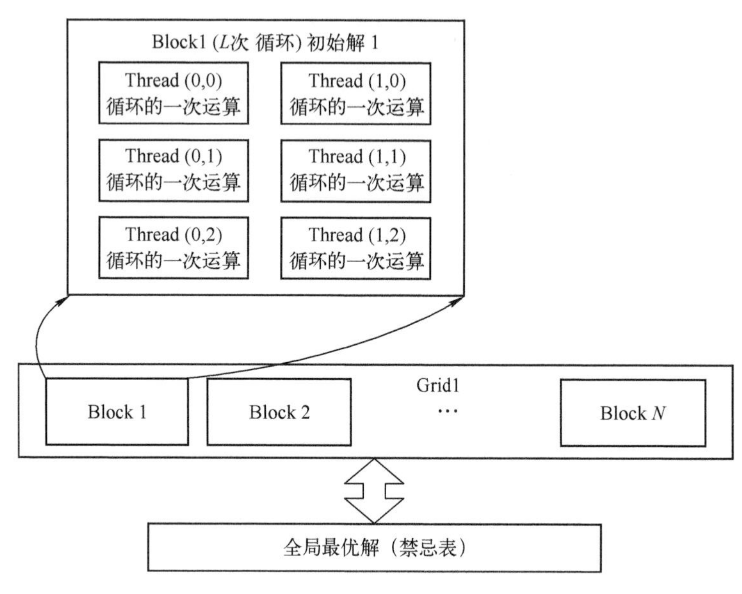

图 10.7　CUDA 的内存模型

(4) 如果增量 df<0,则新解 S'代替当前解 S_k 作为当前解,新解所对应的适应度值$f(S')$作为新的当前适应度值;反之如果 df>0,则按照 Metropolis 准则以一定概率接受恶化解,避免算法陷于局部最优解。Metropolis 准则的公式为

$$r=\begin{cases}1 & , \quad \mathrm{d}f<0 \\ \exp\left(-\dfrac{\mathrm{d}f}{T}\right) & , \quad \mathrm{d}f>0\end{cases} \tag{10.3}$$

可解读为:计算新解的接受率 $r=\exp\left(-\dfrac{\mathrm{d}f}{T}\right)$,若得到的 r>rand 则接受 S'作为当前新解,反之若 r>rand 则拒绝新解仍然保留当前解为 S_k。在这里 rand 为一个经 CUDA 生成的介于[0,1)之间的随机数。

(5) 所有的子群与全局内存做数据交换,并与全局最优解做简单交叉运算,更新禁忌表中全局最优解链表。

(6) 逐渐降低温度控制系数 T,如果 T 仍然大于 0,转至步骤(2)继续运行。

10.2.2　算法求解连续解空间问题性能分析

首先用算法对求解解的空间是连续的函数寻优问题进行测试,选用测试函数中较有代表性的 Rastrigrin 函数,分别用标准模拟退火算法与 CPAEA 算法分别对其寻优。算法参数设置见表 10.4。

表 10.4　两种算法参数设置

算法参数	变　量	SA	CPAEA
初始温度	T_0	100	100
终止温度	T_{end}	1e5	1e5
降温速率	q	0.98	0.98
初始解	x_0	[-2,2]	[5,5]
取值上界	上界	[5,5]	[5,5]
取值下界	下界	[-5,-5]	[-5,-5]
马尔可夫链长	L	500	500
降温方法	退火函数	快速退火	快速退火
初始解数量	N	—	500

使用上述两种方法分别对 Rastrigrin 函数寻优 30 次，选择模拟退火算法在 30 次中解的精度最高的一次，绘制寻优收敛曲线，并任选一次 CPAEA 算法的收敛曲线做对比，如图 10.8 所示。

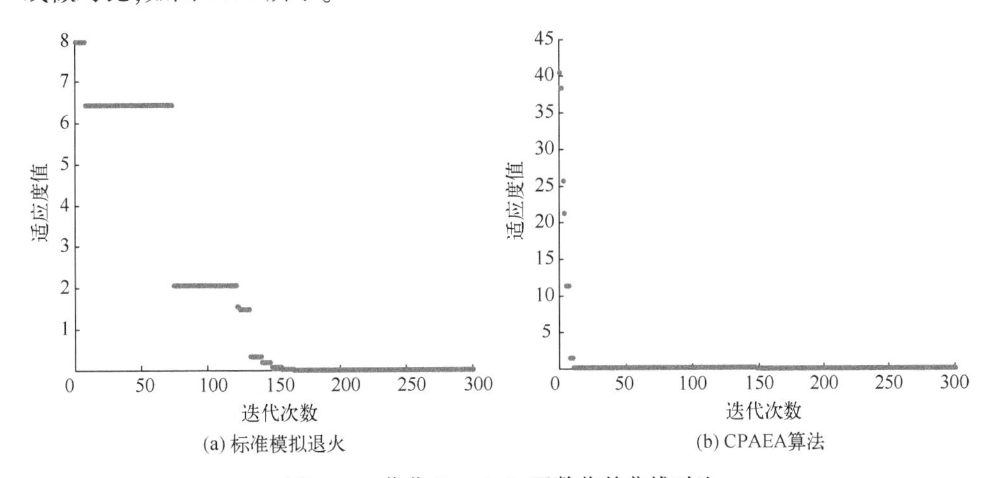

图 10.8　优化 Rastrigrin 函数收敛曲线对比

因 CPAEA 收敛速度过快，选择与模拟退火算法相同的初值收敛曲线会近似为一条直线，因此将 CPAEA 算法的初值选择为最大边界值[5,5]，限制迭代最大次数为 300。由图 10.8 可见，标准模拟退火算法的收敛速度较慢，中间步骤多，近似直线的局部最优解，在 150 次迭代以后求解精度停滞于 5.898×10^{-6} 左右；而 CPAEA 算法仅用 8 次迭代就收敛于理想最优解。

寻优具体结果见表 10.5，可见模拟退火算法的最优解也无法精确收敛于理想解，而 CPAEA 算法可以确保每次循环均可求得理想解。从模拟退火算法的均值与标准差来看，模拟退火算法每次求解的全局最优解上下波动较大，经常陷于局部最优解，从而获得较大的全局最优解。从时间效率上看，模拟退火算法的平均每次求解时间为5.2512秒，CPAEA算法提供了6.28倍的加速比。

表10.5　标准测试函数30次独立实验测试结果

算　法	均　值	标　准　差	30次寻优最优解	平均求解时间
SA	1.4871	1.3989	5.898×10^{-6}	5.2512
CPAEA	0	0	0	0.8357

10.2.3　算法求解离散解空间问题性能分析

大部分的组合优化问题为离散解空间问题。对于CPAEA算法解决离散解空间问题的能力仿真验证通常通过经典的旅行商问题(traveling salesman problem，TSP)进行仿真验证。该问题寻求单一旅行者由起点出发，通过所有给定的需求点之后，再回到起点的最小路径成本，最早的旅行商问题是由Dantzig等提出。旅行推销员问题是数图论中最著名的问题之一，即“已给一个n个点的完全图，每条边都有一个长度，求总长度最短的经过每个顶点正好一次的封闭回路”。TSP问题的数学描述及算法数学模型为

$$C=\{c_1,c_2,\cdots,c_n\}$$

假设C是有n个城市的集合，$L=\{l_{ij}(i,j=1,2,\cdots,n)\}$是$l_{ij}$的欧几里得距离，$G=(C,L)$是一个有向图，TSP问题的目标就是从有向图$G$中寻找长度最短的Hamilton回路。

迄今为止，这类问题中没有一个找到有效算法。倾向于接受NP完全问题(NP Complet或NPC)和NP难题(NP Hard或NPH)不存在有效算法这一猜想，认为这类问题的大型实例不能用精确算法求解，必须寻求这类问题的有效的近似算法。因此TSP问题仅存在目前已知最优路线，不存在绝对最优解。

算法验证硬件环境同表10.4，本书从TSP Lib(http://www.iwr.uni-heidelberg.de/groups/comopt/software/TSPLIB95/tsp)获取实验数据。由TSP Lib中选取3个不同规模的经典TSP数学模型Eil51模型、St70模型、Ch130模型模型分别求解30次进行验证。其中标准模拟退火算法使用传统的CPU串行方式编程。算法参数设置同表10.4不含测试函数设置部分。

Eil51问题的城市分布方式如图10.9(a)所示，随机产生路线如图10.9(b)所示，使用模拟退火算法计算30次获得的最佳路线绘制于图10.9(c)，使用CPAEA算法计算30次获得的最佳路线绘制于图10.9(d)。

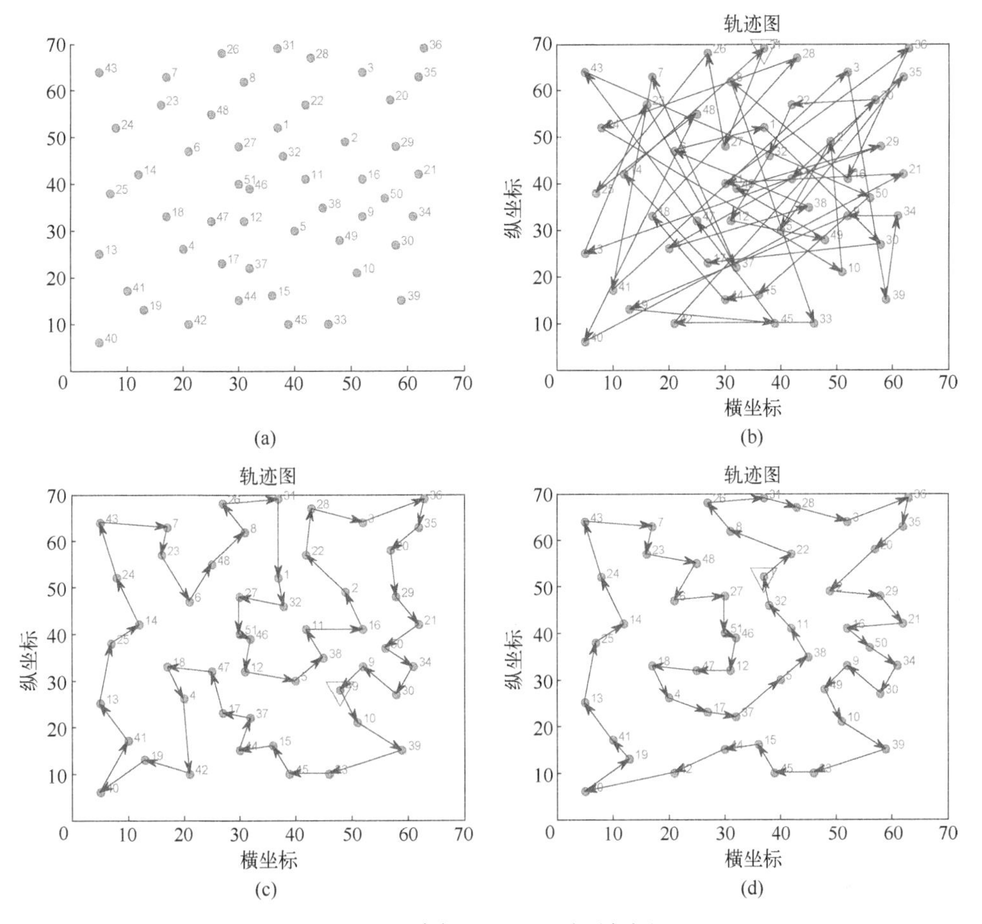

图 10.9　求解 TSP Eil51 问题对比

为了对比两种算法性能,仅设置了温度下限一个循环退出条件,设置相同的温度参数以保证两种算法的循环次数相同,因此两种算法收敛后都有较长的一个水平线。首先随机产生一组解决方案如图 10.9(b)所示,其总路程为 1566.0766。使用标准遗传算法计算 30 次获得最好最优解[1→22→8→26→31→28→3→36→35→20→2→29→21→16→50→34→30→9→49→10→39→33→45→15→44→42→40→19→41→13→25→14→24→43→7→23→48→6→27→51→46→12→47→18→4→17→37→5→38→11→32],总路程为 451.4131。使用本书 CPAEA 算法计算 30 次获得最好最优解[49→10→39→33→45→15→44→37→17→47→18→4→42→19→40→41→13→25→14→24→43→7→23→6→48→8→26→31→1→32→27→51→46→12→5→38→11→16→2→22→28→3→36→35→20→29→21→50→34→30→9],总路程为 429.9833。从解的质量上 CPAEA 算法明显占优。

两者优化过程收敛曲线如图 10.10 所示。图 10.10(a)为模拟退火算法收敛曲线,图 10.10(b)为 CPAEA 算法收敛曲线。易见 CPAEA 算法收敛迅速,仅用 235 次迭代就收敛于较为理想的解,求解精度较高,而模拟退火算法的收敛曲线明显多处停顿于局部最优解,求解中间过程多处出现水平线。

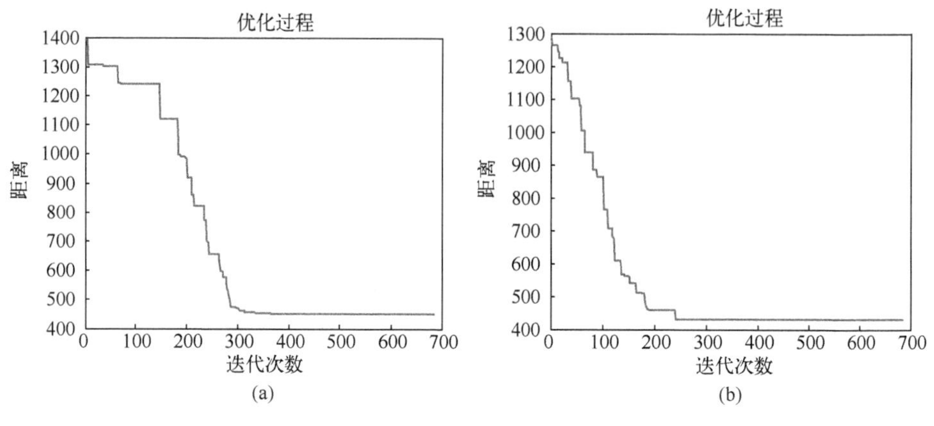

图 10.10　优化收敛曲线对比

取更大规模问题 St70 模型、ch130 模型分别进行求解,设置与对 Eil51 相同。寻优结果见图 10.11、图 10.12。可以得到与 Eil51 相类似的结论,CPAEA 算法收敛迅速、求解精度较高、无早熟现象。

将对这三个问题的寻优数据记录并统计于表 10.6。可见随着问题规模的增大,CPAEA 算法的优势更明显,对于 Ch130 问题模拟退火算法已经无法得到较优解,即使是最优解 8535.4918 甚至还不如 CPAEA 算法的最差解,明显出现早熟现象。从标准差上可以看出模拟退火算法对三个问题寻优的 30 个解波动皆大于 CPAEA 算法,在解的稳定性上也是 CPAEA 算法占优。

表 10.6　对 4 种典型 TSP 问题 30 次独立实验结果

求解问题	算法	最优解	平均最优解	标准差	最差解
Eil51	SA	451.4131	476.1571	13.7173	505.4767
	CPAEA	429.9833	448.8947	8.7078	462.0087
St70	SA	741.8586	820.5817	65.7088	907.6151
	CPAEA	685.6673	738.5235	59.1379	848.6938
Ch130	SA	8535.4918	9367.3631	603.3870	11067.5038
	CPAEA	6233.5621	7493.8905	482.7096	8518.6986

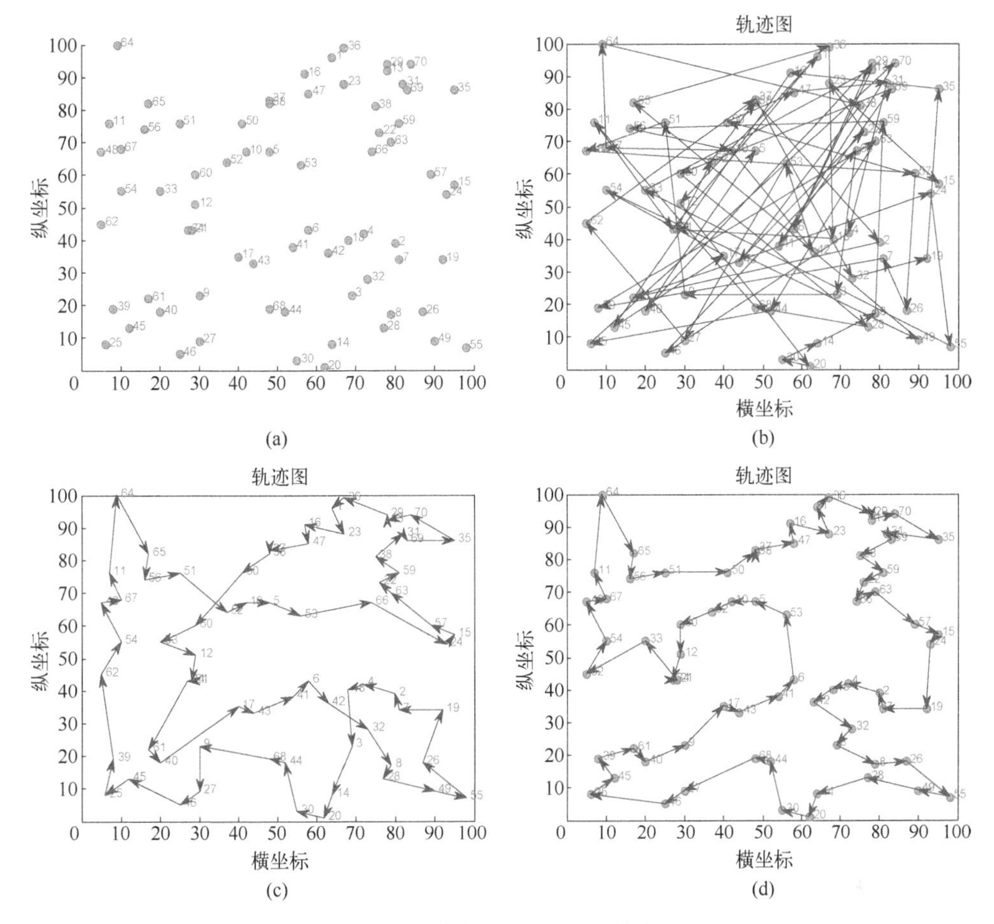

图 10.11　求解 TSP St70 问题对比

表 10.7 记录了两种算法分别单纯使用 CPU 串行循环计算与使用 GPU 并行计算的时间效率对比,从表中数据可以看出 GPU 并行计算的时间效率较高,并且随着问题规模的增大加速比也随之增大,在城市数达到 130 个时甚至获得了 12 倍的加速比,GPU 寻优在解决大规模高纬度问题上优势更加明显。对于求解时间有较高要求的应用场合,GPU 寻优算法提供了一种低成本、高精度、高效率的计算手段。

表 10.7　使用 CPU 与 GPU 寻优时间效率对比

求解问题	CPU 寻优	GPU 寻优	加速比
Eil51	11.7642	1.3736	8.5645
St70	16.0587	1.5176	10.5816
Ch130	26.9874	2.1562	12.5162

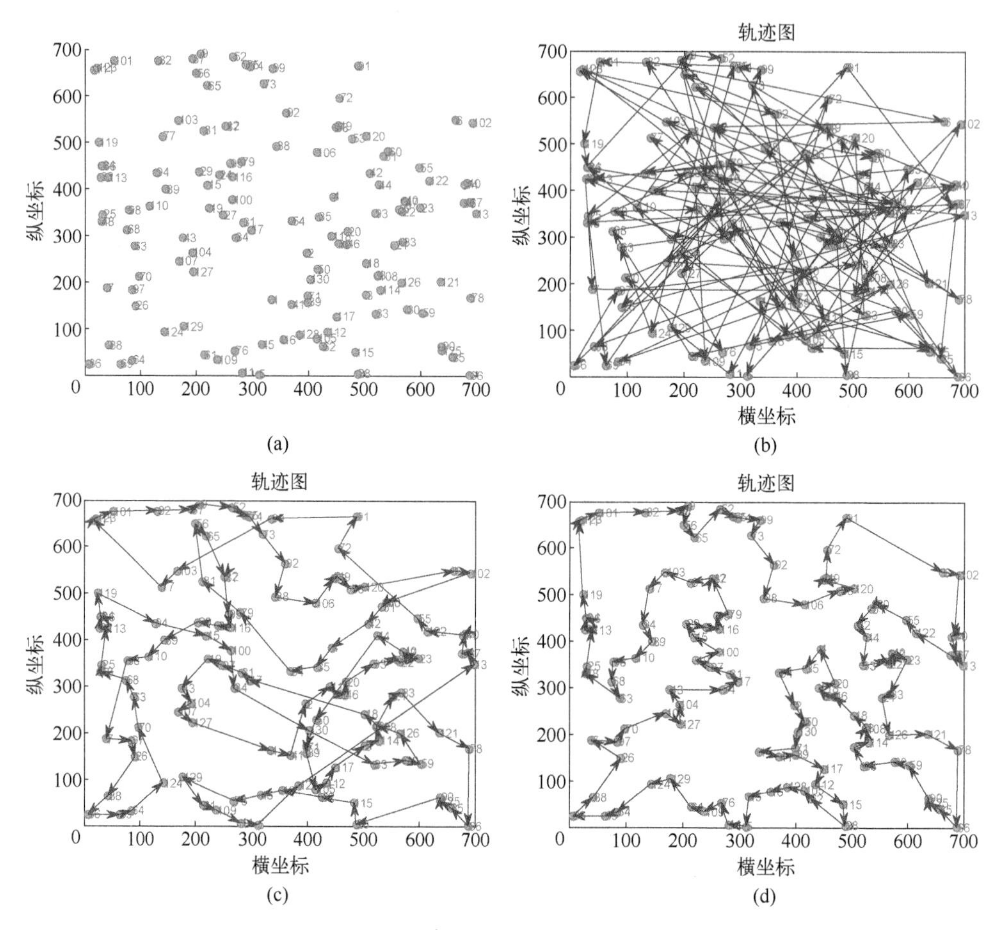

图 10.12 求解 TSP Ch130 问题对比

10.2.4 基于 CPAEA 算法的失谐叶片减振优化方法

使用 CPAEA 算法对失谐叶片排布优化时使用与 10.1 节相同的编码方式与交叉、变异算子。为证明优化算法有效性，除表 10.1 中失谐量标准差为 2%的数据外，再分别取刚度失谐量标准差为 1%、5%产生两个随机样本，列于表 10.8、表 10.9，定义为失谐 1、失谐 2。

首先绘制谐调系统受迫振动最大振幅（图 10.13），谐调系统各个叶片受迫振动最大振幅为 55.7577，均值为 45.7344，方差为 76.0922，叶片整体呈节径振动。

表 10.8　标准差为 1%时叶片刚度失谐表

叶片编号	刚度失谐量	叶片编号	刚度失谐量	叶片编号	刚度失谐量
1	-0. 003720832	14	-0. 0097729546	27	-0. 0192362519
2	0. 019497943	15	-0. 0218115327	28	0. 0019548533
3	0. 013832057	16	0. 0039883467	29	-0. 0016761388
4	-0. 007859422	17	-0. 0011423275	30	-0. 0109191106
5	0. 000787565	18	-0. 0054576439	31	-0. 0003440520
6	-0. 004001913	19	-0. 0031478283	32	-0. 0033181819
7	-0. 001602534	20	-0. 0070460045	33	-0. 0053625894
8	-0. 001882012	21	-0. 0113921952	34	0. 0050657111
9	0. 004753863	22	0. 0008880604	35	-0. 0015111601
10	-0. 005213706	23	-0. 0114436220	36	-0. 0083558150
11	0. 005721937	24	0. 0168242358	37	0. 0141402938
12	-0. 003809391	25	0. 0168051696	38	0. 0215591751
13	-0. 003746513	26	0. 0013330574		

表 10.9　标准差为 5%时叶片刚度失谐表

叶片编号	刚度失谐量	叶片编号	刚度失谐量	叶片编号	刚度失谐量
1	-0. 0536077644	14	0. 0549212309	27	-0. 0149533015
2	0. 0480476935	15	-0. 0138935966	28	0. 0011444896
3	0. 0062024900	16	0. 0350770729	29	-0. 0130997717
4	0. 0718348311	17	-0. 1025908150	30	-0. 0875106184
5	-0. 0980450000	18	-0. 0176924999	31	-0. 0142825486
6	-0. 0098849113	19	-0. 0411793263	32	-0. 0415683256
7	-0. 0603922743	20	-0. 0788528511	33	-0. 0489603153
8	0. 1454004015	21	0. 0253987325	34	-0. 0578200828
9	0. 0412609447	22	0. 0140992032	35	-0. 0266778555
10	0. 0689485989	23	0. 0016739941	36	-0. 1001317868
11	-0. 0529090129	24	-0. 0666838972	37	0. 0482114711
12	-0. 0234307791	25	0. 0563746139	38	0. 0260030051
13	-0. 0136234705	26	0. 0175089705		

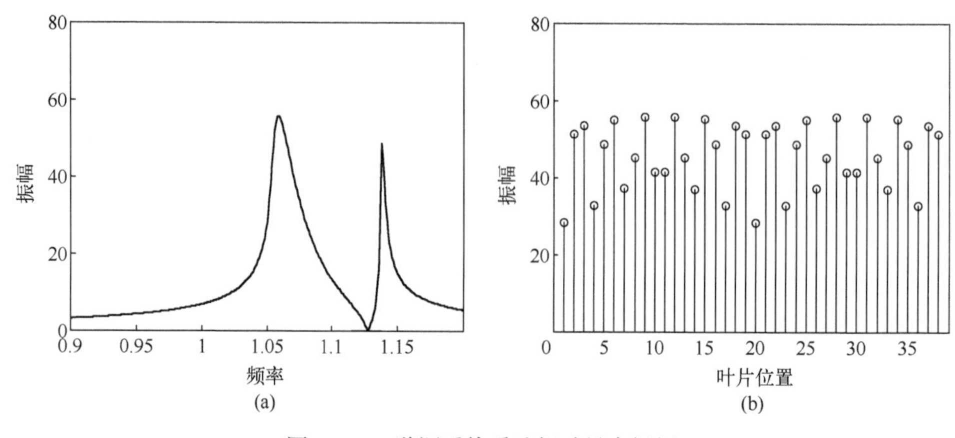

图 10.13　谐调系统受迫振动最大振幅

图 10.14 为失谐 1 按叶片编号依次排列时叶盘系统受迫振动最大振幅图，图 10.14(a)为激振频率从 0.9～1.2 变化时各叶片的最大振幅，图 10.14(b)为各叶片振幅在对应激振频率下的最大值，且两图中各量均为无量纲量，下文相同。该叶片排序下各叶片振幅最大值为 81.8515，各叶片最大振幅的方差为 165.6697。

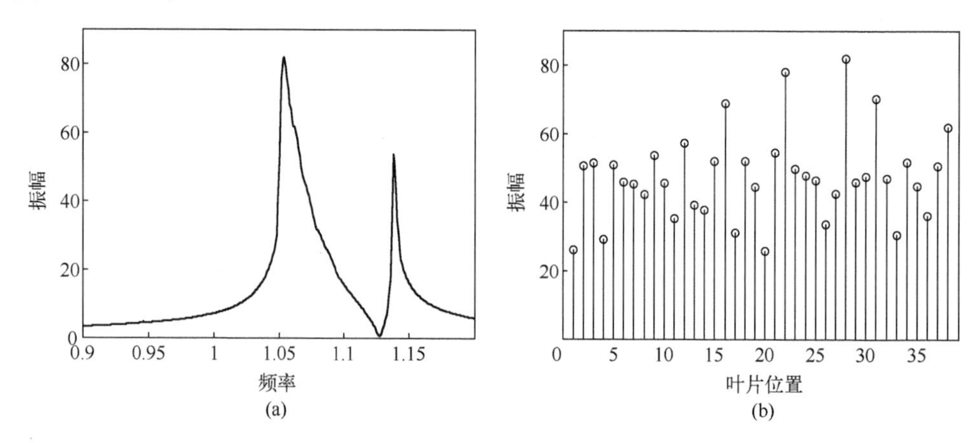

图 10.14　失谐 1 按叶片编号顺次排列受迫振动最大振幅图

图 10.15 为失谐 1 叶片随机排列系统受迫振动最大振幅图，该叶片排序下各叶片振幅最大值为 79.3592，各叶片最大振幅的方差为 150.0796。

图 10.16 为失谐 2 按叶片编号顺次排列受迫振动最大振幅图，该叶片排序下各叶片振幅最大值为 119.5597，各叶片最大振幅的方差为 350.6177。

图 10.17 为失谐 2 叶片随机排列受迫振动最大振幅图，该叶片排序下各叶片振幅最大值为 103.2010，各叶片最大振幅的方差为 330.5540。

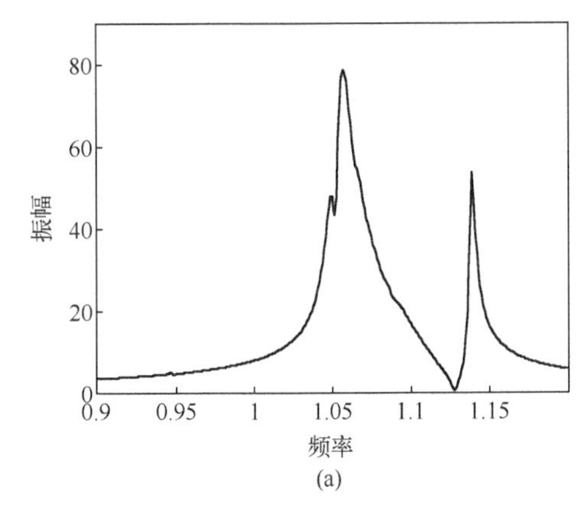

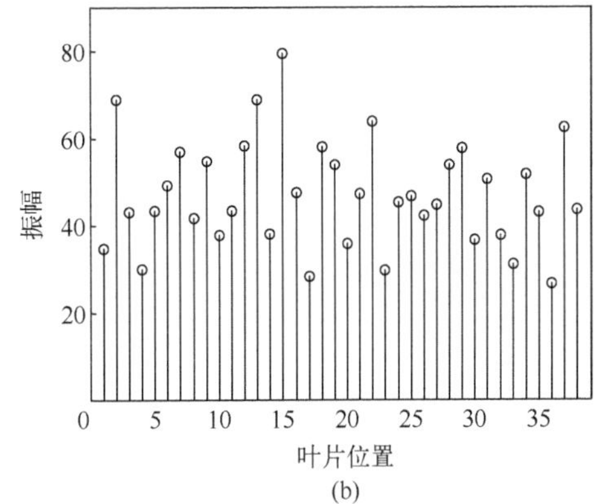

图10.15　失谐1叶片随机排列系统受迫振动最大振幅图

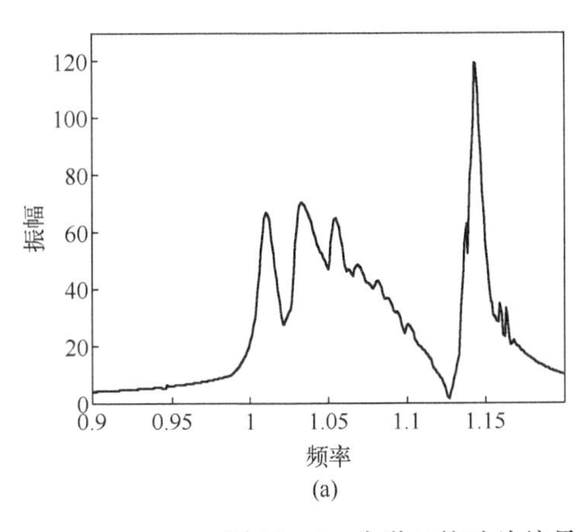

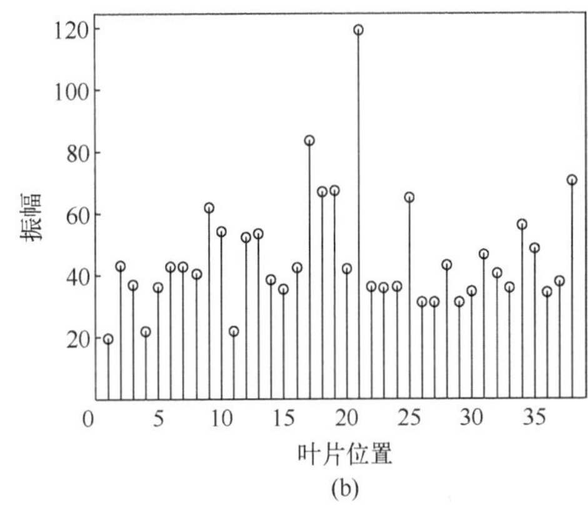

图10.16　失谐2按叶片编号顺次排列受迫振动最大振幅图

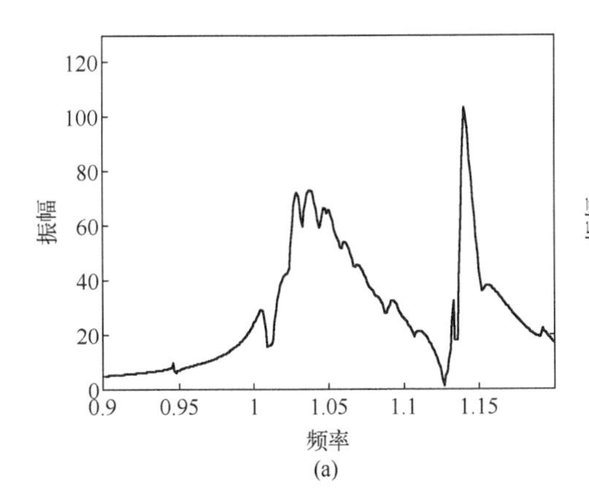

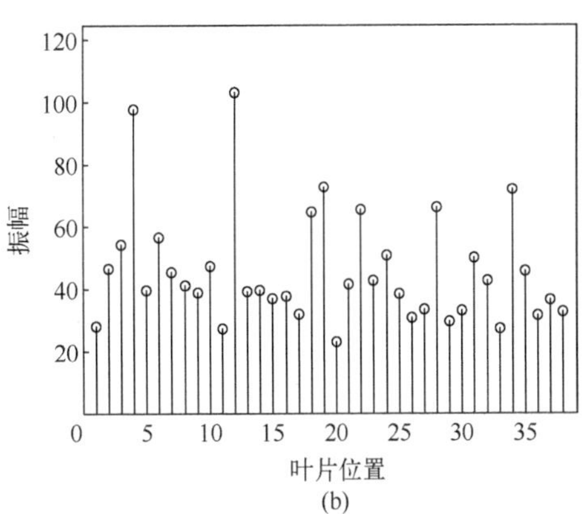

图10.17　失谐2叶片随机排列受迫振动最大振幅图

图 10.18 为失谐 1 经 CPAEA 优化后叶片排列方案的受迫振动最大振幅图,该叶片排序下各叶片振幅最大值为 62.4444,各叶片最大振幅的方差为 60.4325。失谐 1 优化后最优解的叶片排列顺序见表 10.10。

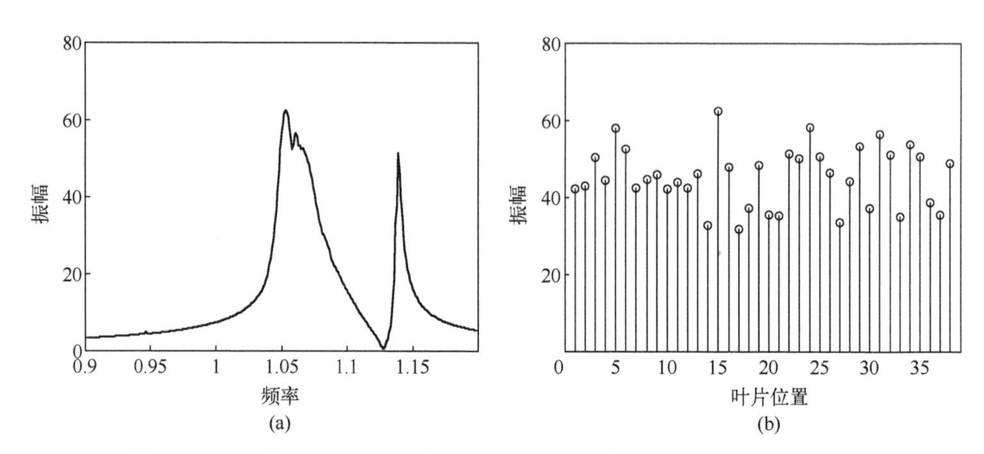

图 10.18 失谐 1 经 CPAEA 优化后叶片排列方案的受迫振动最大振幅图

表 10.10 失谐 1 叶片排序优化后排列顺序

叶片位置	叶片编号	叶片位置	叶片编号	叶片位置	叶片编号	叶片位置	叶片编号
1	31	11	23	21	36	31	30
2	29	12	20	22	5	32	15
3	33	13	1	23	38	33	19
4	12	14	26	24	28	34	14
5	16	15	22	25	3	35	18
6	11	16	9	26	32	36	7
7	37	17	34	27	25	37	4
8	10	18	8	28	13	38	24
9	35	19	2	29	6	—	—
10	27	20	21	30	17	—	—

图 10.19 为失谐 2 经 CPAEA 算法优化后叶片排列方案的受迫振动最大振幅图,该叶片排序下各叶片振幅最大值为 93.9116,各叶片最大振幅的方差为 254.8494。失谐 2 优化后最优解的叶片排列顺序如表 10.11 所列。

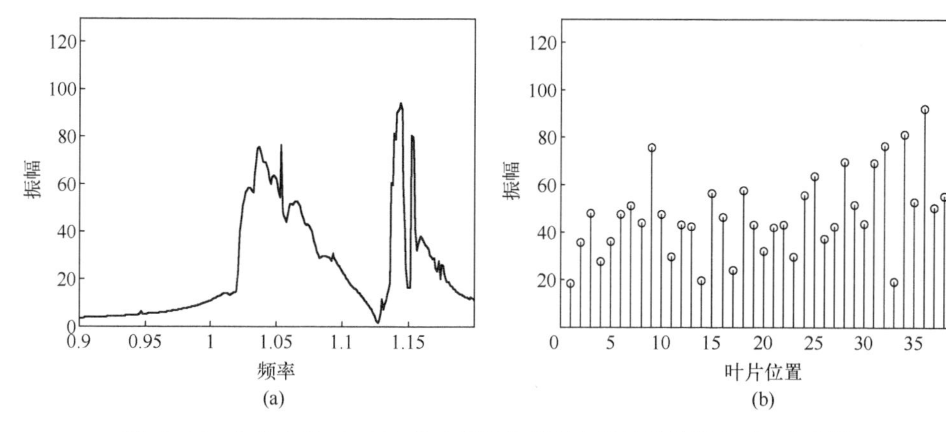

图 10.19　失谐 2 经 CPAEA 优化后叶片排列方案的受迫振动最大振幅图

表 10.11　失谐 2 叶片排序优化后排列顺序

叶片位置	叶片编号	叶片位置	叶片编号	叶片位置	叶片编号	叶片位置	叶片编号
1	24	11	1	21	4	31	7
2	25	12	17	22	14	32	2
3	34	13	12	23	18	33	29
4	21	14	36	24	8	34	38
5	31	15	11	25	16	35	30
6	23	16	27	26	22	36	9
7	35	17	33	27	5	37	32
8	28	18	10	28	13	38	3
9	6	19	19	29	26	—	—
10	20	20	37	30	15	—	—

由图 10.14~图 10.17 可见,虽然失谐量标准差不同,但是顺序排列与随机排列时系统均存在十分明显的振动局部化现象,但失谐量标准差高时系统总体振幅要高于失谐量标准差较小的叶盘系统,振动局部化现象也较前者明显得多。如果不做处理顺序,排列与随机排列的叶盘系统均无法直接使用。

将以上所有计算结果统计于表 10.12,方差反映了按照优化结果顺序安装的叶盘系统的各个叶片的最大振幅的波动情况,均值则可体现出系统的整体振动情况。幅值谱图可以观察在一个频率段内的叶片振动情况。结合图 10.13~图 10.19 可以得出以下结论:通过 CPAEA 算法对叶片进行合理排序,可以有效降低叶盘系统振动、减弱振动局部化程度,不需要人工打磨即可直接使用。

表 10.12　各叶片排布叶盘系统振动情况比较

叶片排布	失谐 1			失谐 2		
	平均值	方差	最大值	平均值	方差	最大值
顺序排列	47.3627	165.6697	81.8515	45.6175	350.6177	119.5597
随机排列	46.9338	160.0796	79.3592	45.7987	330.5540	103.2010
优化排列	45.9033	60.4325	62.4444	45.7381	254.8494	93.9116
谐调系统	45.7344	76.0922	55.7577	—	—	—

分别使用两种算法同样循环 600 次,以循环次数为唯一循环退出条件,将所得到的 CPAEA 算法求解时间与 10.1 节的求解时间相对比,如表 10.13 所列。

表 10.13　各叶片排布叶盘系统振动情况比较

时　　间	TATA(CPU)	CPAEA(GPU)	加　速　比
单步均计算时间/s	230.0442	51.0169	4.5092
计算总体耗时/h	38.3417	8.5028	

从表 10.13 可以看出,基于 GPU 并行计算的 CPAEA 算法对于叶片排序问题的求解时间效率明显优于基于传统 CPU 串行计算方式的 TAEA 算法,可以获得 4.5 倍的加速。仅用 8h 即可计算完成,事实上 CPAEA 算法在循环 300 次左右即可获得可以满足应用需求的排布方案。从 10.1 节的优化结果看,对于当前不具备高性能 GPU 硬件计算环境的应用场合,TAEA 算法也可较好地达到寻优目的。

参考文献

[1] VARGIU P,FIRRONE C M,ZUCCA S,et al. A reduced order model based on sector mistuning for the dynamic analysis of mistuned bladed disks[J]. International Journal of Mechanical Sciences,2011,53(8):639-646.

[2] PETROV E P,HAFTKA R T,AIAA. Optimization of mistuned bladed discs using gradient-based response surface approximations[C]//ATLANTA,GA: AMER INST AERONAUTICS & ASTRONAUTICS,1801 ALEXANDER BELL DR,STE 500,RESTON,VA 20191-4344 USA,2000.

[3] CHOI B. Pattern optimization of intentional blade mistuning for the reduction of the forced response using genetic algorithm[J]. KSME International Journal,2003,17(7): 966-977.

[4] CHOI W,STORER R H. Heuristic algorithms for a turbine-blade-balancing problem [J]. Computers & Operations Research,2004,31(8): 1245-1258.

[5] BENDIKSEN O O. Localization phenomena instructural dynamics[J]. Chaos,Solitons and Fractals,2000,11: 1621-1660.

[6] SCARSELLI G, LECCE L, CASTORINI E. Mistuning Effects Evaluation on Turbomachine Dynamic Behaviour using Genetic Algorithms[J]. International Journal Of Acoustics And Vibration,2011(4):655-673.

[7] 赵天宇,袁惠群,杨文军,等. 非线性摩擦失谐叶片排序并行退火算法[J]. 航空动力学报,2016,31(5): 1053-1064.

[8] ZHAOT Y,YUAN H Q,YANG W J,et al. Genetic particle swarm parallel algorithm analysis of optimization arrangement on mistuned blades[J]. Engineering Optimization,2017,49(4): 1-22.

第 11 章

APDL 有限元失谐叶盘系统减振优化方法

失谐会增大少数叶片的振动幅值,使航空发动机压气机叶盘系统振动加剧,导致严重的振动局部化。从前面章节的分析可知,在不同的失谐模式和失谐标准差下,叶片的频率分布规律对失谐叶盘系统的振动局部化程度影响显著,叶盘系统的最大振幅不仅与失谐量有关,而且与失谐标准差和邻近叶片的频率分布有关,因此,通过对叶片安装位置进行调整可以达到降低失谐叶盘系统的振动局部化程度的目的。

目前针对航空发动机失谐叶盘系统叶片的排序优化算法大部分采用的是集中参数模型和智能优化算法相结合,对于高保真工程实际叶盘系统来说,集中参数模型不再适合。如果采用工程实际叶盘系统有限元缩减模型进行排序优化计算,每次都生成所有的子结构文件,将耗费大量的计算机时。

11.1 有限元优化概述

在对模型进行优化的过程中,特别是算法优化的过程中需要对模型进行大量的重复计算,费时费力,而模型往往只是改动几个参数的数值。有限元优化既利用了大型有限元计算软件准确、功能强大的优点,又避免了大量的重复操作,有效解决了这个问题。有限元优化采用参数化设计思想,运用 APDL(ANSYS parametric design language,即 ANSYS 参数化设计语言)将有限元运算过程编写为命令流,通过 MATLAB 和 ANSYS 联合编程完成优化计算,得到优化结果。

11.1.1 APDL 参数化设计思想

参数化设计(parametric design)技术是在实际设计应用中被提出并得到迅速发展的有着强大应用价值的技术。一般是指设计对象的结构比较定型,可用一组参数来约定尺寸关系和属性。参数的求解比较简单,与设计对象的尺寸和具体属性有明显的对应关系,设计结果的修改受到参数的驱动。它采用参数预定义的方法建立图形的几何约束集,指定一组尺寸作为参数使其与几何约束集相关联,并将所有的关联式融入到应用程序中,然后通过读取数据文件的方式修改参数尺寸,最终由程序根据这些参数及其变化顺序的执行表达式来实现设计的方法。工程设计需要多次反复地修改,对形状和尺寸要进行综合谐调和优化,尤其对于结构形式变化不大或设计过程较为稳定的产品,更需要根据实际情况自动选择设计方案或修改尺寸,这就需要参数化设计。

应用计算机则可以快速准确地得到计算结果,并可以进行多个方案的比较,从而得到优化的设计结果。参数化设计为产品模型的可变性、可重用性、并行设计等提供了手段,使用户可以利用以前的模型便捷地重建模型,并可以在遵循原设计意图的情况下快捷地改动模型,生成系列产品,大大地提高生产效率。

在 ANSYS 中实现参数化建模相对比较容易,因为 ANSYS 的 APDL 就是参数化建模的基础。通过利用 APDL,用户可以开发专用有限元分析程序,或者编写经常重复使用的功能小程序,保存成宏文件,以供用户随时调用或创建成按钮(缩写)放在工具条上。针对具体实体模型进行参数化建模时,其一般过程如图 11.1 所示。

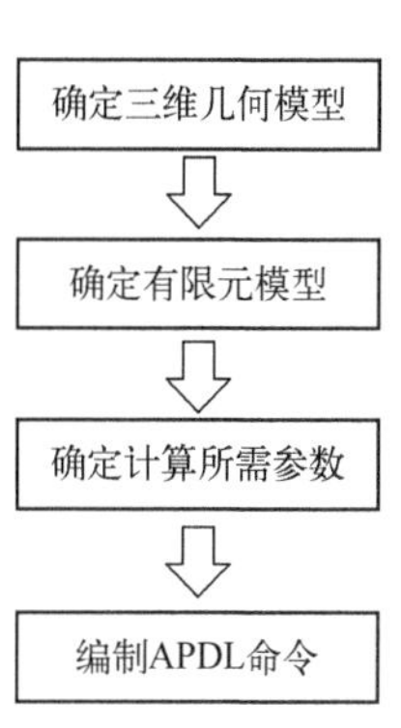

图 11.1　参数化建模一般过程

11.1.2　有限元二次开发技术

目前,一些通用有限元软件为有限元模型的参数化提供了功能全面的二次开发工具和开放式的开发环境,如 ANSYS 提供的 APDL,类似 C、FORTRAN 语言,可供用户开发自编程序,完成有限元计算的参数化。借助于通用有限元的二次开发功能,对前处理进行二次开发,实现参数化的有限元建模,已成为很多学者首选方案。

从有限元模型建立方法的发展历史和现状来看,可以发现阻碍有限元参数化从理论走向工程应用的一个主要困难即缺乏有效的自动生成及更新设计模型(即有限元模型)的方法。这一困难归结为两个方面:其一,对设计模型几何特征的参数化描述手段比较缺乏;其二,全自动的网格生成器不够完善。随着 CAD/CAE 技术的蓬勃发展,上述两方面的困难逐渐得以解决,人们陆续提出了一些全自动的设计模型生成方法。随着计算机技术的飞速发展,从 20 世纪 70 年代开始,结构分析有了很大的突破,国外相继出现了许多大型通用有限元分析程序,如 ANSYS、ADINA、ALGOR 等,这些程序具有良好的界面、简便的前后处理和强大的计算分析功能。ANSYS 是顺应潮流而发展起来的 CAE 仿真设计工具,它牢牢把握了 CAE 的发展方向,提供了从通用到专用的全线 CAE 解决方案。同其他 CAE 软件一样,

ANSYS 具有完备的前后处理系统,并且与其他大部分 CAD/CAE 软件一样都具有专用的数据接口,具有丰富的单元类型、强大的计算分析功能以及开放的二次开发系统,在机械工程领域有广泛的应用前景。

ANSYS 作为大型通用有限元分析软件,与专业软件比较,其分析功能实现起来比较复杂。ANSYS 提供的二次开发功能可以使用户开发出便捷地分析某一类问题的专业程序。目前参数化有限元的研究主要是实现前处理的参数化。国内外许多学者在这方面做了一些探索性工作。

国内对 ANSYS 进行二次开发的主要是高校和科研机构,已取得了很好的效果。如全国压力容器标准化技术委员会开发的压力容器自动化分析软件 CPV-ANSYS 在国内压力容器的设计计算得到了广泛的应用。它是运用 ANSYS 的 APDL 进行开发的,该软件包含 40 多类压力容器结构。南昌大学的黎雪芬采用基于参数化的有限元法,对板料成形工艺参数优化进行了深入的研究,利用交互式参数化有限元分析方法对典型的方盒件工艺参数进行了优化研究,其优化结果与试验结果基本吻合,表明优化方案高效、可行。中国海洋大学梁永超利用 ANSYS 的 APDL 程序开发了适合导管架平台结构分析的专用程序模块,所开发的参数化有限元建模避免了大量的重复工作,提高了效率,所归纳总结的 ANSYS 开发技术的基本方法和过程具有一定的适用性。武汉理工大学操安喜利用 ANSYS 的二次开发技术开发了典型船舶结构舱段有限元计算分析模板,所开发的参数化计算程序通过实例得到了验证。南京航空航天大学的陈伟等利用有限元分析软件 ANSYS 提供的 APDL,将参数化设计的思想融入有限元结构分析,实现了有限元建模和分析参数化,以典型构件波纹管的应力分析为例,给出了这一方法与其基本步骤。结果表明,这种方法极大地减轻了有限元分析的工作量,提高了工作效率。东北大学的谢里阳利用 ANSYS 的二次开发功能,以上海东芝电梯 CV320 系列电梯为对象,初步开发了电梯参数化有限元分析系统。该系统能避免大量的重复工作,提高分析效率。而且由于输入界面简单明了,非专业的有限元分析人员也可使用该系统进行电梯的零部件结构分析。

国外在 ANSYS 二次开发方面有很多的应用。如 Alcxey I. Borovkov 介绍了两个基于 ANSYS 二次开发的软件:用于转子体刚度不对称补偿的 CRSD 软件和可以计算有 30 种燃料元素的散热器的稳态三维热分析的软件。在这两种软件中,用户可以在初始界面中输入相关的参数,让计算机自动生成模型、划分网格、加载、分析。软件大大提高了分析的效率,节省了工作时间。从以上的众多成功实例中可知,利用 APDL 进行二次开发是可行的,且经过二次开发提高了有限元结构分析的效率。

APDL 是一种类似 FORTRAN 的解释性语言,是一种高效的参数化建模手段,提供一般程序语言的功能,如参数、宏、标量、向量及矩阵运算、分支、循环、重复以及访问 ANSYS 有限元数据库等,另外还提供简单界面定制功能,实现参数交互输入、消息机制、界面驱动和运行应用程序等。

APDL 可用来自动完成有限元常规分析操作或通过参数化变量方式建立分析模型的脚本语言,用建立智能化分析的手段为用户提供自动完成有限元分析过程,即程序的输入可设定为根据指定的函数、变量以及选用的分析类型来做决定,是完成优化设计和自适应网格的最主要的基础。APDL 允许复杂的数据输入,使用户实际上对任何设计或分析属性有控制权,如分析模型的尺寸、材料的性能、载荷、边界条件施加的位置各网格的密度等。APDL 扩展了传统有限元分析的范围,并扩展了更高级运算包括灵敏度研究、零件库参数化建模、设计修改和设计优化等。

APDL 具有下列功能,对这些功能用户可根据需要进行组合使用或单独使用。

(1) 标量参数。

(2) 数组参数。

(3) 分支和循环。

(4) 重复功能和缩写。

(5) 宏。

(6) 用户程序。

所有这些全局控制特性,允许用户按需要改变该程序以满足特定的建模机分析需要。通过精心计划,用户能够创建一个高度完善的分析方案,它能在特定的应用范围内使程序发挥更大的效率。

1. 参数化流程控制

ANSYS 程序总是逐行执行命令,即按顺序逐条语句的执行命令。但是,有时需要改变程序执行的顺序、重复执行语句块等,这就需要一套控制程序流程的方法。

APDL 语言典型语句介绍:

(1) ＊IF-＊IFELSE-＊ELSE-＊ENDIF 条件分支。APDL 可以有选择地执行多个语句块中的一个,通过比较两个数的值(或等于某数值的参数)来确定当前所满足的条件值。＊IF 命令的使用格式如下,以下的[ ]中值域表示可以不输入。

＊IF,VALl,Operl,VAL2,Base1[,VAL3,Oper2,VAL4,Base2]

其中:VALl 是比较的第一个数值(或数字参数)。

Operl 是比较运算符,有以下八种:EQ(等于)、NE(不等于)、LT(小于)、GT(大于)、LE(小于或等于)、ABLT(绝对值小于)、ABGT(绝对值大于);

VAL2 是比较的第二个数值(或数字参数);

Base1 是第一个条件(Operl)为真时执行的操作,如果后面没有第二个条件(Oper2),则 Base1 = THEN;如果后面有第二个条件(Oper2),则 Base1 取下列值,从而将两个条件组合成一个更复杂的条件。

① AND:表示 Operl 与 Oper2 条件同时为真时结果为真;

② OR:表示 Operl 与 Oper2 都为假时结果为真;

VAL3 是比较的第三个数值(或数字参数);

Oper2 是比较运算符,与 Oper1 一样,但用于比较 VAL3 和 VAL4;

VAL. 4 是比较的第四个数值(或数字参数);

一个完整的 IF-THEN-ELSE 条件结构中,所有的比较条件判断中只有一个为真并执行属于它的语句块,假如所有比较条件都不为真则执行 * ELSE 命令后的程序体。

(2) 从数据库提取数据并赋值给参数:

* GET,Par,Entity,ENTNUM,Iteml,ITINUM,Item2,IT2NUM

Par:参数名;Entity:实体名(如 NODE,ELEM,KP,LINE,AREA 或 VOLU);

ENTNUM:实体编号;Iteml:项目编号。

例:从数据库提取静态分析的 Z 向变形量,便于优化分析需要

NSORT,U,Z

* GET,ZMAX,SORT,O,MAX

* GET,ZMIN,SORT,O,MIN

2. APDL 宏文件

宏是包含一系列 ANSYS 命令并且后缀为 MAC 的命令文件。宏文件往往记录一系列频繁使用的 ANSYS 命令序列,实现某种有限元分析或其他算法功能。宏文件在 ANSYS 中可以当作自定义的 ANSYS 命令进行使用,可以带有输入参数,也可以有内部变量,同时在宏内部可以直接引用总体变量。除了执行一系列 ANSYS 命令外,宏还可以调用 GUI 函数或把值传递给参数。宏文件可以相互嵌套,相互调用,即一个宏可以调用另一个宏。宏文件允许最多嵌套 20 层,其中包括由 ANSYS 命令——INPUT 执行任何文件读入操作。每次嵌套的宏执行完毕后,ANSYS 程序的控制权仍回到前一个宏之下。

3. APDL 参数化语言的优点

ANSYS 软件提供了两种工作模式,即人机交互方式(GUI 方式)和命令流输入方式(BATCH 方式)。GUI 方式适合做简单的有限元分析模型,但对于一个复杂的有限元模型,由于一个分析的完成往往需要进行多次的反复,特别是当要对模型进行修改后再进行分析时,在 GUI 方式中就会出现大量的重复操作,这些重复工作有时会占有大量的计算时间。简单而繁杂的重复工作有时甚至会影响到设计人员的心情,从而造成模型分析质量的下降。另外使用 GUI 方式往往会生成大量的文件,对于一个较大的分析模型,其生成的数据文件很大,因此非常不方便交流。而对于命令流输入方式来说,它具有下列优点:

(1) 可以减少大量的重复工作,特别适用于经少许修改(如修改网格的密度)

后需要多次重复的情况,可为设计人员节省大量的时间,以利于设计人员有更多的精力从事产品的构思。

(2) 便于保存和携带,一个 APDL 的 ASCII 文件一般很小,其数据文件的容量仅为 GUI 数据文件的千分之一,无论是在网上或平常的交流都很便利。

(3) 不受 ANSYS 软件的版本限制。一般情况下,ANSYS 软件以 GUI 方式生成的数据文件只能向上兼容一个版本,也就是 ANSYS 10.0 版本的软件只能调出 ANSYS 9.0 版本的数据文件,而不能直接调用 ANSYS9.0 及以前的数据文件。而 APDL 文件则不存在这个限制,仅有个别命令会有影响。

(4) 利用 APDL,用户很容易建立参数化的零件库,以利于其快速生成有限元模型。可以利用 APDL 从事二次开发。在进行优化设计时,则必须使用 APDL 文件。

(5) 不受 ANSYS 软件的系统操作平台的限制,即用户使用 APDL 文件既可以在 Windows 平台进行交流运行,也可以在 UNIX 或其他的操作平台上运行。而用 GUI 方式生成的数据文件则不能直接交流。

(6) 在进行设计和自适应网格分析时,则必须使用 APDL 文件系统。

(7) 利用 APDL 方式,用户很容易建立参数化的零件库,以利于其快速生成有限元分析模型。利用 APDL 可以编写一些常用命令的集合即宏命令,或者是制作快捷键,并将其放在工具栏上。可以利用 APDL 从事二次开发。

尽管有上述的优点,但在使用 APDL 中对应于每个 GUI 方式的操作,基本上都有一个操作命令执行完后才能得到结果,这对于不习惯进行程序调试的人来说,容易产生厌烦的心理,甚至会认为太难而放弃使用。当然,在重复执行时也要花费一定的时间。

总之,APDL 方式对于一个大型的复杂模型来说,是利大于弊,但 APDL 文件不能按其他语言像 FORTRAN、C、C++等语言的编写方式去做,若要这样做,其难度会更大。

一般 APDL 文件的取得方法是充分利用第一次分析时生成的 LOG 文件,对这个文件作适当的修改即可得到自己的命令流文件,再添加一些 APDL 控制命令,就可以得到 APDL 宏文件。

11.2　壳梁有限元模型

由于叶盘系统结构复杂,有限元建模又比较繁琐,对于同种叶盘,结构固定,只是叶片的具体参数有所差异,在进行大量优化计算的过程中,需要进行重复建模,在这个过程中往往存在大量重复性工作。针对单一叶盘系统的结构的单一性和参数的规律性,可以进行参数化建模。这样对于结构相同、参数不同的分析模型只需要改变相应参数化属性的值,就可以自动迅速获得新的分析模型,避免大量重复过程,提高设计效率,而且可在有限元分析的基础上进行优化设计。因此,利用 APDL

编程建立了叶盘系统的参数化有限元模型,并且求解及后处理整个过程都采用APDL设计,实现了有限元分析的全过程参数化、自动化。

叶盘系统参数化优化主要完成四个方面的工作:

(1) 利用APDL编写叶盘系统的参数化建模和分析子模块,编写前置处理的所有基本信息,主要是编写叶盘系统的ANSYS有限元实体模型;对几何模型设定属性,划分网格,设置有限元模型的边界条件和载荷条件。

(2) 采用有限元法对叶盘进行结构谐响应分析,计算模型系统的幅频特性,得到各个叶片的最大振幅。

(3) 编写MATLAB程序,不断调用ANSYS程序对叶盘系统进行优化。

(4) 后处理以及保存数据,以图或数据的方式显示计算结果。

11.2.1 叶盘参数化建模

目前,在ANSYS中进行叶片轮盘有限元模型的建立,常用的方法是在ANSYS图形用户界面GUI下通过鼠标点击并结合键盘键入相关命令的值来建立有限元分析模型。该方法对单一叶片轮盘的建立、有限元分析较为方便、快捷,但在叶片轮盘产品优化设计过程中,针对不同参数的叶片轮盘,需重复建立并计算各种参数调整后的叶片轮盘,工作量大且多数操作属于重复操作。基于以上缺点,本书用参数化建模的思想,以ANSYS提供的APDL命令进行参数化实体建模,对叶片轮盘实体建模进行计算。实践表明,该方法建模速度快,可避免重复建模操作,提高了工作效率。

叶盘参数化建模程序可以实现对不同质量和刚度参数的叶盘模型的快速建立。叶盘系统参数化建模程序的总体框架如图11.2所示。

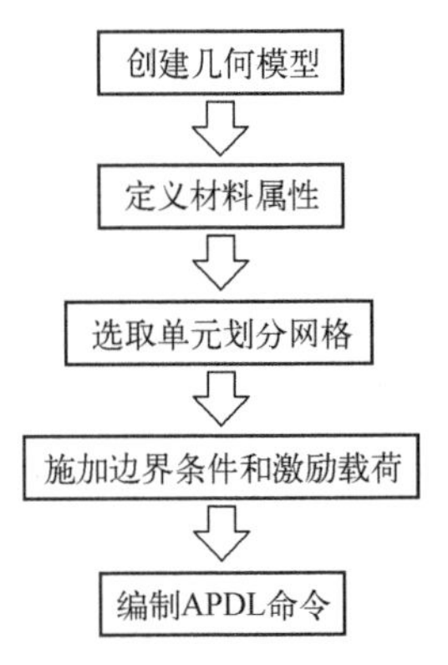

图11.2　叶盘系统参数化建模程序的总体框架

1. 创建几何模型

叶盘是一盘片结合的扁圆盘结构体,具有循环对称、厚度相对较小、结构重复等特点,同时叶盘总体有不同于单一叶盘的整体固有特性,因此对叶盘进行有限元分析时必须以整体为研究对象。由于叶盘系统结构复杂、各个截面形状很不规律,用有限元软件进行建模网格化时很难保证与图纸上的结构完全一致,同时优化过程中需要进行大计算量的计算,为保证顺利建模计算可行,建模时以不影响其结构的动态特性为原则进行简化,参考了大多数文献,并结合参数化的特点和计算要求,在质量等效、转动惯量等效等原则下保证原结构的动态特性。叶盘系统几何模型如图11.3所示。

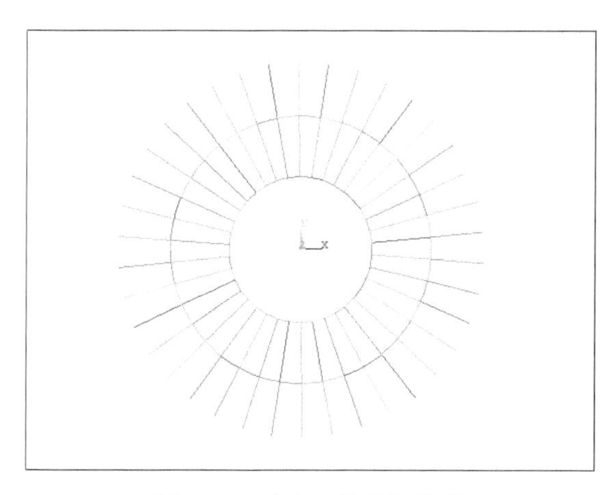

图 11.3　叶盘系统几何模型

2. 定义材料属性选取单元划分网格

在 ANSYS 中,为减小运算量同时体现叶盘系统的特性,选用适用于厚度不大,同时考虑三维变形的 shell63 单元划分轮盘部分,选用适于分析从细长到中等粗短的基于铁木辛哥理论的梁结构,适合线性大角度转动的 beam188 单元对叶片进行网格划分,划分过程中对每一个叶片分别建立单元类型名,以方便修改每一个叶片参数,进行网格划分,根据叶盘系统自身特性,叶盘系统弹性模量为 1.15e11,泊松比为 0.3,密度为 4500kg/m^3。叶盘系统有限元模型如图 11.4 所示。

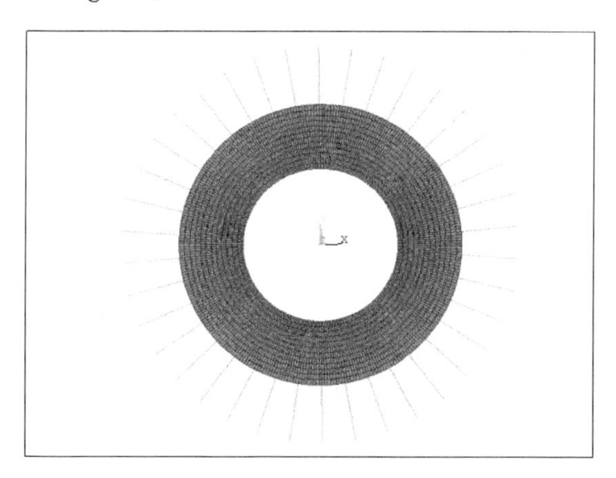

图 11.4　叶盘系统有限元模型

3. 边界条件及载荷设置

约束条件的参数化:以轮盘内圈,为各级轮盘联接位置,在模型中进行位移约束,施加约束条件。取定施加位置节点编号编写 APDL 命令。

载荷的参数化:叶盘各叶片所受载荷力在不同叶片间按照正弦分布,根据已得出的结果采用第六阶激振力。取定施加位置节点编号编写 APDL 命令。通过计算各叶尖激振力如表 11.1 所列。

表 11.1　各叶尖激振力

叶尖编号	实　部	虚　部	叶尖编号	实　部	虚　部
1065	1	0	1179	0.759681692	-0.650295108
1071	0.957256778	0.289239453	1185	0.91530145	-0.402769483
1077	0.832681078	0.553752853	1191	0.992675341	-0.120812527
1083	0.636922433	0.770927892	1197	0.985188948	0.171472262
1089	0.386715555	0.922199046	1203	0.893482255	0.449098498
1095	0.103449738	0.994634683	1209	0.725394941	0.688332899
1101	-0.188659628	0.982042537	1215	0.495296192	0.868724169
1107	-0.464641154	0.885499067	1221	0.222856334	0.974851299
1113	-0.70090216	0.713257431	1227	-0.06863472	0.997641857
1119	-0.877245532	0.480041953	1233	-0.354258436	0.935147561
1125	-0.978596303	0.205789395	1239	-0.609597858	0.792710825
1131	-0.996290356	-0.086055366	1245	-0.812824927	0.582508059
1137	-0.928815089	-0.37054356	1251	-0.946566483	0.322508751
1143	-0.781938723	-0.623355302	1257	-0.999389436	0.034939316
1149	-0.568217196	-0.822878617	1263	-0.96677814	-0.255616957
1155	-0.305920801	-0.952056964	1269	-0.851520418	-0.524321445
1161	-0.017472325	-0.999847347	1275	-0.663469244	-0.748203557
1167	0.272469798	-0.962164336	1281	-0.418700444	-0.908124407
1173	0.539119447	-0.842229317	1287	-0.138138431	-0.990412931

施加激振力有限元模型如图 11.5 所示。

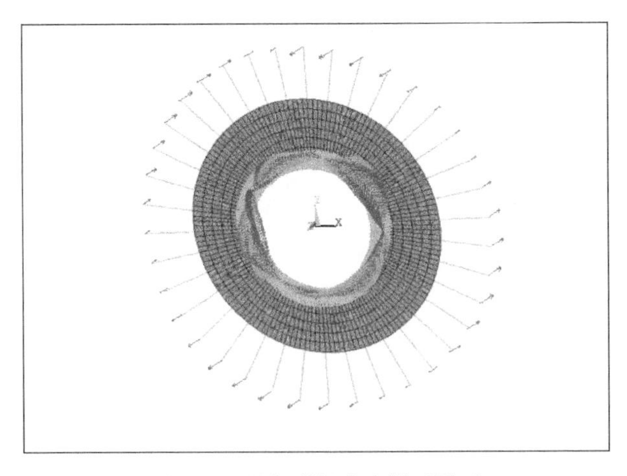

图 11.5　施加激振力有限元模型

11.2.2　基于有限元软件与优化算法的叶盘系统联合优化建模

在对失谐叶盘系统进行排布优化的过程中,需要进行大量的重复计算,不断重新进行参数设置,反复对 ANSYS 程序进行调用,计算得到不同叶片排布下的最大振幅,对叶片轮盘系统进行优化。

为实现大运算量的重复运算,采用 ANSYS 与 MATLAB 联合编程进行运算。

1. ANSYS 参数设置

在 ANSYS 中定义 EXA 数组,将模型中各梁单元的截面参数,定义为数组中的变量,共 38 行 3 列的数组。建立梁单元截面参数数据的 TXT 文件,在读取有限元模型后,读取截面参数数据 TXT 文件,通过改变 EXA 数组变量的具体数值,改变有限元模型参数,从而改变模型变量,实现模拟失谐叶盘的目的。

2. MATLAB 程序

对存在随机失谐量的失谐叶盘系统进行优化,首先自动生成失谐后的参数变量数据文件,调用 ANSYS 参数化模型,重新定义失谐参数变量值,对有限元模型进行谐响应分析,得出在激振力作用下的强迫振动最大振幅,对数据结果进行读取和保存。

3. ANSYS 与 MATLAB 数据通信

MATLAB 中自动生成失谐叶片数据并保存为 ANSYS 可读的形式,调用 ANSYS 计算(程序中各路径,第一个是 ANSYS 程序路径,第二个为输入文件路径,第三个为输出文件的路径)读取有限元模型,更改叶片梁单元参数,进行谐响应分析,MATLAB 调用 ANSYS 的结果 ANSYS 中读 MATLAB 数据的命令流。写数据的命令流将各叶片尖端谐响应分析结果写入数据文件。ANSYS 运行的必须是命令流形式,保存为 MAC 格式,直接运行。具体联合计算流程如图 11.6 所示。

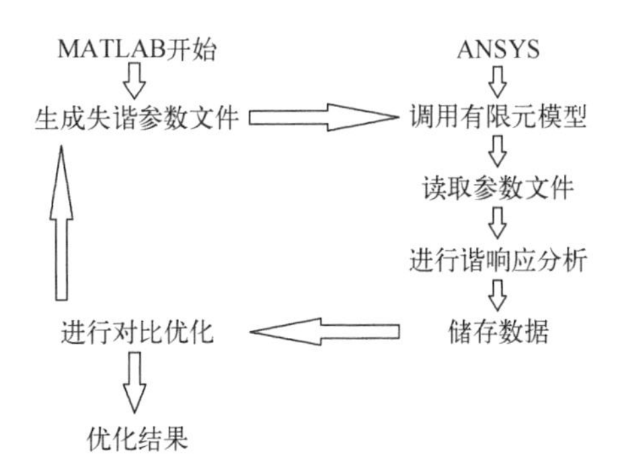

图 11.6　MATLAB 和 ANSYS 联合计算程序结构框架

11.3 基于APDL壳梁有限元模型的失谐叶盘系统减振优化方法

航空发动机叶盘是圆周循环对称结构,叶盘系统的模态振型是均匀地沿圆周传递至整个结构,作用在叶片上的振动激励在一定的频率范围内也会沿圆周均匀传递。但由于叶片受到加工制造误差、材料质量、运行磨损、材料性质等随机因素的影响,造成实际叶片间的性质均存在较小的差异,即失谐(通常在5%以下),因此,叶盘系统的循环对称性被失谐破坏。失谐破坏了结构的循环对称性,导致其振动能量集中在一个或几个叶片上,使这些叶片的振幅达到其他叶片振幅的几倍,造成局部叶片的高周疲劳失效,对整个结构的正常运行构成严重威胁,因此如何采取有效措施减小失谐引起的振动局部化现象,非常具有实际意义。本章将就对于既定存在的失谐叶片在安装时如何选择最佳的叶片排布顺序进行研究,以减弱失谐引起的振动局部化程度,提高整个航空发动机正常运行的可靠性。

11.3.1 谐调叶盘系统的振动特性分析

运用ANSYS软件,选取11.2节中谐调叶盘系统有限元模型,对谐调叶盘系统的受迫振动响应进行分析。

各叶片振动在频率转向时,叶片与轮盘耦合振动明显,其模态振型对失谐的敏感性最大,所以取第6阶激振力。模型载荷按照表11.1所列的简谐激振力施加载荷,对模型进行谐响应分析。

图11.7为谐调系统各叶片幅频特性曲线,从图中可以看出谐调系统有两个明显的共振峰,并且各叶片在相同频率下发生共振,共振峰值相差不大。

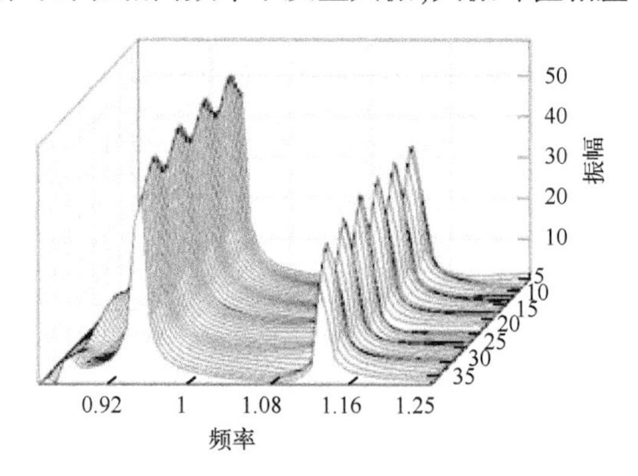

图11.7 谐调系统各叶片幅频特性曲线

图 11.8 为谐调系统各叶片频率-最大振幅特征曲线,由图知谐调系统频率响应最大共振峰为 55.3,相应的共振频率为 0.95,谐调系统的共振区间较窄,相对来说不容易发生共振。

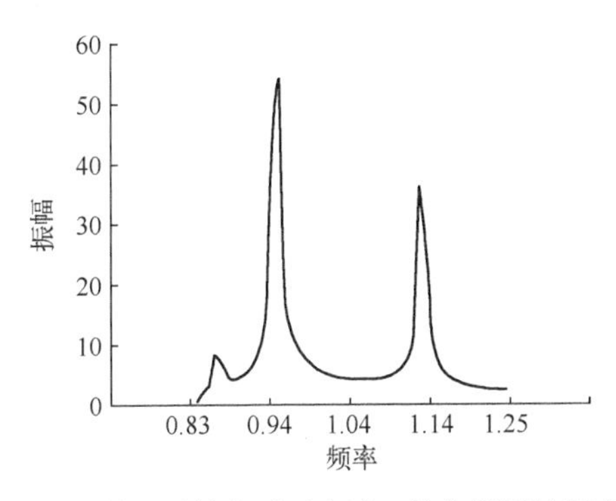

图 11.8　谐调系统各叶片频率-最大振幅特征曲线

11.3.2　失谐叶盘系统的振动特性分析

运用 ANSYS 软件和 MATLAB 软件联合程序,选取 11.2 节中谐调叶盘系统有限元模型,读取表 11.2 中典型的失谐参数数组,对失谐叶盘系统的受迫振动响应进行分析。

各叶片振动在频率转向时,叶片与轮盘耦合振动明显,其模态振型对失谐的敏感性最大,所以取第 6 阶激振力。模型载荷按照表 11.1 所列的简谐激振力施加载荷,对模型进行谐响应分析。

表 11.2　叶片刚度失谐量表

叶片编号	刚度失谐量	叶片编号	刚度失谐量	叶片编号	刚度失谐量	叶片编号	刚度失谐量
1	441917.05	11	450051.25	21	445660.04	31	448170.29
2	440590.47	12	458308.32	22	447543.13	32	453138.96
3	450241.41	13	452838.52	23	447329.96	33	456636.32
4	452121.85	14	448882.22	24	454577.68	34	447598.56
5	455288.45	15	447296.46	25	445998.06	35	447722.13
6	452297.66	16	446971.31	26	452490.63	36	445494.81
7	454116.60	17	448804.42	27	441437.70	37	445114.78
8	449336.82	18	449456.97	28	448170.29	38	449741.85
9	445592.32	19	455134.53	29	453138.96		
10	456502.98	20	451779.19	30	456636.32		

图 11.9 为在失谐情况下系统各叶片幅频特性曲线，图中显示失谐情况下各叶片并不是在相同频率下发生共振，但各叶片明显的共振峰仍然集中发生在两个小区间内，同时共振峰值也有了明显的差异。

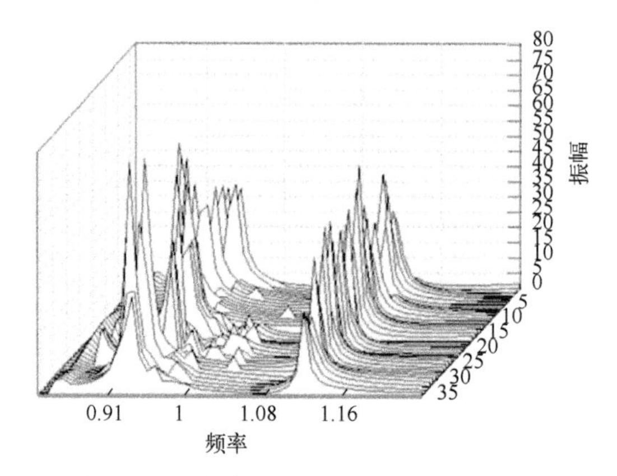

图 11.9 失谐系统各叶片幅频特性曲线

图 11.10 为失谐各叶片频率–最大振幅特征曲线。

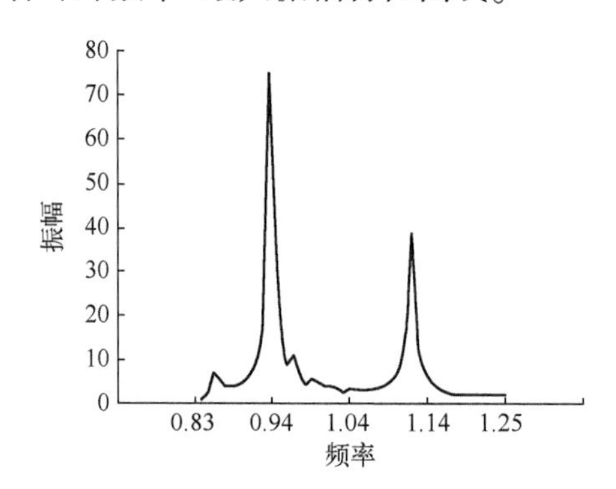

图 11.10 失谐各叶片频率–最大振幅特征曲线

11.3.3 失谐叶盘系统的叶盘排列优化分析

沿用 11.2 节中的系统模型和表 11.2 所列的各叶片刚度失谐量。首先按照叶片顺序安装排列，通过程序求得它们在对应频率下的响应幅值，而后随机打乱失谐叶片安装顺序，通过程序求得它们在对应频率下的响应幅值。

图 11.11 为失谐叶盘按叶片编号顺次排列叶盘系统受迫振动最大振幅图，图 11.11(a)为激振频率从 0.83 到 1.25 变化时各叶片的最大振幅，图 11.11(b)为各叶片振幅在对应激振频率下的最大值。该叶片排序下各叶片振幅最大值为 74.4378。

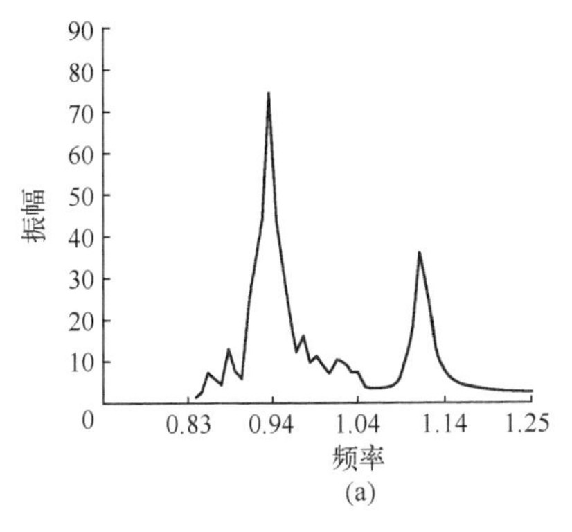

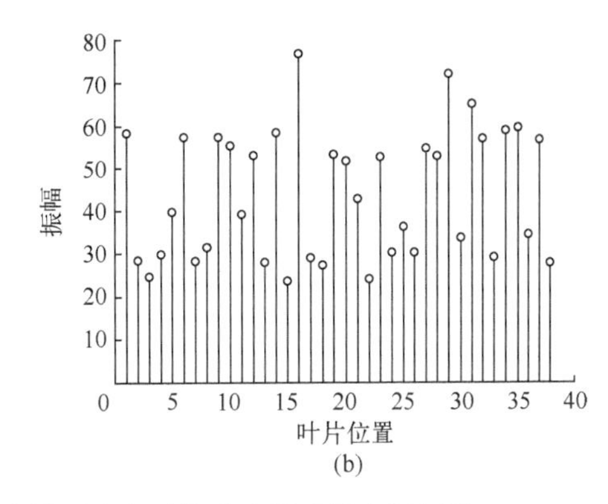

图 11.11　失谐叶片按叶片编号顺次排列叶盘系统受迫振动最大振幅图

随机改变叶盘系统叶片的排列顺序，选取随机叶片排列顺序如表 11.3 所列。

表 11.3　随机叶片排列顺序

叶片位置	叶片编号	叶片位置	叶片编号	叶片位置	叶片编号	叶片位置	叶片编号
1	31	11	12	21	6	31	7
2	17	12	9	22	8	32	4
3	11	13	21	23	16	33	3
4	15	14	23	24	5	34	19
5	34	15	18	25	32	35	27
6	26	16	35	26	33	36	36
7	14	17	2	27	29	37	24
8	25	18	13	28	10	38	30
9	28	19	38	29	37	—	—
10	22	20	20	30	1	—	—

图 11.12 为失谐叶片随机打乱排列系统受迫振动最大振幅图，该叶片排序下各叶片振幅最大值为 75.151。

由以上结果可知，在各叶片刚度失谐的情况下，有限元模型叶片安装排列顺序可以影响系统的振动情况，所以一定存在一种或几种叶片安装排列顺序能够使一组既定的失谐叶片达到该组叶片的最佳振动状态，采用 CCEPSO 算法对叶片排序进行优化，找到使叶盘系统受迫振动幅值降低、系统振动局部化程度减轻的叶片排序。

通过 MATLAB 和 ANSYS 联合优化计算，得到的失谐叶片最佳排序方案见表 11.4。

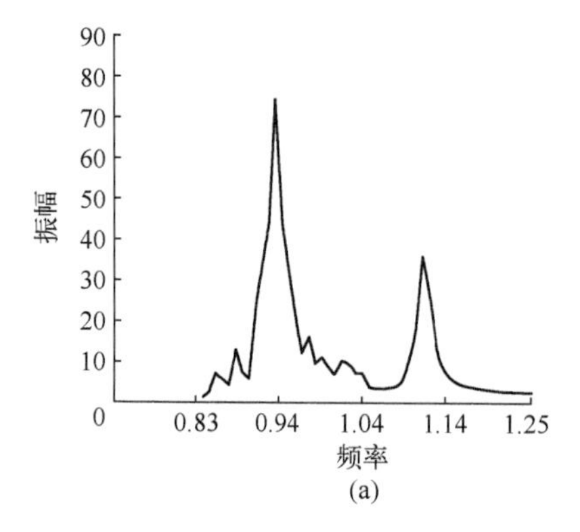

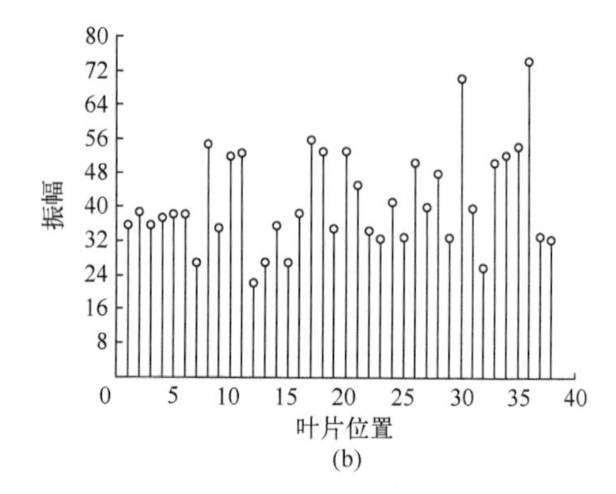

图 11.12　失谐叶片随机打乱排列系统受迫振动最大振幅图

表 11.4　失谐叶片排序优化后排列顺序

叶片位置	叶片编号	叶片位置	叶片编号	叶片位置	叶片编号	叶片位置	叶片编号
1	16	11	34	21	23	31	24
2	22	12	3	22	7	32	36
3	37	13	11	23	12	33	29
4	18	14	19	24	21	34	14
5	35	15	30	25	1	35	26
6	4	16	38	26	2	36	15
7	27	17	6	27	17	37	5
8	8	18	32	28	28	38	20
9	10	19	9	29	13	—	—
10	33	20	25	30	31	—	—

图 11.13 为失谐叶片排序优化后受迫振动最大振幅图，该叶片排序下各叶片振幅最大值为 59.3221。

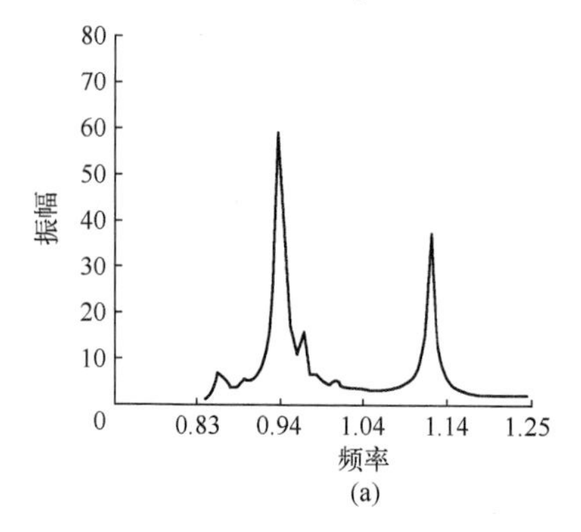

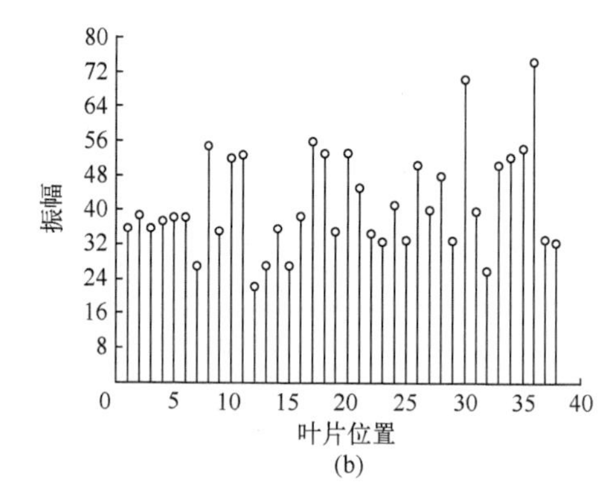

图 11.13　失谐叶片排序优化后受迫振动最大振幅图

图 11.14 为失谐叶盘叶片顺序、随机和排序优化后排列及谐调情况下系统受迫振动最大振幅比较图，从图中可以看出经叶片排序优化后的叶盘系统受迫振动

幅值要远小于按叶片序号顺序排列和随机排列的叶盘系统受迫振动幅值,优化叶片排序后的系统振动幅值仅比谐调系统稍大;从各叶片最大振幅来看,按叶片编号顺序排列和随机排列各叶片最大振幅相差较大,而经叶片排序优化后的各叶片最大振幅大部分在谐调系统的振动幅值上下限内,而且似乎比谐调系统各叶片最大振幅更趋于平均,系统振动局部化现象减弱。

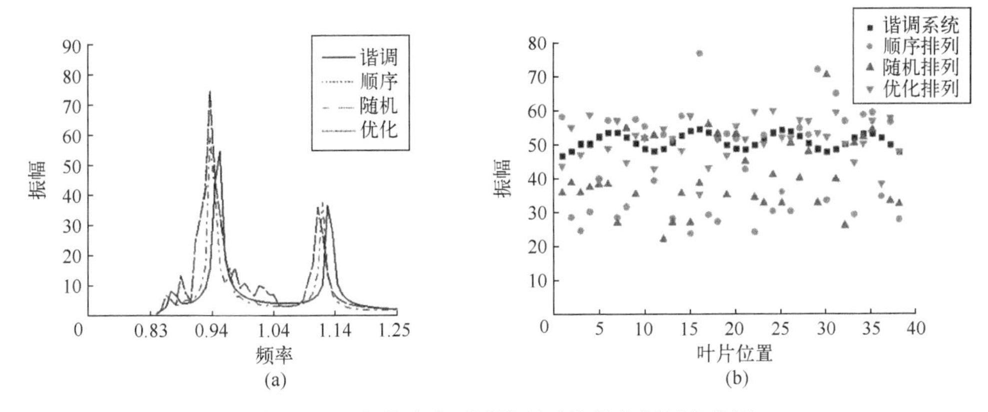

图 11.14　失谐叶片不同排列系统最大振幅比较图

优化叶片排序对整个叶片轮盘系统的减振,降低振动局部化程度效果是十分明显的,不论是系统受迫振动的振幅最大值还是各叶片最大振幅范围都有很大程度的减小,说明通过 CCEPSO 算法对有限元模型进行优化,能够兼顾降低振幅和平均各叶片振动,使各叶片分担系统整体振动能量,以达到降低疲劳、延长寿命的目的,具有较高的应用价值。

11.4　基于 APDL 有限元缩减模型的叶片刚度失谐减振优化方法

11.4.1　算法原理

由于叶盘系统共有 38 个叶片,将每个叶片与其相连接的轮盘部分作为一个子结构,采用预应力模态综合法建立叶盘系统的有限元缩减模型,在计算前要逐个生成子结构的超单元,然后将各子结构生成的超单元相连接形成整体叶盘系统进行动力学分析。如果采用智能优化算法将所有叶片安装位置进行排序优化,每次迭代计算都需要将所有子结构重新生成超单元,这样无形中增加了计算时间,降低了优化效率。

如果对于失谐量不变的最大振幅叶片,将它的安装位置与其他叶片互换后,叶盘系统的振幅必然发生变化。基于以上思想,将每次迭代计算后最大振幅叶片和最小振幅叶片安装位置进行互换,仅需重生成两个位置发生变化的叶片的超单元数据文件,而其他叶片的数据文件不动,这样可以极大地缩短计算时间。叶盘系统排序优化算法流程图如图 11.15 所示。

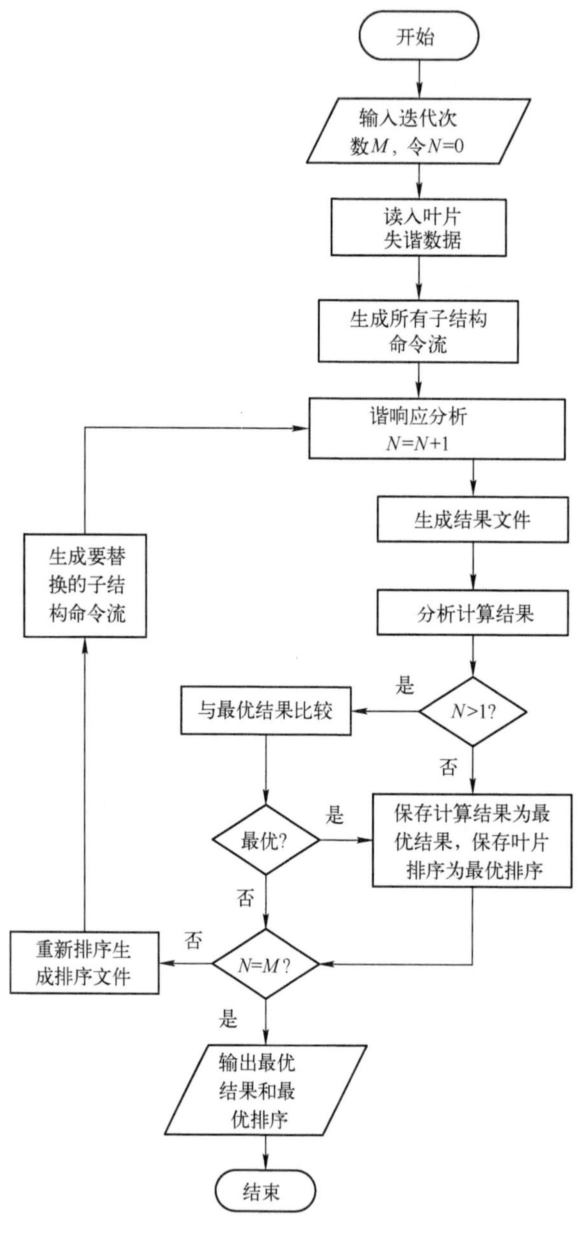

图 11.15　叶盘系统排序优化算法流程图

优化算法通过 MATLAB 和 ANSYS 联合仿真来实现，ANSYS 软件用来进行有限元计算和结果文件的提取，MATLAB 软件用来生成有限元分析所用的命令流文件并进行结果分析。优化算法的详细流程如下：在 MATLAB 软件中设置迭代次数 M，令 $N=0$，MATLAB 读入失谐叶片的数据生成 ANSYS 所需的所有子结构命令流文件；ANSYS 软件读入所有子结构模型的命令流文件，进行谐响应分析；计算结束后，通过 APDL 提取计算结果，另存为 MATLAB 能够接受的文件，接下来 MATLAB 读入结果文件进行结果分析；保存第一次计算结果和叶片排序作为最优值文件和最优排序文件，以后每次迭代生成的计算结果都与最优值进行对比，如果当前计算的振幅小于最优值，则替换最优值文件和最优排序文件，当 N 小于设置的迭代次数 M 时，重新生成命令流文件和叶片排序文件，ANSYS 读入新生成的命令流文件，生成叶片顺序发生变化的子结构文件并进行谐响应计算；当 N 等于设置的迭代次数 M 时，计算终止。

11.4.2　分析算例

根据实验获得的三组确定性失谐叶片静频数据，采用基于叶片静频、二分法以及有限元分析相结合的方法对失谐参数进行识别，获得如图 11.16 所示的失谐量，

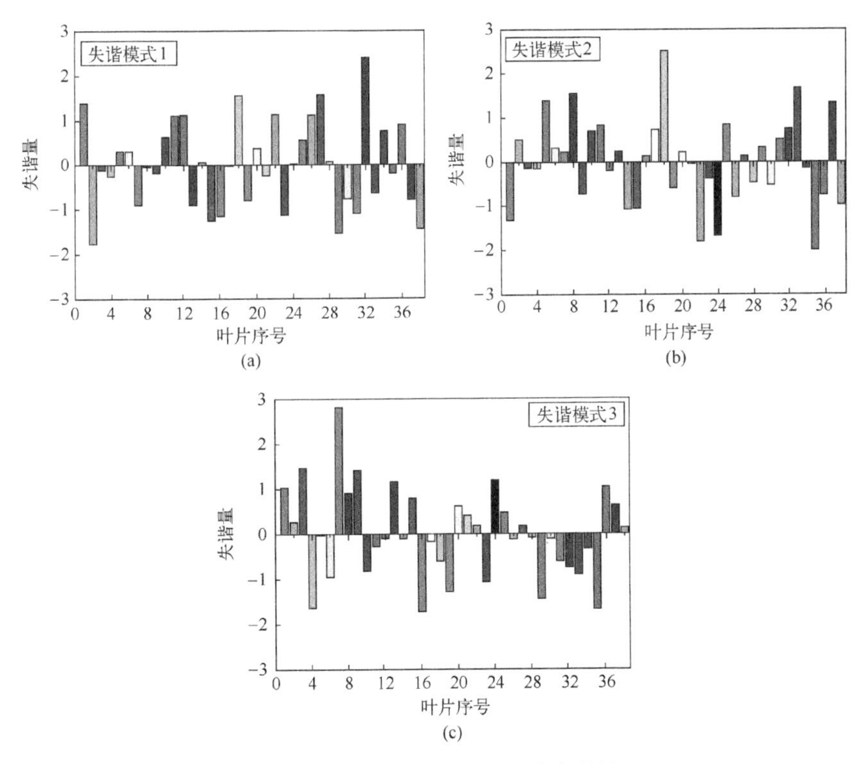

图 11.16　不同失谐模式叶片失谐量

采用本书优化算法进行优化后，计算了优化前后各叶片最大幅值，对优化结果进行了验证，优化前后各叶片最大幅值如图 11.17 所示。

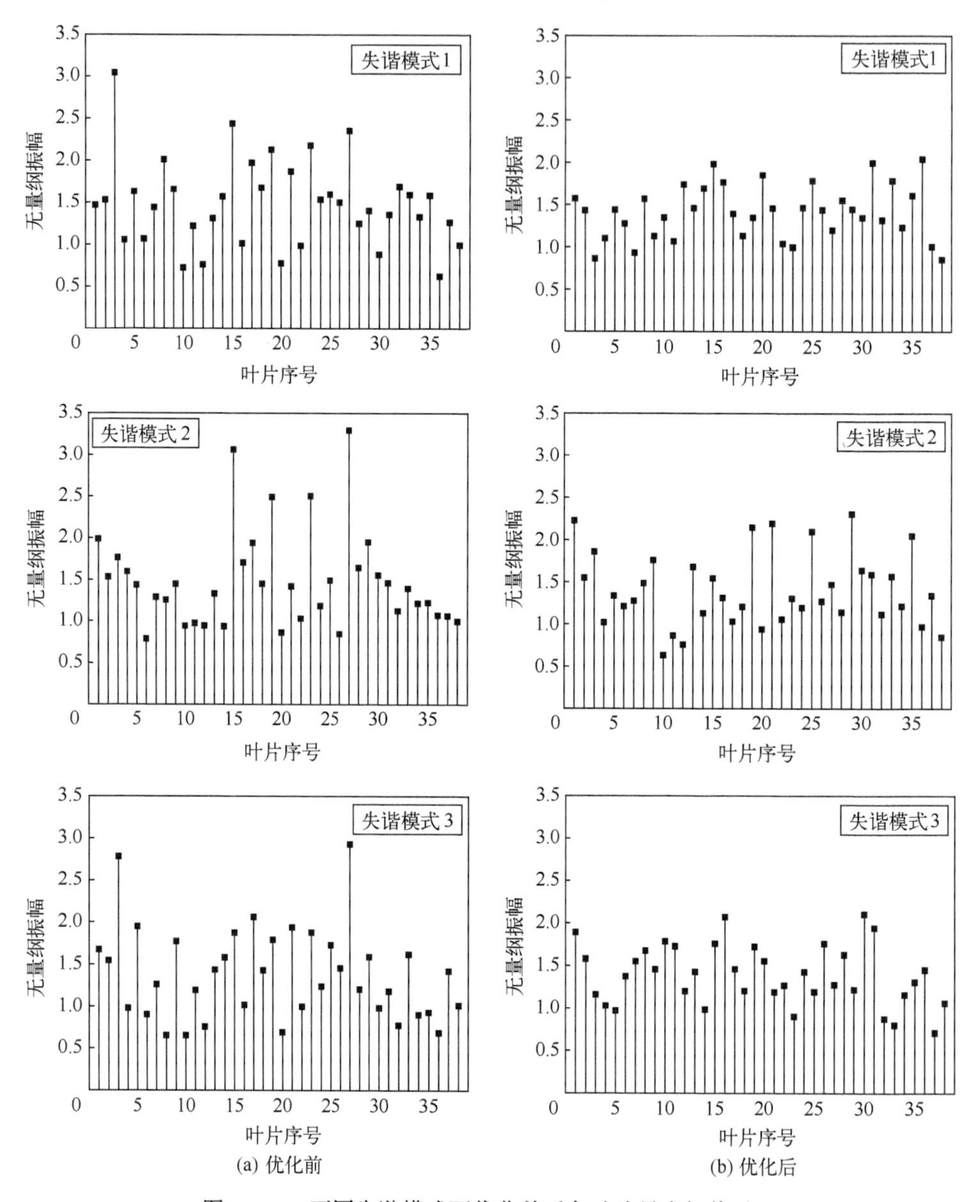

图 11.17　不同失谐模式下优化前后各叶片最大幅值对比

从图 11.17 可以看出，三组失谐模式的叶片最大振幅在优化后都大幅度下降，优化效果明显。失谐模式 1 在优化前的最大无量纲振幅是 3.04，最大振幅发生在 3 号叶片，优化后的最大振幅是 2.043，发生在 36 号叶片；失谐模式 2 在优化前的最大无量纲振幅是 3.293,最大振幅发生在 27 号叶片,优化后的最大振幅是 2.303,发生在 29 号叶片;失谐模式 3 在优化前的最大无量纲振幅是 2.93,最大振幅发生在 27 号叶片,优化后的最大振幅是 2.107,发生在 30 号叶片。通过对比分析可知,三种失谐模式经过优化后叶盘系统的最大振幅分别下降了 32.8%、30.1% 和 21%。

表 11.5~表 11.7 为三种失谐模式在优化前后叶片的位置,从表 11.5 可知,失谐模式 1 优化后 3、6、7、9、12、16、17、20、23、27、28、30、36 号叶片位置发生了变化;从表 11.6 可知,失谐模式 2 优化后 6、14、17、20、23、27 号叶片位置发生了变化;失谐模式 3 几乎所有的叶片位置都发生了改变。

表 11.5　失谐模式 1 优化后叶片排列顺序

叶片位置	叶片编号	叶片位置	叶片编号	叶片位置	叶片编号	叶片位置	叶片编号
1	1	11	11	21	21	31	31
2	2	12	27	22	22	32	32
3	12	13	13	23	16	33	33
4	4	14	14	24	24	34	34
5	5	15	15	25	25	35	35
6	7	16	23	26	26	36	3
7	6	17	36	27	30	37	37
8	8	18	18	28	17	38	38
9	20	19	19	29	29	—	—
10	10	20	9	30	28	—	—

表 11.6　失谐模式 2 优化后叶片排列顺序

叶片位置	叶片编号	叶片位置	叶片编号	叶片位置	叶片编号	叶片位置	叶片编号
1	1	11	11	21	21	31	31
2	2	12	12	22	22	32	32
3	3	13	13	23	14	33	33
4	4	14	23	24	24	34	34
5	5	15	15	25	25	35	35
6	27	16	16	26	26	36	36
7	7	17	20	27	6	37	37
8	8	18	18	28	28	38	38
9	9	19	19	29	29	—	—
10	10	20	17	30	30	—	—

表 11.7　失谐模式 3 优化后叶片排列顺序

叶片位置	叶片编号	叶片位置	叶片编号	叶片位置	叶片编号	叶片位置	叶片编号
1	1	11	32	21	20	31	9
2	2	12	36	22	28	32	15
3	8	13	12	23	22	33	38
4	4	14	6	24	16	34	33
5	5	15	14	25	31	35	17
6	13	16	30	26	25	36	35
7	7	17	18	27	26	37	11
8	3	18	34	28	10	38	37
9	24	19	23	29	21	—	—
10	1	20	19	30	29	—	—

评价失谐叶盘系统振动局部化程度,通常采用局部化因子[1-3]作为评价指标,本书采用文献[1]中的局部化因子,如式(11.1)所示,该因子综合考虑各叶片最大振幅的平均值和方差作为评价指标。

$$L = \mathrm{mean}\boldsymbol{X} \times \mathrm{var}\boldsymbol{X} \tag{11.1}$$

式中:$\boldsymbol{X}$ 为各叶片最大振幅向量;$\mathrm{mean}\boldsymbol{X}$ 为各叶片最大振幅平均值;$\mathrm{var}\boldsymbol{X}$ 为各叶片最大振幅方差。通过式(11.1)计算三种失谐模式优化前后局部化因子,并给出对比,如表 11.8 所示。

表 11.8　优化前后叶片振动局部化因子

失谐模式	优　化　前	优　化　后	优化幅度/%
失谐模式 1	1.0694×10^{-8}	3.8879×10^{-9}	64.0
失谐模式 2	1.3367×10^{-8}	7.1836×10^{-9}	68.5
失谐模式 3	1.1069×10^{-8}	6.1474×10^{-9}	44.5

从表 11.8 的对比分析可以发现,优化后三种失谐模式的叶片振动局部化因子都大幅度降低,分别降低了 64%、68.5%和 57.2%,叶盘系统振动局部化程度减轻。

为了评价算法对于失谐叶盘系统振动局部化控制的有效性,采用文献[2]中的局部化因子计算公式对本算法进行检验,该振动局部化因子为

$$L = \sqrt{\frac{|x|_{\max}^2 - \frac{1}{n-1}\sum_{i=1,i\neq j}^{n} x_i^2}{\frac{1}{n-1}\sum_{i=1,i\neq j}^{n} x_i^2}} \tag{11.2}$$

式中:n 为叶片数;j 为最大幅值叶片序号;$|x|_{max}$ 为最大幅值。

通过式(11.2)计算三种失谐模式优化前后局部化因子,并给出对比,如表 11.9 所示。通过表 11.9 的分析可知,优化后的三种失谐模式的振动局部化因子分别下降了 47.7%、41.5% 和 39.4%。从表 11.9 可知,优化后的局部化因子大幅度下降,失谐叶盘系统振动局部化程度明显降低,从而验证了本书优化算法的正确性。

表 11.9 优化前后叶片振动局部化因子对比

失谐模式	优化前	优化后	优化幅度/%
失谐模式 1	3.5884×10^{-5}	1.8776×10^{-5}	47.7
失谐模式 2	3.9826×10^{-5}	2.3297×10^{-5}	41.5
失谐模式 3	3.2777×10^{-5}	1.9853×10^{-5}	39.4

表 11.10 为优化后采用所有子结构重生成和只重生成最大最小值子结构方法的计算效率对比,当所有子结构全部重生成时,迭代计算一次的时间是 202min,而只重生成最大最小值子结构迭代计算一次的时间是 58min,节省了 71.3%的计算机时,提高了计算效率。图 11.18 为优化算法的寻优过程,从图上能够看出,算法收敛速度快,不同失谐模式的寻优过程最多不超过 20 次就可获得最优解。

表 11.10 计算效率比较

计算方法	子结构全部重生成	只重生成最大最小值子结构
计算时间/min	202	58
节省时间/%		71.3

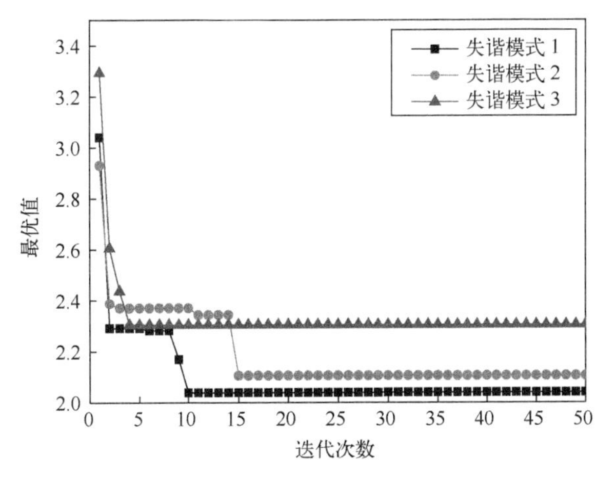

图 11.18 优化算法的寻优过程

11.5 基于 APDL 有限元缩减模型的叶片质量失谐减振优化方法

11.5.1 算法原理

由于材料和加工误差等原因造成各叶片质量略有不同,即质量失谐。质量失谐会导致叶盘系统在高速旋转时产生不平衡效应,进而影响叶盘系统的振动响应幅值。如果在考虑刚度失谐叶片排序之前,先将叶盘系统的各叶片按质量矩进行排序优化,能够有效降低叶盘系统的不平衡效应。

第 i 个叶片由于离心力产生的不平衡力矩为

$$M_i=\boldsymbol{m}_i\times\omega^2\times\boldsymbol{r}_i \tag{11.3}$$

式中:$\boldsymbol{m}_i$ 为第 i 个叶片的质量;ω 为叶盘系统旋转角速度;$\boldsymbol{r}_i$ 为第 i 个叶片的质心半径。

则含有 $\boldsymbol{n}$ 个叶片的叶盘系统总的不平衡力矩为

$$M=\sum_{i=1}^{n}M_i=\sum_{i=1}^{n}\boldsymbol{m}_i\times\omega^2\times\boldsymbol{r}_i \tag{11.4}$$

对于旋转叶盘系统,要想使不平衡效应最小,应使总的不平衡力矩 M 最小。

粒子群算法是一种基于迭代的优化算法,该算法首先将潜在解作为一个粒子,然后初始化这样一群随机粒子:粒子的适应度值被优化函数决定,粒子具有决定它们飞翔距离和方向的一个速度,每个粒子个体都知道目前个体的位置、目前个体最优位置和群体目前最优位置。

N 维空间第 i 个粒子个体的速度 $\boldsymbol{V}^i=(v_{i,1},v_{i,2},\cdots,v_{i,n})$,位置 $\boldsymbol{X}^i=(x_{i,1},x_{i,2},\cdots,x_{i,n})$,在每一轮迭代计算中,粒子通过两个最优值来更新个体,一个是粒子个体找到的最优值,即个体最优值 pbest,另一个是群体目前获得的最优值 gbest,即全局最优值。在获得这两个最优值时,粒子会按照下式更新个体新的位置和速度。

$$V_i=\omega\times V_i+c_1\times\text{rand}(\,)\times(\text{pbest}_i-x_i)+c_2\times\text{rand}(\,)\times(\text{gbest}_i-x_i) \tag{11.5}$$

$$x_i=x_i+V_i \tag{11.6}$$

式中:V_i为粒子速度;pbest 为个体最优值;gbest 为全局最优值;rand( )为介于 0 和 1 的随机数;X_i为粒子目前位置;c_1和 c_2为学习因子。粒子群算法为 N 维空间中 m 个粒子个体构成的粒子种群,每一个粒子个体为 N 维空间中的一个可能解。

粒子群算法由于在每一轮迭代中粒子个体通过跟踪局部最优值和全局最优值

来更新个体,具有收敛速度快、算法简单易实现、具有避免陷入局部最优多种措施、调节参数少等优点,在求解连续问题时表现优异。然而航空发动机压气机失谐叶片优化排序属于离散问题,粒子群算法具有不能满足离散变量的更新的缺点,所以在粒子群算法的基础上引入离散粒子群算法,可将式(11.5)、式(11.6)定义为

$$V_{i+1}=V_i+\alpha\otimes(\mathrm{pbest}_i\oplus x_i)+\beta\otimes(\mathrm{gbest}_i\oplus x_i) \tag{11.7}$$

$$x_{i+1}=x_i+V_{i+1} \tag{11.8}$$

改变粒子位置还是通过速度 $\boldsymbol{V}$,以速度作为交换列表,具体交换方式是交换位置中的两个元素。粒子的位置表达式含义变成用速度 $\boldsymbol{V}$ 中的交换去处理 $\boldsymbol{X}$。α、β 是介于 0~1 的随机数,每次计算 V_{i+1} 时先对 V_i 生成一个随机数,如果随机数大于等于 α、β,调用$\otimes$算子。由于转换了速度的定义,取消了惯性因子 ω,位置运动直接到位,但保持种群多样性的关键是惯性因子,取消会导致算法早熟,所以在此处引入遗传算法变异算子,在迭代的后期使算法依旧保持良好的变异进化能力,避免算法陷入局部最优值。

(1) 编码:按照顺序编码,设 y 轴正方向右侧为起点(1 号位置),叶片排布方向依照顺时针方向,按照顺序填入叶片编码形成一个排布。如[8 6 3 2 1 5 4 7]为 1 号位置安装 8 号叶片,2 号位置安装 6 号叶片。

(2) 交叉算子$\oplus$:粒子个体通过与个体最优值和种群最优值交叉来更新,采用整数交叉方法。首先任意选取 2 个交叉位置,然后把个体与个体最优值交叉,或者个体与全局最优值进行交叉。如新产生的个体存在重复位置则需进行调整,调整方法为用新个体中没包含的叶片代替重复的叶片。对获得的新个体采取保留优秀个体的策略,只有适应度值比旧的粒子的适应度值好时才能更新粒子。

(3) 变异算子$\otimes$:采用个体内部任意两个随机位置交换的方法,首先随机选择两个变异位置,然后把两个叶片的变异位置互换。对获得的新个体采取保留优秀个体的策略。

(4) 适应度函数:采用叶片总的不平衡力矩最小值作为评价指标,构造的适应度函数为

$$\boldsymbol{L}=\min(\boldsymbol{M})+r^kP(\boldsymbol{M}) \tag{11.9}$$

式中:$\boldsymbol{M}=\left(\sum_{i=1}^{n}m_i\times\omega^2\times\boldsymbol{r}_i\right)$为叶盘系统总的不平衡力矩;$r^k$ 为罚函数尺度系数,在这里取为 1;$P(\boldsymbol{M})$为罚函数。

(5) 罚函数:根据约束条件的特点,将约束条件转化为罚函数并加入目标函数中,从而实现了将约束优化问题向无约束优化问题转化。

遗传粒子群算法优化叶片排列顺序流程图如图 11.19 所示。

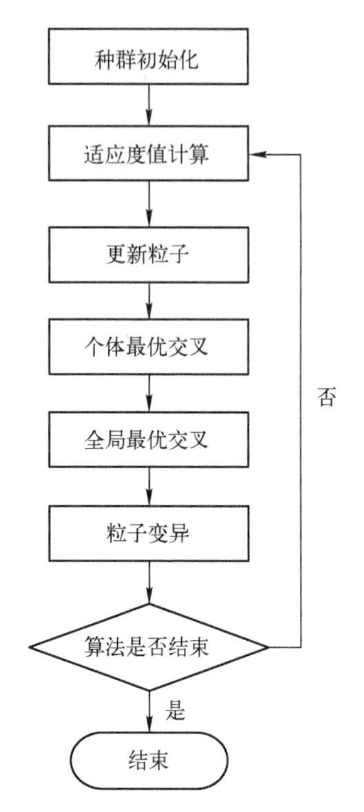

图 11.19　遗传粒子群算法优化叶片排列顺序流程图

11.5.2　分析算例

本书以叶盘系统总的不平衡力矩最小为目标函数,采用粒子群智能优化算法,对叶盘系统质量失谐叶片安装位置进行优化排序,并采用有限元模型对优化前后的失谐叶片安装位置进行计算验证。表 11.11 为质量失谐叶片优化后的叶片编号位置。

表 11.11　质量失谐叶片优化后的叶片编号位置

叶片位置	叶片编号	叶片位置	叶片编号	叶片位置	叶片编号	叶片位置	叶片编号
1	6	11	8	21	21	31	31
2	2	12	12	22	22	32	32
3	3	13	13	23	26	33	35
4	4	14	14	24	24	34	34
5	5	15	15	25	25	35	33
6	1	16	18	26	23	36	36
7	7	17	17	27	27	37	37
8	11	18	16	28	30	38	38
9	9	19	19	29	29	—	—
10	10	20	20	30	28	—	—

根据实验获得的叶片质量失谐数据，采用本书优化算法进行优化，计算了优化前后各叶片最大幅值，如图 11.20 所示。

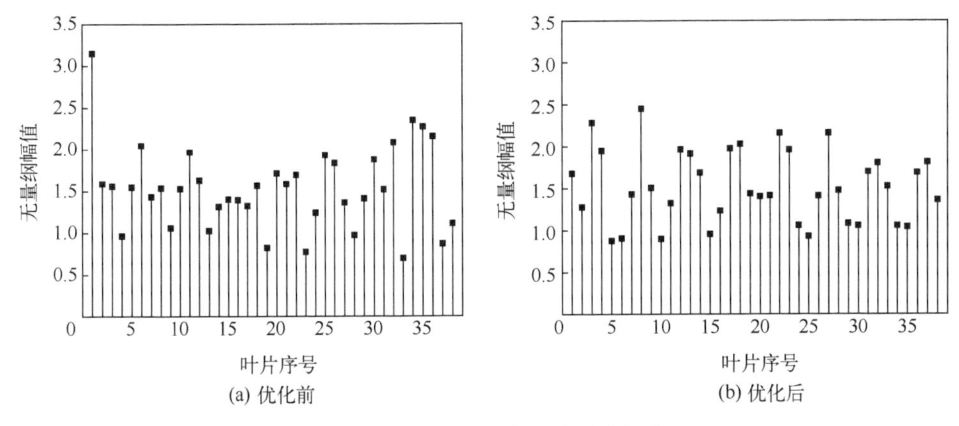

图 11.20　优化前后各叶片最大幅值

从图 11.20 可以看出，质量失谐叶片最大振幅在优化后大幅度下降，优化效果明显。在优化前叶片的最大无量纲振幅是 3.15，最大振幅发生在 1 号叶片，优化后的最大振幅是 2.45，发生在 8 号叶片；通过对比分析可知，经过优化后叶盘系统的最大振幅下降了 22.2%。

按式(11.1)计算优化前后叶盘系统的叶片振动局部化因子如表 11.12 所列。

表 11.12　优化前后叶盘系统的叶片振动局部化因子

局部化因子计算方法	优化前	优化后	优化幅度/%
式(11.1)	1.0292×10^{-8}	7.7001×10^{-9}	25.0
式(11.2)	3.8233×10^{-5}	2.6474×10^{-5}	30.8

从表 11.8 的对比分析可以发现，采用两种局部化因子计算式获得优化后的叶片振动局部化因子都大幅度降低，分别降低了 25%和 30.8%，叶盘系统振动局部化程度减轻。

11.6　基于 APDL 有限元缩减模型的叶片质量和刚度失谐减振优化方法

11.6.1　算法原理

工程实际叶盘系统的叶片往往同时伴随着叶片质量失谐和刚度失谐，大部分学者对于失谐叶片的模拟采用叶片刚度失谐的形式，由于叶片质量失谐会导致叶盘系统产生不平衡效应，单纯以叶片刚度失谐的形式来处理叶片失谐是不符合工程实际的。

如果采用智能优化算法按叶片的质量矩对叶盘系统的不平衡量进行平衡后，再按照刚度失谐进行叶片安装位置排序会打乱叶盘系统的平衡，导致新的不平衡。为了避免这种情况发生，工程上通常采用隔离带来保证质量失谐叶片的质量矩平衡。隔离带就是将整个叶盘系统划分为几个区域，保证每个区域内所有叶片的合力矩与其他区域叶片的合力矩构成的总力矩尽可能小。

根据本书所采用的叶盘系统模型，将整个叶盘系统分成 6 个区域，即将 38 个叶片按照 7、6、6、7、6、6 的形式分成 6 个区域，其中 1~7 号叶片划分为第一个区域，8~13 号叶片划分为第二个区域，14~19 号叶片划分为第三个区域，20~26 号叶片划分为第四个区域，27~32 号叶片划分为第五个区域，33~38 号叶片划分为第六个区域。隔离带划分如图 11.21 所示。

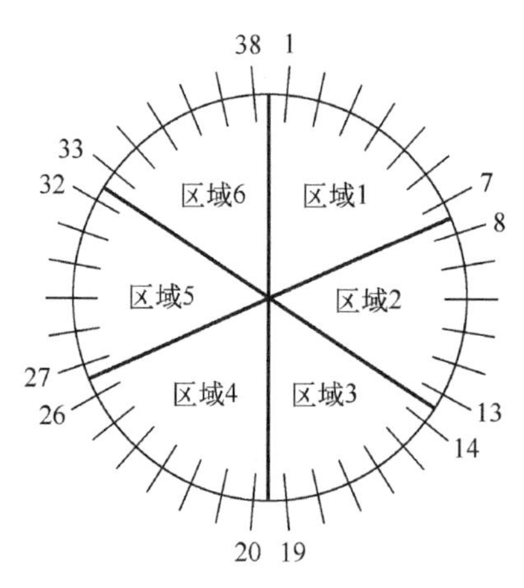

图 11.21　隔离带划分

本书综合考虑叶片质量失谐和刚度失谐，首先采用粒子群优化算法对质量失谐叶片进行排序优化，将获得的排序优化方案划分为六个隔离带，在每个隔离带内对刚度失谐叶片的安装位置进行排序优化，最终获得在满足叶盘系统平衡力矩最小和振动幅值最小情况下的失谐叶盘系统排序优化方案。同时含有叶片质量失谐和刚度失谐的叶盘系统排序优化算法流程图如图 11.22 所示。

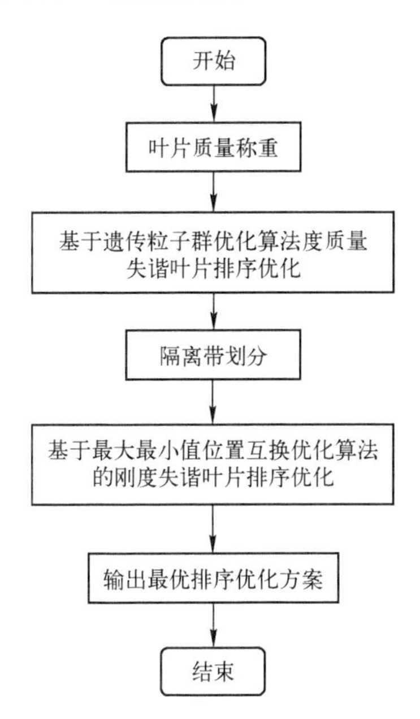

图 11.22　叶片质量失谐和刚度失谐的叶盘系统排序优化算法流程图

11.6.2　分析算例

采用上述优化算法进行失谐叶盘系统减振优化排序，并采用有限元模型对优化前后的失谐叶片安装位置进行计算验证。表 11.13 为质量失谐叶片优化后的叶片编号位置。表 11.14 为考虑隔离带的刚度失谐叶片优化后叶片编号位置。

表 11.13　质量失谐叶片优化后的叶片编号位置

叶片位置	叶片编号	叶片位置	叶片编号	叶片位置	叶片编号	叶片位置	叶片编号
1	9	11	14	21	20	31	38
2	36	12	30	22	13	32	6
3	27	13	11	23	8	33	18
4	25	14	24	24	17	34	4
5	16	15	31	25	34	35	1
6	33	16	21	26	3	36	37
7	35	17	5	27	2	37	28
8	10	18	7	28	26	38	32
9	19	19	22	29	15	—	—
10	23	20	12	30	29	—	—

表 11.14 考虑隔离带的刚度失谐叶片优化后叶片编号位置

叶片位置	叶片编号	叶片位置	叶片编号	叶片位置	叶片编号	叶片位置	叶片编号
1	9	11	11	21	20	31	2
2	16	12	30	22	13	32	6
3	27	13	14	23	12	33	37
4	25	14	24	24	17	34	4
5	36	15	31	25	34	35	1
6	33	16	21	26	3	36	18
7	35	17	22	27	38	37	28
8	10	18	7	28	26	38	32
9	19	19	5	29	15	—	—
10	23	20	8	30	29	—	—

采用本书优化算法进行优化,计算了优化前后各叶片最大幅值,如图 11.23 和图 11.24 所示。

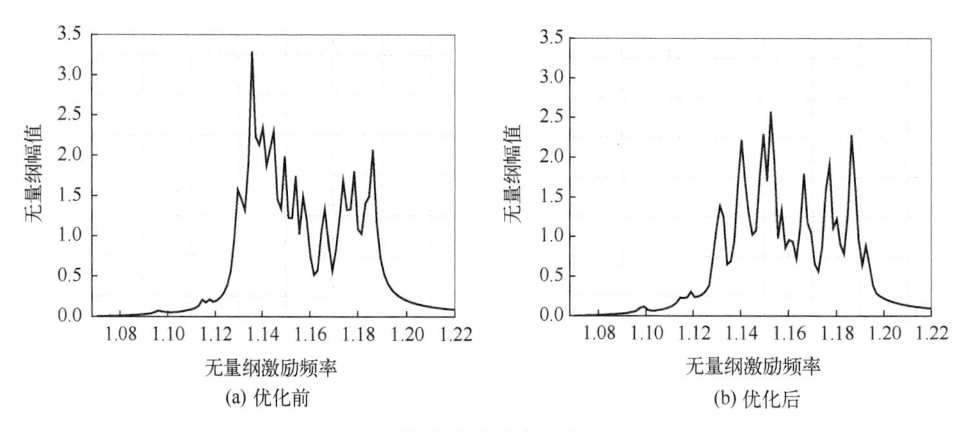

(a) 优化前　　(b) 优化后

图 11.23 优化前后叶盘系统幅频特性

从图 11.23 和图 11.24 可以看出,质量失谐叶片最大振幅在优化后大幅度下降,优化效果明显。在优化前叶片的最大无量纲振幅是 3.29,最大振幅发生在 3 号叶片,优化后的最大振幅是 2.577,发生在 26 号叶片;通过对比分析可知,经过优化后叶盘系统的最大振幅下降了 21.7%。

按式(11.1)计算优化前后叶盘系统的叶片振动局部化因子如表 11.15 所列。

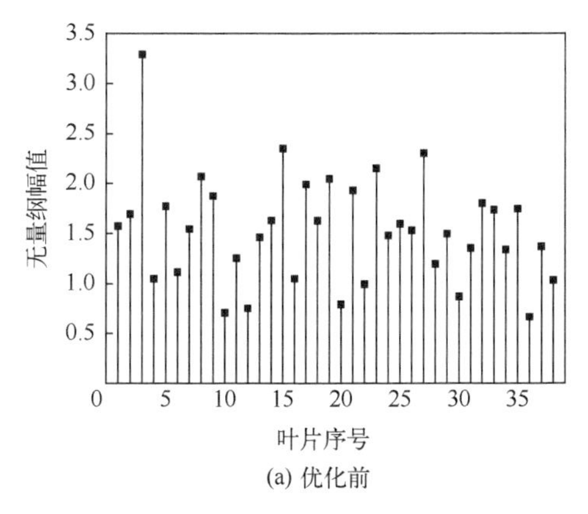

(a) 优化前

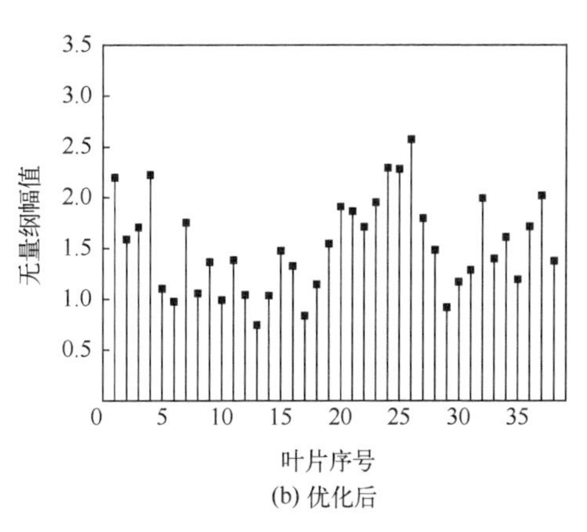

(b) 优化后

图 11.24　优化前后各叶片最大幅值对比

表 11.15　优化前后叶盘系统的叶片振动局部化因子

局部化因子计算方法	优　化　前	优　化　后	优化幅度/%
式(11.1) 式(11.2)	1.1782×10^{-8} 4.0463×10^{-5}	8.6908×10^{-9} 2.8756×10^{-5}	26.2 28.9

从表 11.15 的对比分析可以发现,采用两种局部化因子计算式获得优化后的叶片振动局部化因子都大幅度降低,分别降低了 26.2%和 28.9%,叶盘系统振动局部化程度减轻。

参考文献

[1]　袁惠群,张亮,韩清凯,等. 基于蚁群算法的航空发动机失谐叶片减振排布优化分析[J]. 振动与冲击,2012,31(11):169-172.

[2]　王红建,贺尔铭,赵志彬. 频率转向特征对失谐叶盘模态局部化的作用[J]. 中国机械工程,2009,20 (1):82-85.

[3]　王建军,于长波,李其汉. 错频叶盘结构振动模态局部化特性分析[J]. 航空动力学报,2009,24(04):788-792.

[4]　袁惠群. 转子动力学基础[M]. 北京:冶金工业出版社,2013.

[5]　袁惠群. 转子动力学分析方法[M]. 北京:冶金工业出版社,2017.

[6]　袁惠群. 复杂转子系统的矩阵分析方法[M]. 沈阳:辽宁科学技术出版社,2014.

[7]　王建军,李其汉. 航空发动机失谐叶盘振动缩减模型与应用[M]. 北京:国防工业出版社,2009.

[8]　王建军,李其汉,等. 航空发动机叶盘结构流体激励耦合振动[M]. 北京:国防工业出版社,2017.

[9]　李其汉,王延荣,等. 航空发动机结构强度设计问题[M]. 北京:国防工业出版社,2017.

[10]　张亮. 航空发动机叶片轮盘系统振动特性及多场耦合力学特性研究[D]. 沈阳:东北大

学,2013.

[11] 宋琳. 涡轮发动机叶片轮盘系统耦合振动特性研究[D]. 沈阳:东北大学,2012.

[12] 张宏远. 航空发动机失谐叶盘振动局部化特性及减振优化研究[D]. 沈阳:东北大学,2018.

[13] 赵天宇,袁惠群,杨文军. 非线性摩擦失谐叶片排序并行退火算法. 航空动力学报[J]. 2016,31(5):1053-1064.

[14] ZHAO T Y,YUAN H Q,YANG W J,et al. Genetic particle swarm parallel algorithm analysis of optimization arrangement on mistuned blades[J]. Engineering Optimization,2017 ,49(4):1-22.

[15] ZHANG H Y,YUAN H Q,YANG W J,et al. Vibration Reduction Optimization of the Mistuned Bladed Disk Considering the Prestress[J]. Proceedings of the Institution of Mechanical Engineers,Part G: Journal of Aerospace Engineering,2019,233(1):226-239.

内容简介

本书系统地阐述了叶盘系统的各种失谐振动分析方法、失谐参数的识别方法和失谐叶盘优化方法,这些方法可以求解叶盘系统的固有特性、受迫振动响应、非线性动力学特性和振动局部化等问题。

本书主要内容包括:针对失谐叶盘动力学分析的集中参数法;基于微动滑移摩擦阻尼模型的非线性动力学分析方法;谐调叶盘动力学循环对称分析方法;基于模态综合技术的失谐叶盘有限元缩减建模方法;基于叶片静频试验、二分法和有限元分析相结合的叶片失谐参数识别方法;基于载荷参数和模型参数对失谐叶盘系统振动响应特性影响分析;基于智能算法和 APDL 有限元模型的线性和非线性失谐叶盘系统减振优化方法等。

本书可以作为从事航空、机械、动力、能源、电力、交通、化工、力学方面旋转机械动力学分析和结构设计与研究的工程技术人员的参考书。

This book systematically describes mistuned vibration analysis methods, mistuned parameter identification methods and mistuned bladed disk optimization methods of bladed disk system. These methods can solve the problems of natural characteristics, forced vibration response, nonlinear dynamic characteristics and vibration localization of bladed disk system.

The main contents of this book are: lumped parameter method for dynamic analysis of mistuned bladed disks; Nonlinear dynamic analysis method based on slight sliding friction damping model; Cyclic symmetry analysis method of harmonic disk dynamics; The finite element reduction modeling method of mistuned bladed disk based on modal synthesis technology; The identification method of blademistuning parameters based on the combination of blade static frequency test, dichotomy and finite element analysis; Based on the influence of load parameters and model parameters on the vibration response characteristics of mistuned bladed disk system; The vibration reduction optimization method of linear and nonlinear mistuned bladed disk system based on intelligent algorithm and APDL finite element model.

This book can be used as a reference book for engineers and technicians engaged in dynamic analysis and structural design and research of rotating machinery inaviation, machinery, power, energy, electric power, transportation, chemical industry, and mechanics.

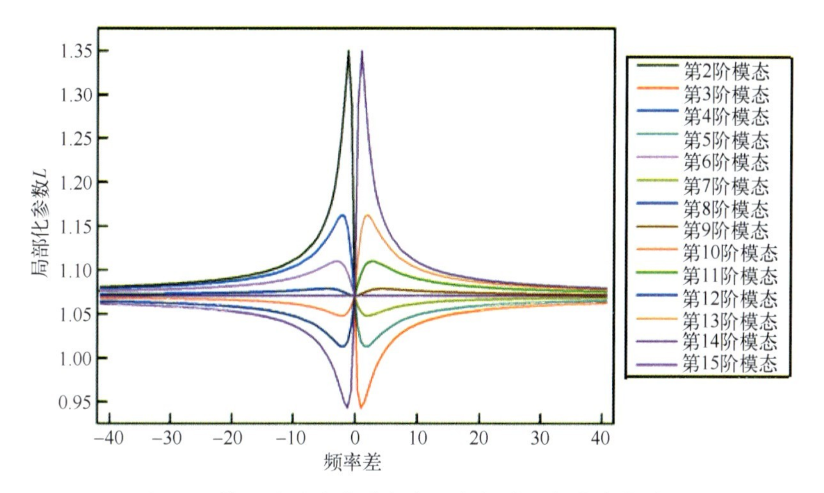

图 2.3　第 9 个叶片失谐频率差与振动局部化参数关系

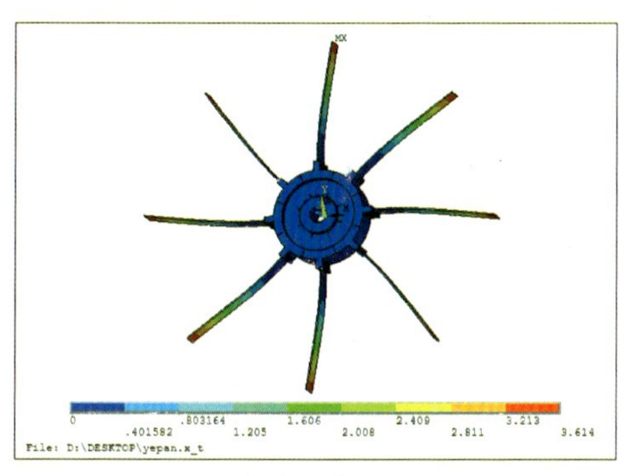

(a) 旋转叶盘0节径振型图

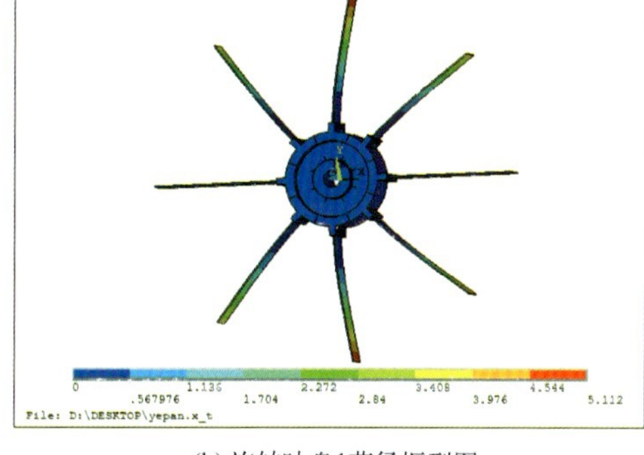

(b) 旋转叶盘1节径振型图

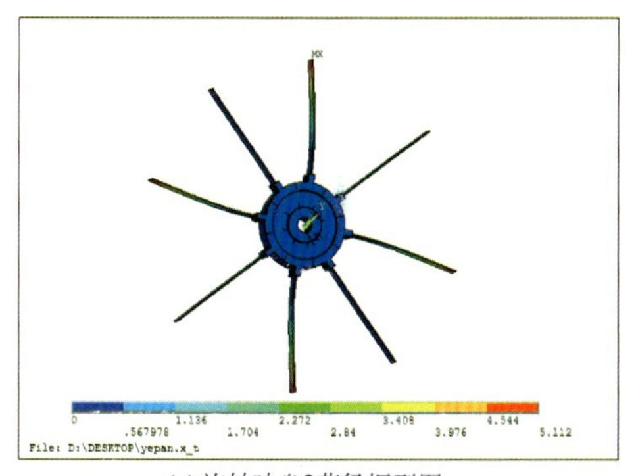

(c) 旋转叶盘2节径振型图

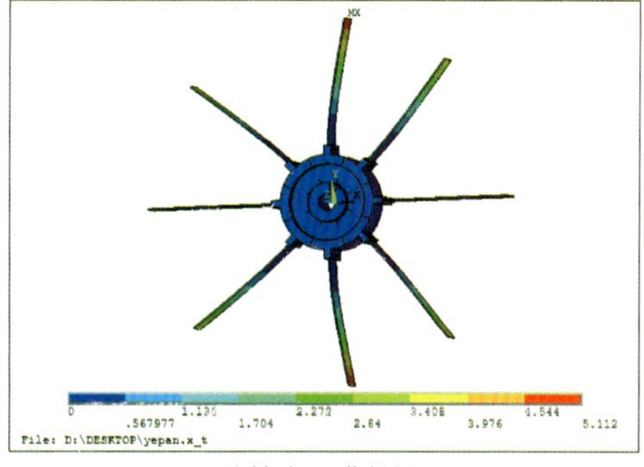

(d) 旋转叶盘3节径振型图

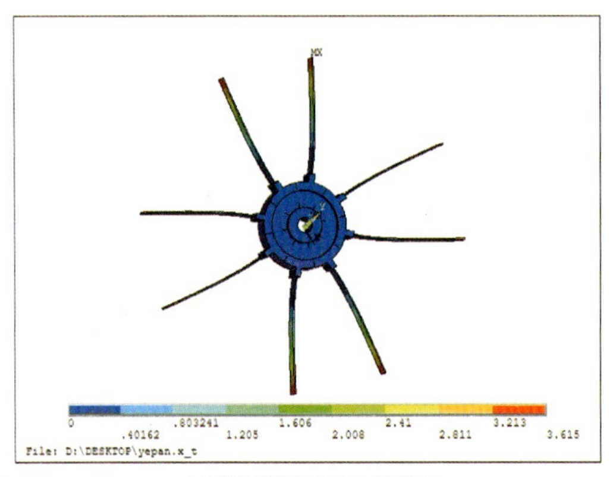

(e) 旋转叶盘4节径振型图

图 6.5　基于循环对称分析法的旋转叶盘系统各节径振型图

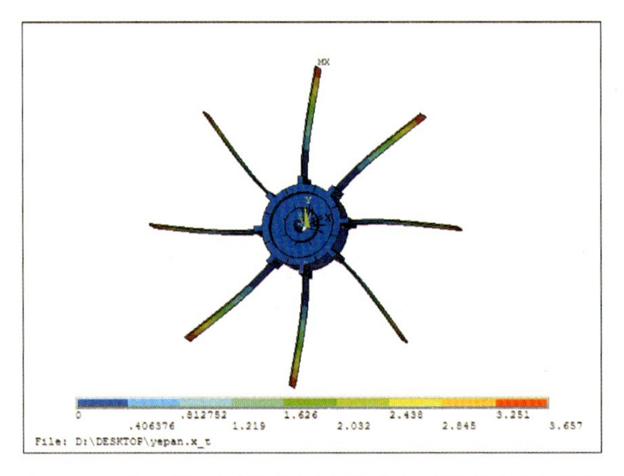

图 6.6　基于循环对称分析法的叶盘系统静频振型图

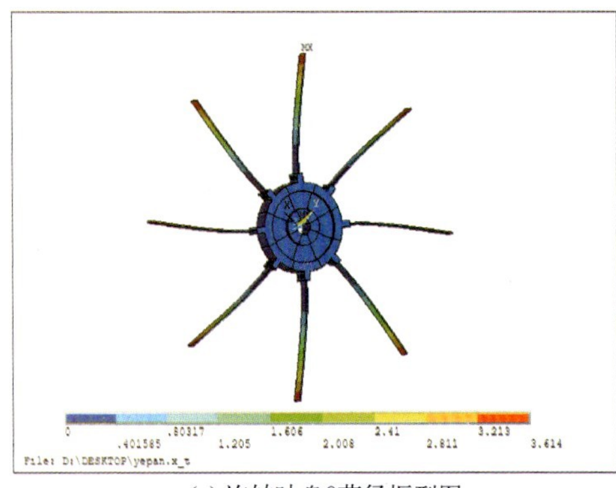

(a) 旋转叶盘0节径振型图

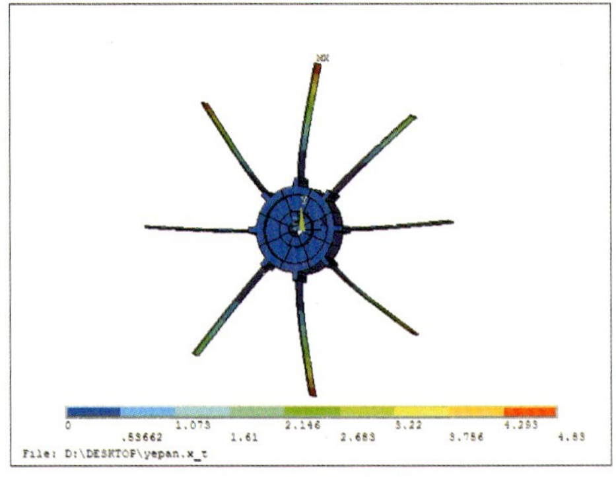

(b) 旋转叶盘1节径振型图

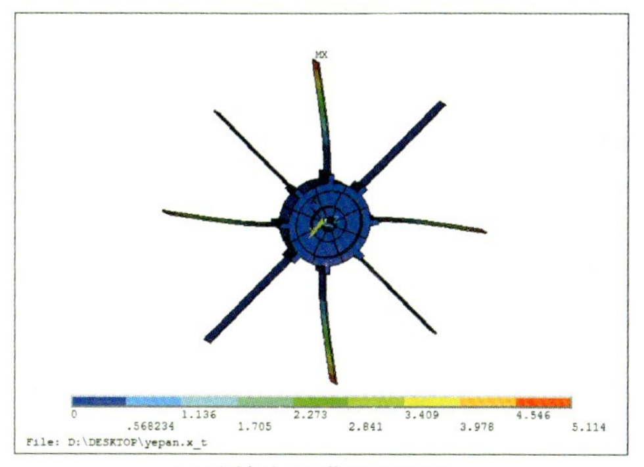

(c) 旋转叶盘2节径振型图

(d) 旋转叶盘3节径振型图

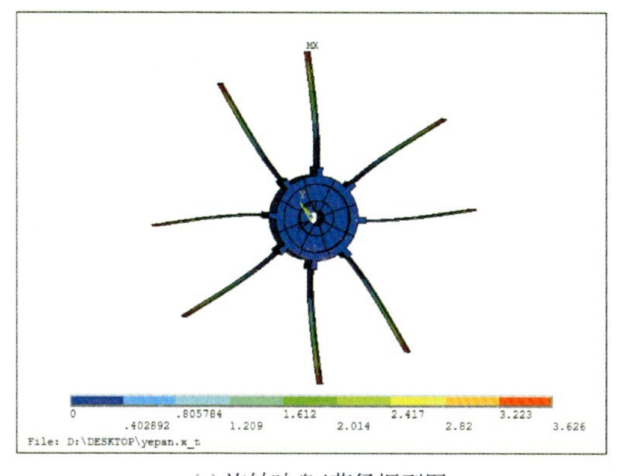

(e) 旋转叶盘4节径振型图

图 6.7　基于移动界面模态综合超单元法的旋转谐调叶盘系统各节径振型图

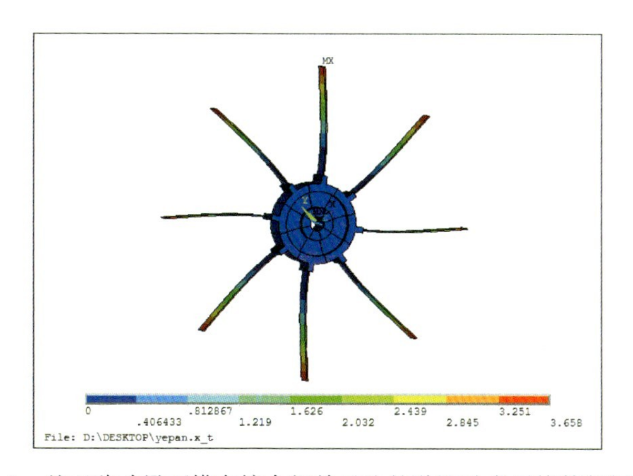

图 6.8　基于移动界面模态综合超单元法的谐调叶盘系统静频振型图

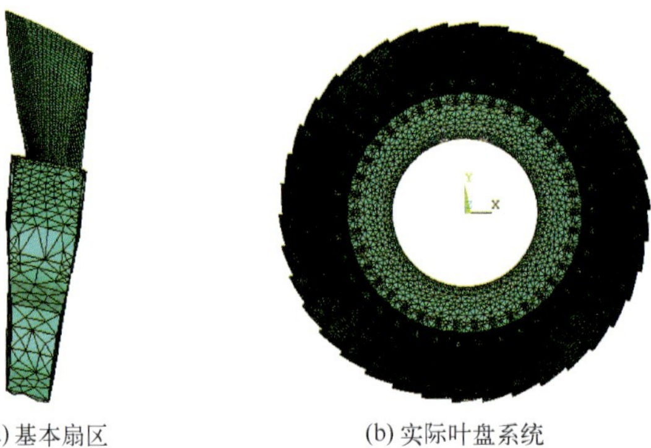

(a) 基本扇区　　(b) 实际叶盘系统

图 6.9　基本扇区和实际叶盘系统的有限之模型

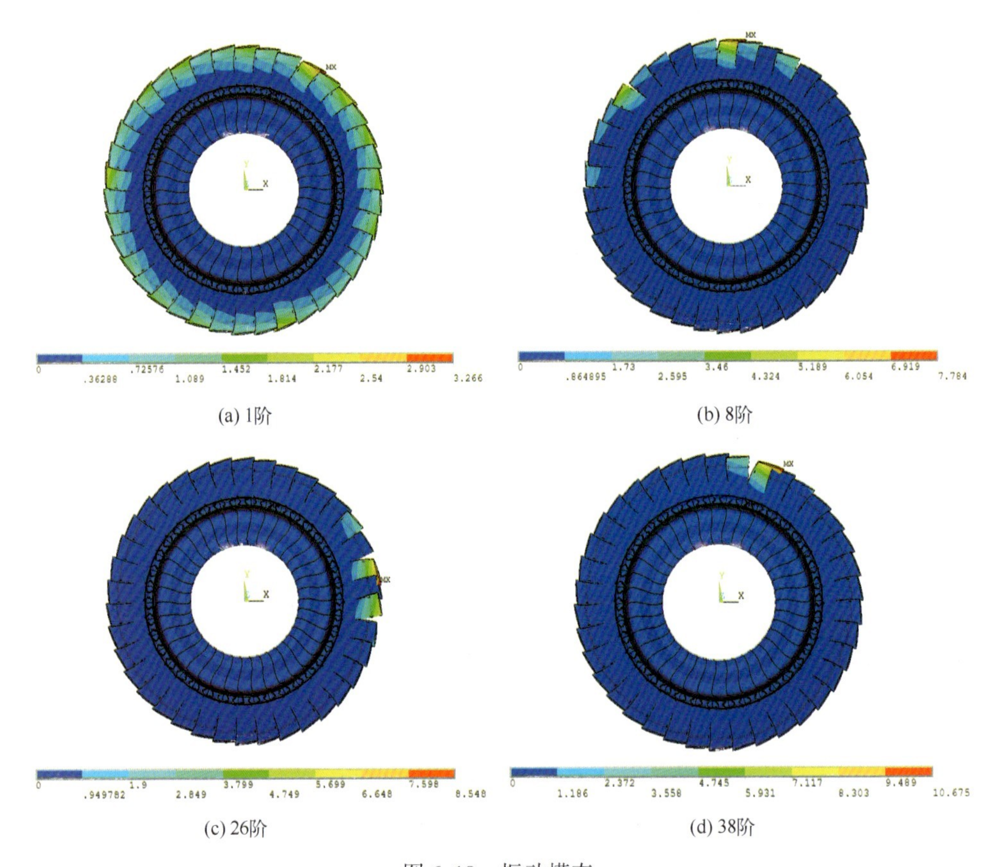

(a) 1阶　　(b) 8阶

(c) 26阶　　(d) 38阶

图 6.10　振动模态

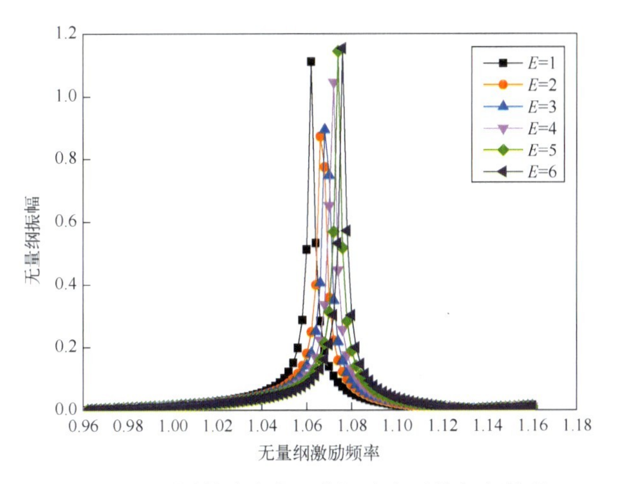

图 7.1　不同激励阶次下谐调叶盘系统幅频特性

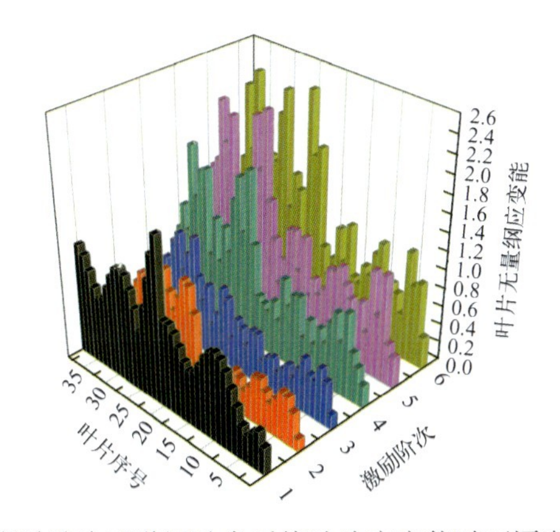

图 7.2　不同激励阶次下谐调叶盘系统叶片应变能随不同激励阶次的分布

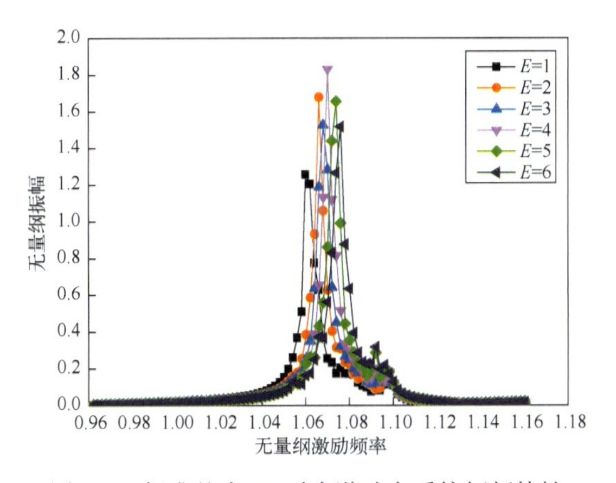

图 7.7　标准差为 1%时失谐叶盘系统幅频特性

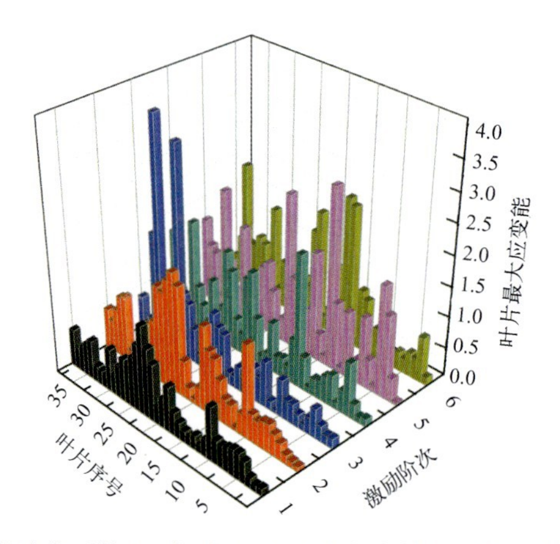

图 7.8　失谐叶盘系统 1%标准差下叶片应变能随不同激励阶次的分布

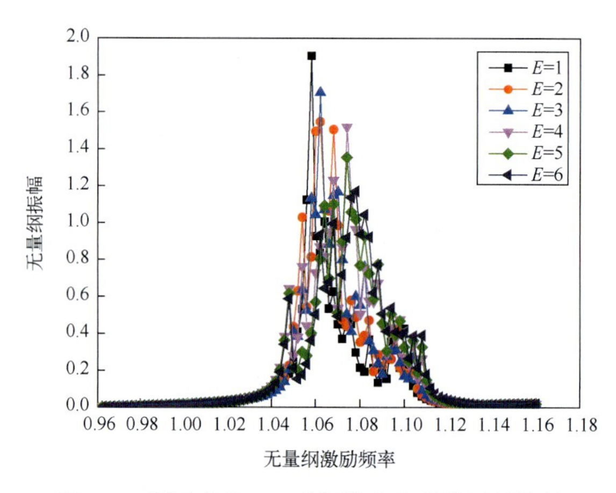

图 7.9　标准差为 3%时失谐叶盘系统幅频特性

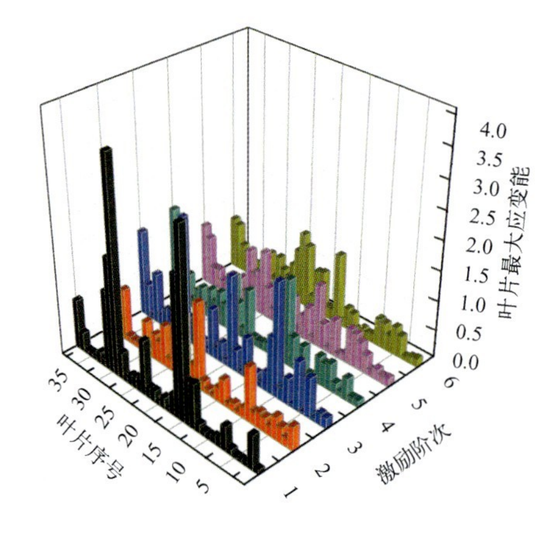

图 7.10　失谐叶盘系统 3%标准差下叶片应变能随不同激励阶次的分布

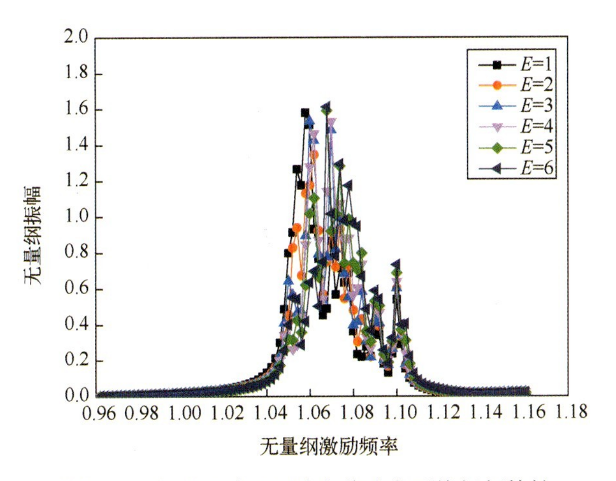

图 7.11　标准差为 5%时失谐叶盘系统幅频特性

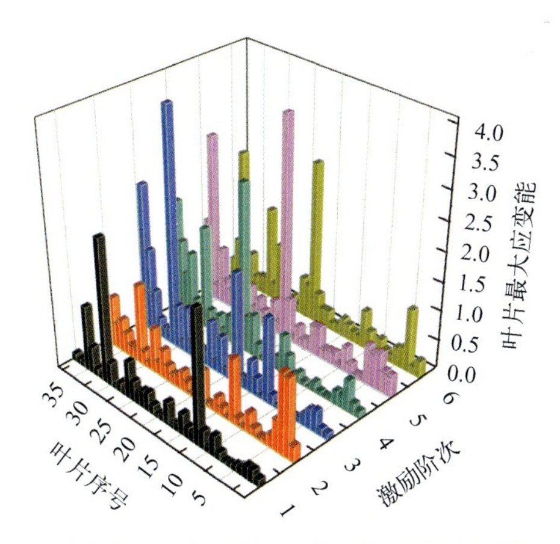

图 7.12　失谐叶盘系统 5%标准差下叶片应变能随不同激励阶次的分布

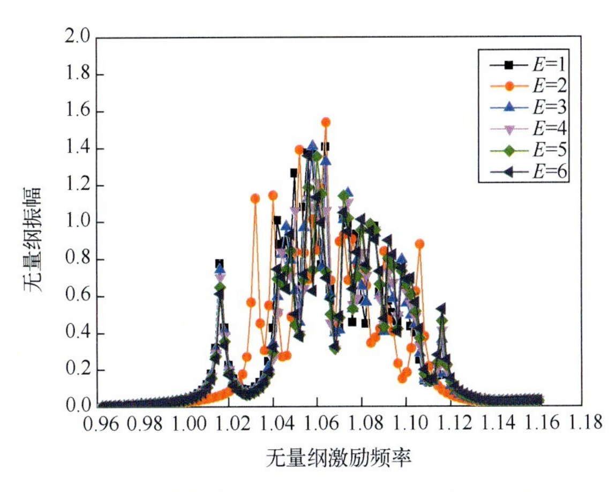

图 7.13　标准差为 8%时失谐叶盘系统幅频特性

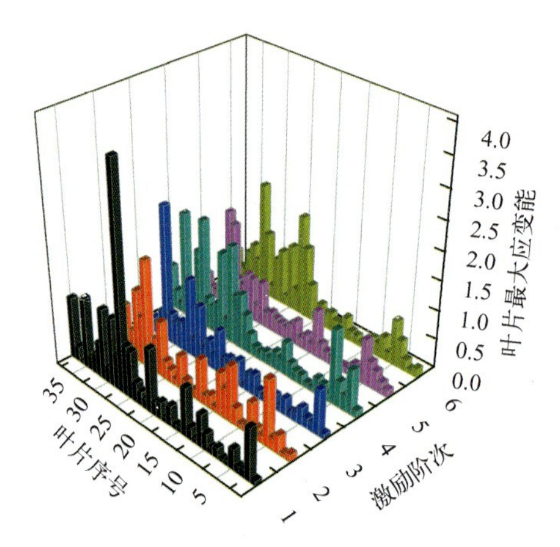

图 7.14　失谐叶盘系统 8%标准差下叶片应变能随不同激励阶次的分布

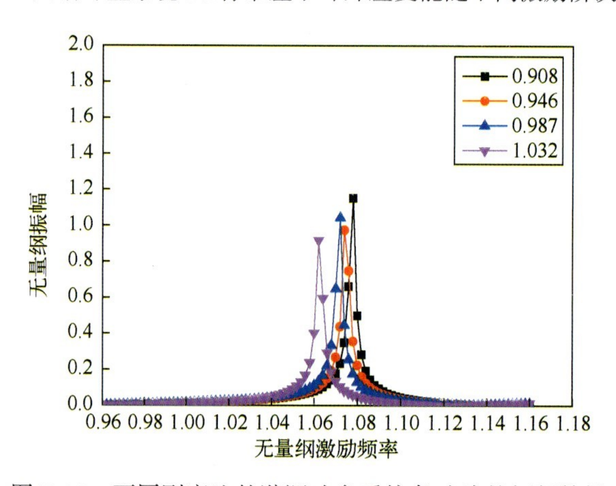

图 7.18　不同刚度比的谐调叶盘系统各叶片的幅频特性

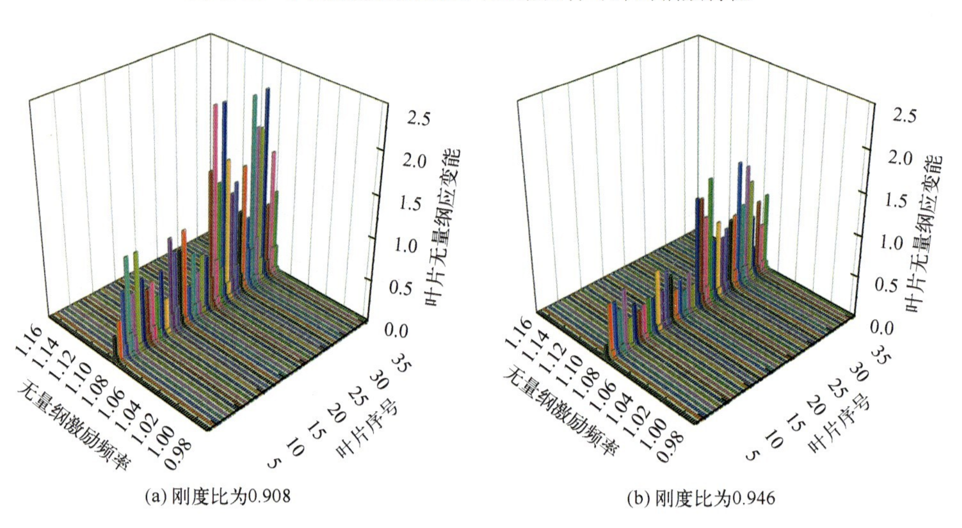

(a) 刚度比为0.908

(b) 刚度比为0.946

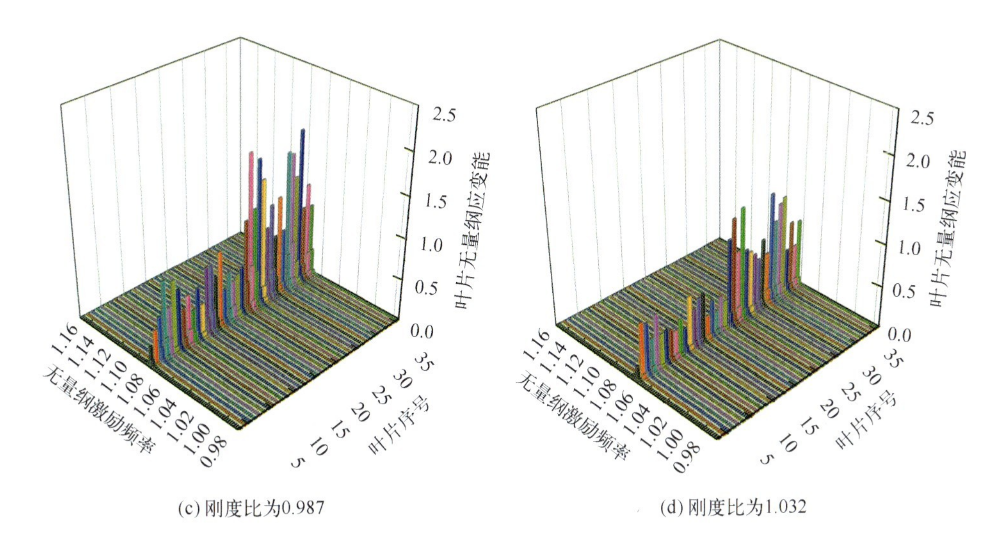

(c) 刚度比为0.987　　(d) 刚度比为1.032

图 7.19　不同刚度比的谐调叶盘系统的应变能分布

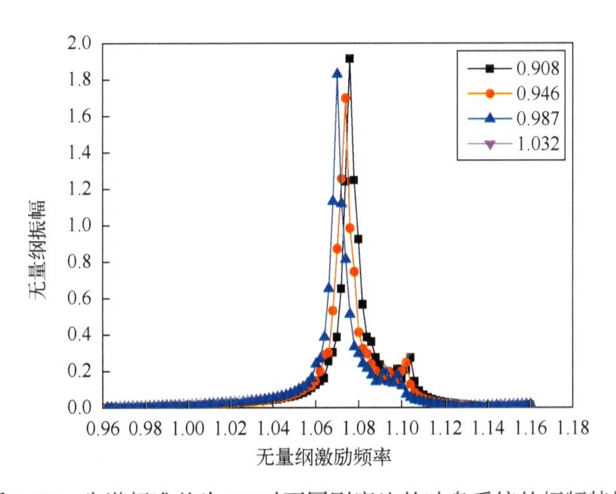

图 7.20　失谐标准差为 1%时不同刚度比的叶盘系统的幅频特性

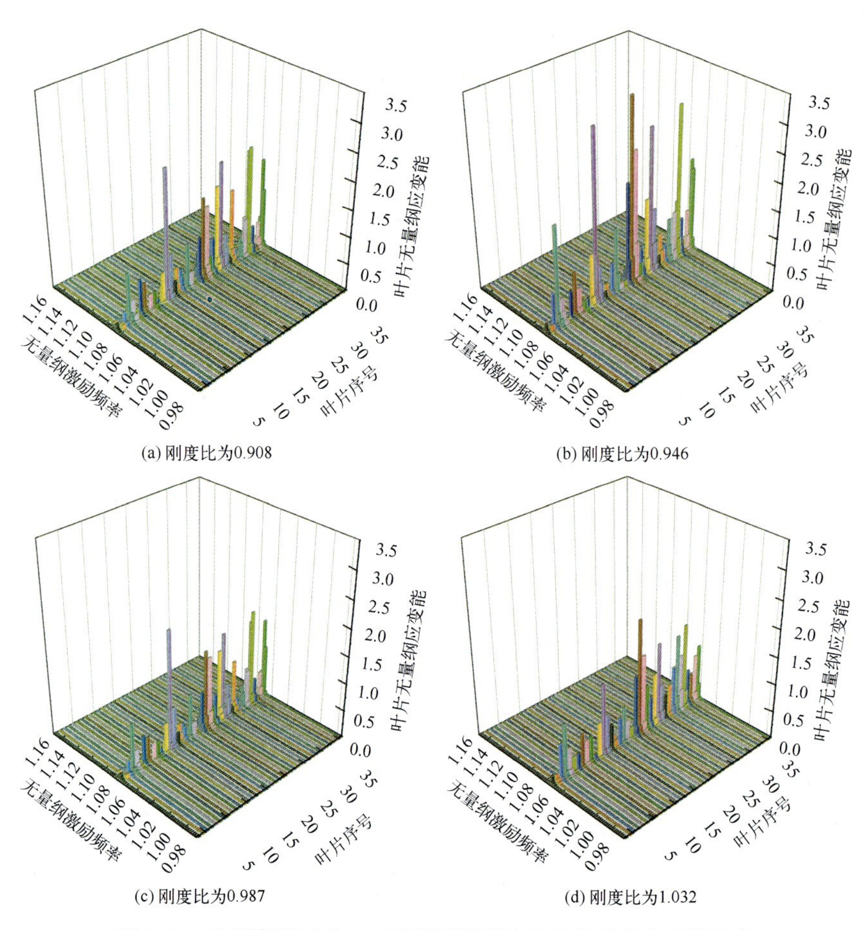

(a) 刚度比为0.908

(b) 刚度比为0.946

(c) 刚度比为0.987

(d) 刚度比为1.032

图 7.21　失谐标准差为 1%时不同刚度比的叶盘系统应变能分布

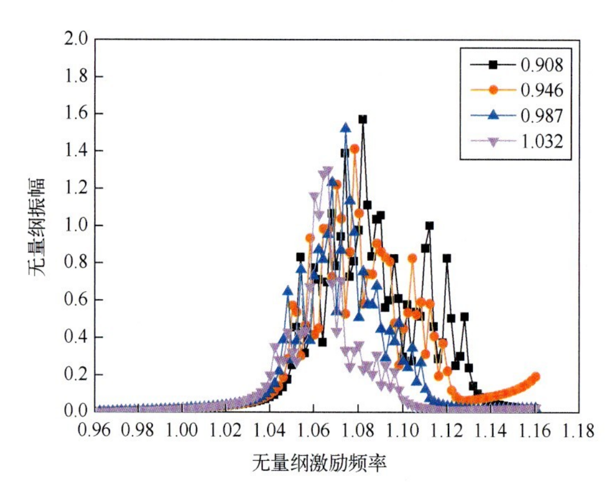

图 7.22　失谐标准差为 3%时不同刚度比的叶盘系统幅频特性

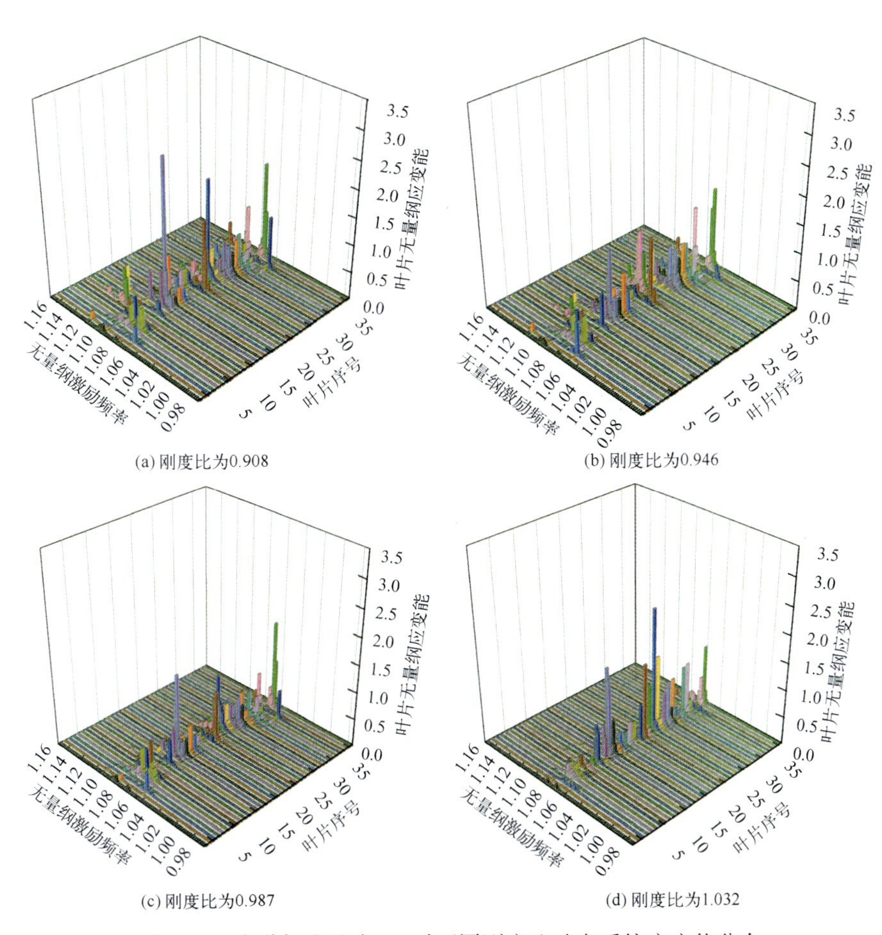

(a) 刚度比为0.908

(b) 刚度比为0.946

(c) 刚度比为0.987

(d) 刚度比为1.032

图 7. 23　失谐标准差为 3%时不同刚度比叶盘系统应变能分布

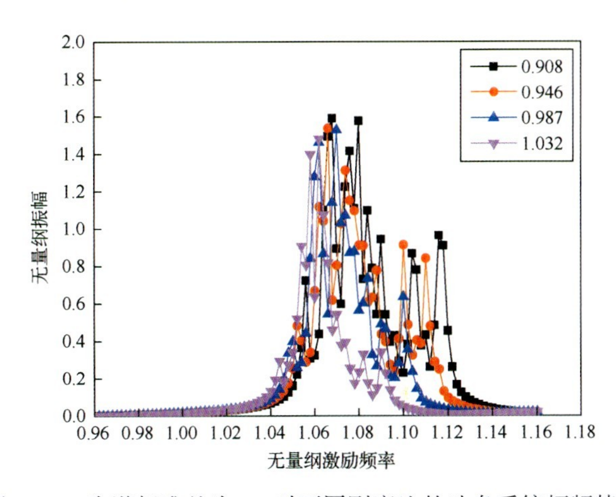

图 7. 24　失谐标准差为 5%时不同刚度比的叶盘系统幅频特性

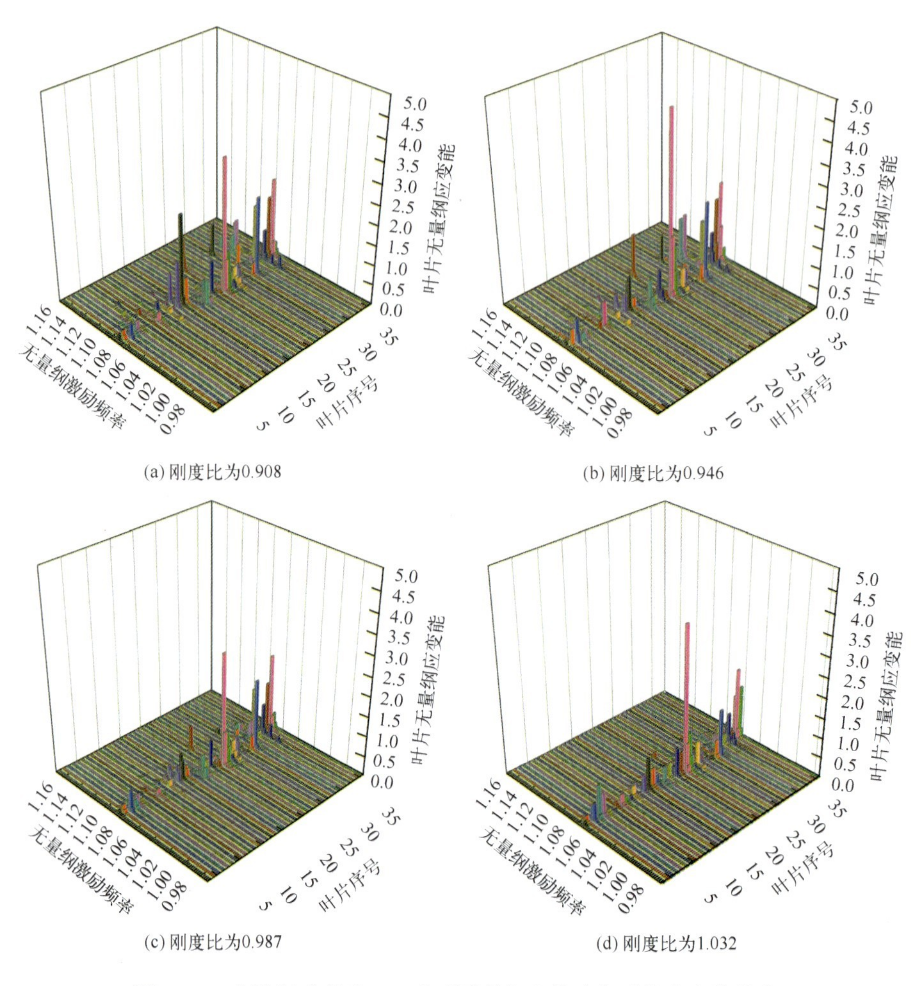

(a) 刚度比为0.908

(b) 刚度比为0.946

(c) 刚度比为0.987

(d) 刚度比为1.032

图 7.25　失谐标准差为 5%时不同刚度比的叶盘系统应变能分布

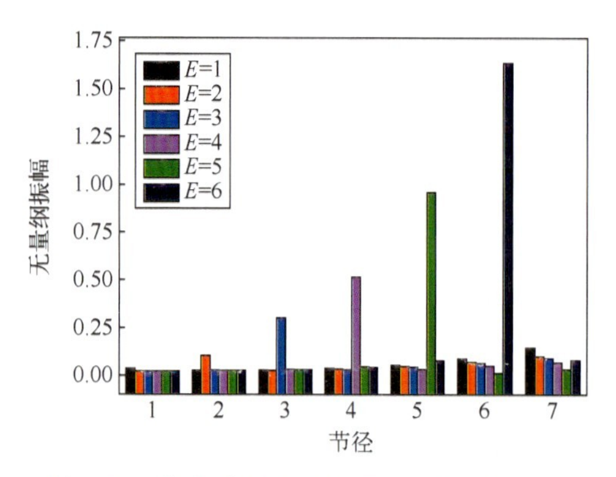

图 8.25　模态族Ⅱ在频率转向区域振幅分布

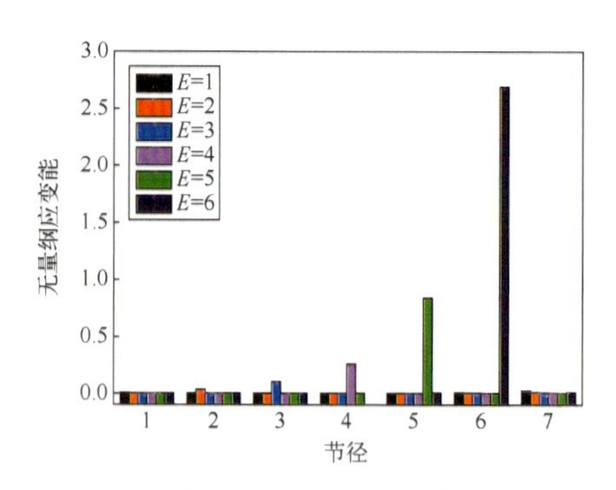

图 8.26　模态族Ⅱ在频率转向区域应变能分布

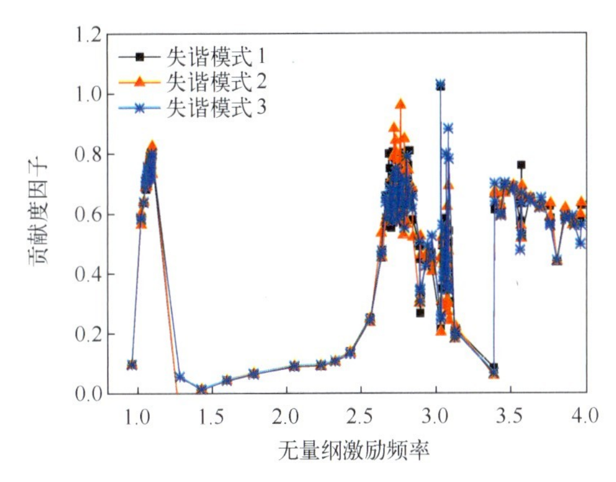

图 8.29　激励频率对模态振动的贡献度

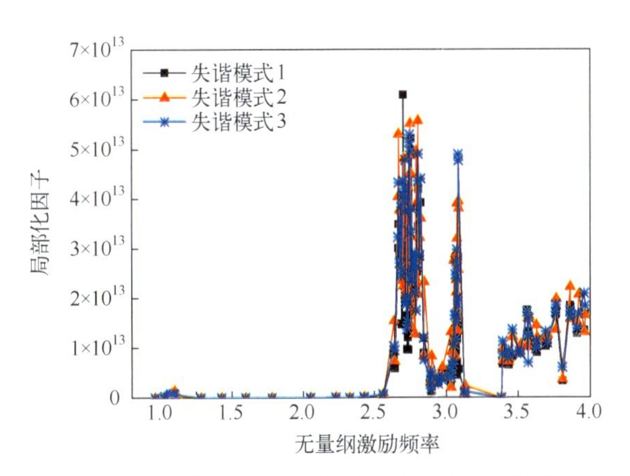

图 8.30　激励频率对模态振动的局部化影响

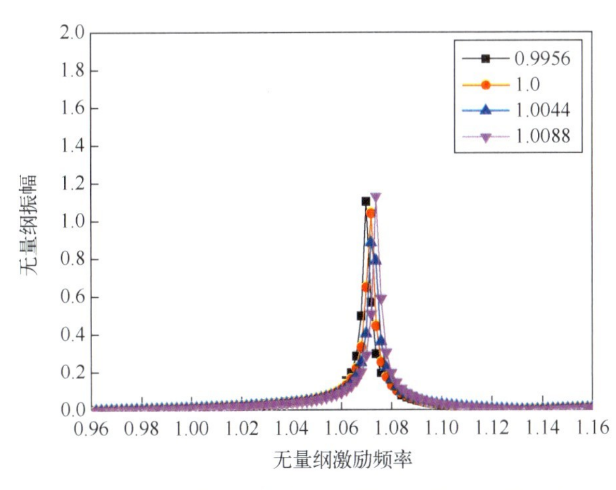

图 8.34　不同平均频率下谐调叶盘系统幅频特性

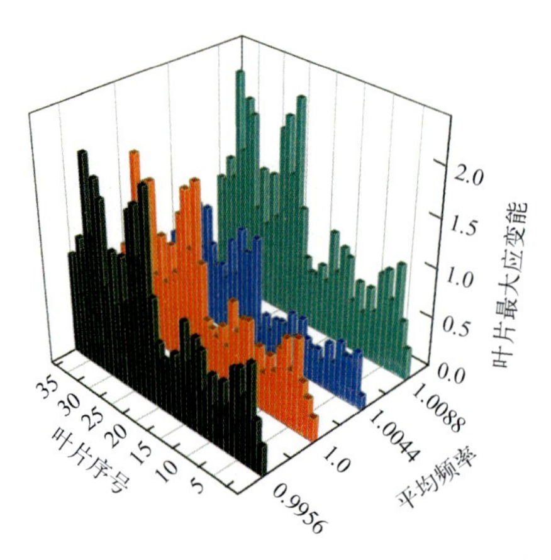

图 8.35　谐调叶盘系统叶片应变能随不同平均频率的分布

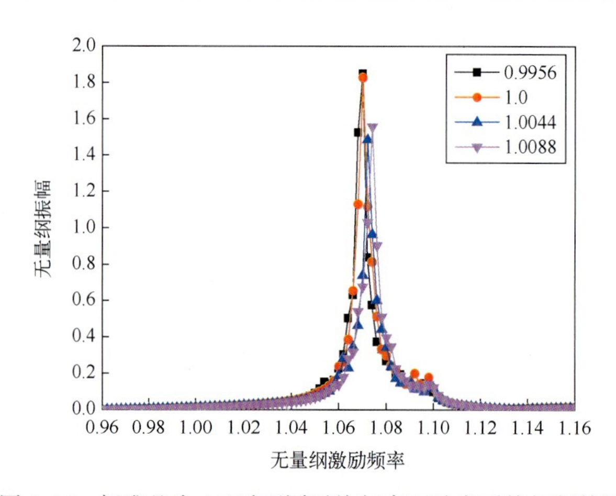

图 8.36　标准差为 1%时不同平均频率下叶盘系统幅频特性

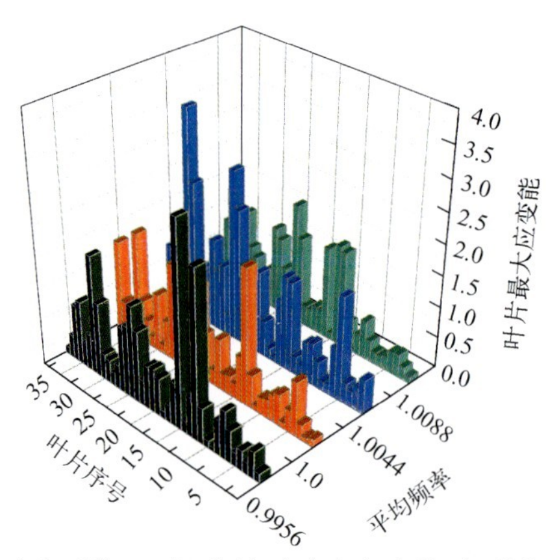

图 8.37　失谐叶盘系统 1%标准差下叶片应变能随不同平均频率的分布

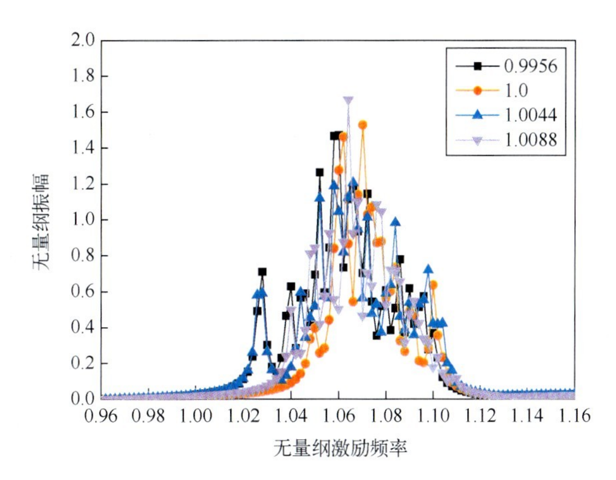

图 8.38　标准差为 5%时不同平均频率下叶盘系统幅频特性

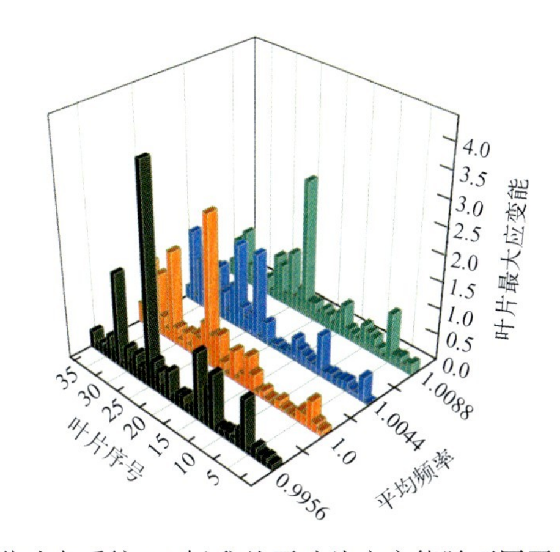

图 8.39　失谐叶盘系统 5%标准差下叶片应变能随不同平均频率的分布

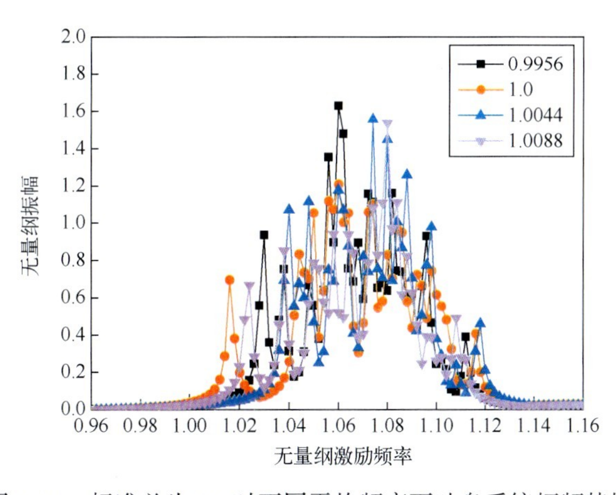

图 8.40　标准差为 8%时不同平均频率下叶盘系统幅频特性

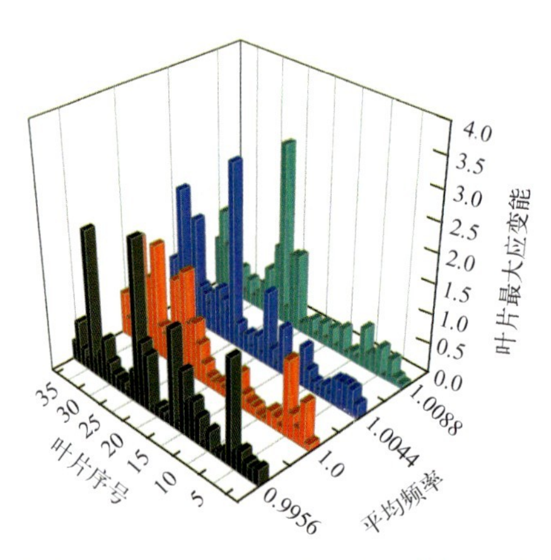

图 8.41　失谐叶盘系统 8%标准差下叶片应变能随不同平均频率的分布

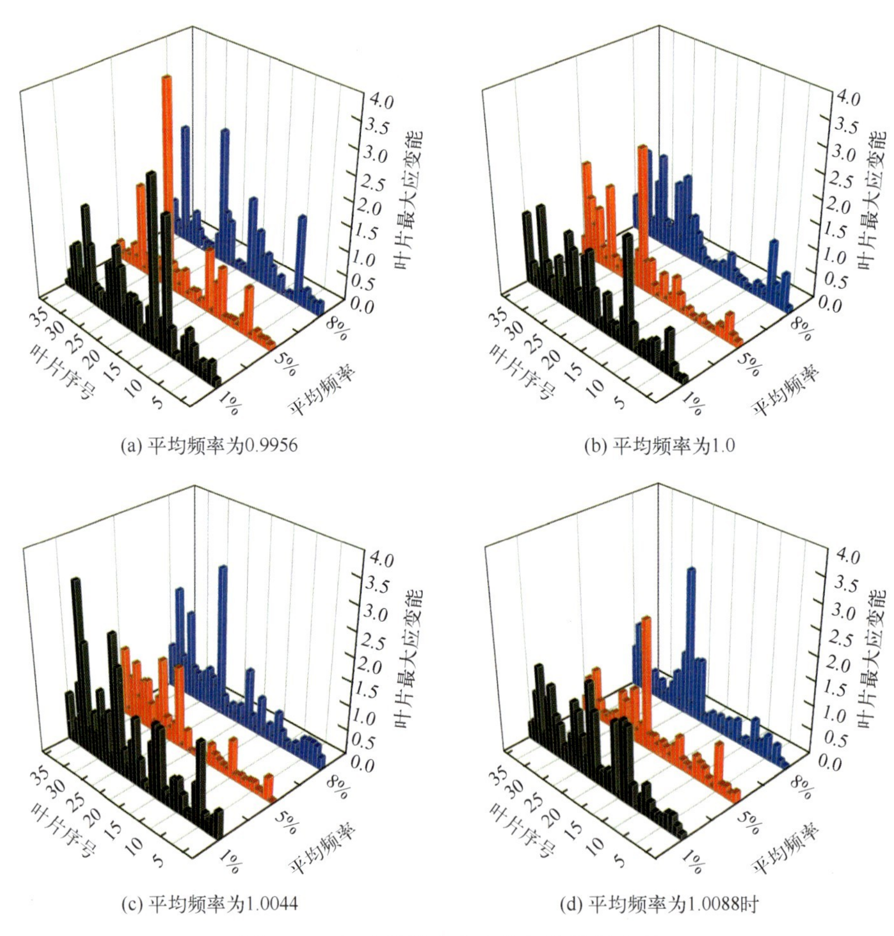

(a) 平均频率为0.9956

(b) 平均频率为1.0

(c) 平均频率为1.0044

(d) 平均频率为1.0088时

图 8.42　各叶片最大应变能与失谐标准差